Jasmin Jülicher

Knochen & Dampf

Bibliografische Information der Deutschen Nationalbibliothek:
Die Deutsche Nationalbibliothek verzeichnet diese Publikation in der Deutschen Nationalbibliografie; detaillierte bibliografische Daten sind im Internet über http://dnb.d-nb.de abrufbar.

Knochen & Dampf

Annastraße 87
47638 Straelen
Deutschland

Druck: Booksfactory, Szczecin (Polen)
Coverillustration: Hannah Böving
Lektorat: Ka & Jott, Bernau bei Berlin
Buchsatz: saje design, www.saje-design.de
Illustration Skelett: pixabay.com/GDJ

ISBN: 978-3-98595-590-9

KNOCHEN & DAMPF

JASMIN JÜLICHER

EIN STEAMPUNK-KRIMI

Kapitel 1

Weiter, weiter!

Keuchend trieb Mary Parker ihre Beine an, schneller zu laufen. Noch fünf Minuten. Fünf Minuten würde sie noch durchhalten, dann war eine Stunde um und sie würde vom Laufband steigen, einem vier Meter breiten Metallpodest, dessen Oberfläche für Bewegungen in verschiedene Richtungen eingestellt werden konnte. Das Gerät war erst ein paar Monate alt. Die hüfthohe Einfassung aus Messing mit den genieteten Streben verlieh ihm das Aussehen eines Käfigs. Fast einen Meter hohe Zahnräder an der Vorderseite drehten sich in beständigem Rhythmus und erzeugten ein leises Knirschen.

Um sich vom Schmerz in ihren Beinen und ihrer Lunge abzulenken, konzentrierte Mary sich auf die anderen Menschen im Sportstudio. Sie war wie immer die einzige Frau, die sich hierherwagte.

Nachdem das Atmen an der freien Luft in den letzten paar Jahren immer schwieriger geworden war, war Mary froh, ein Sportstudio gefunden zu haben, in dem sie ihre Ausdauer trainieren konnte. Das „Sporthaus“

hatte zwar keinen kreativen Namen, dafür aber die neuesten Sportgeräte, die man in im Deutschen Autonomen Territorium kaufen konnte. Dazu gehörte nicht nur das mechanische Laufband, sondern auch ein Boxautomat, der in variablen Abfolgen zurückschlug, eine rotierende Kletterwand, und ein Schießstand mit beweglichen Zielen im Nebengebäude. Zudem war alles mehr oder weniger anonym, die wenigsten Leute wollten sich unterhalten, was Mary gerade recht war. Denn wenn jemand sie hier ansprach, dann üblicherweise nur, um ihr mitzuteilen, dass sie hier nichts verloren hatte und besser hinter einem Herd oder einer Nähmaschine aufgehoben wäre. Wenn sie doch mal jemand erkannte, trieften seine Worte üblicherweise vor Verachtung und Neid.

Seit dem Tag vor vier Jahren war sie im ganzen Territorium bekannt. Sie war die Frau, die den Kaiser vor einem Attentat gerettet und damit ihr Land vor dem Chaos bewahrt hatte. Aber sie war eine Frau und hatte damit nach Meinung der meisten nichts in der Armee zu suchen gehabt – schon gar nicht auf der Position eines Kommandierenden Generals.

Mary schlug auf den Knopf, der das Getriebe des Laufbands zum Stillstand brachte, und verlangsamte keuchend ihre Schritte. Dabei fiel ihr Blick auf ihre linke Hand und damit den Knochen, der an der Außenseite ihres kleinen Fingers hervorschimmerte. Als die Explosion sie damals getroffen hatte, war die linke Seite ihres Körpers beinahe komplett verbrannt worden, ihr Auge zerstört. Die Haut hatte sich inzwischen wieder erholt und die Narben störten sie nicht sonderlich. Doch die Wunde an der Hand war auch nach langen Monaten Behandlungszeit nicht zugeheilt, wofür keiner der Ärzte, die hinzugezogen worden waren, eine Erklärung gefunden hatte. Da Mary die offene Stelle ohnehin nicht verbergen konnte – und es auch gar nicht wollte –, bedeckte nun eine Tätowierung aus Zahnrädern den Knochen und Teile der umgebenden Haut.

Mit einem Surren richtete sich ihr linkes Auge aus, als sie vom Laufband aufblickte und hinüber zu den drei Männern sah, die unter lautem Stöhnen Gewichte an den Hantelbänken drückten.

Gerade ließ einer von ihnen mit ohrenbetäubendem Scheppern seine Hanteln fallen und machte sich gleich darauf daran, die messingfarbenen Scheiben abzuschrauben, um neue und vermutlich schwerere anzubringen.

Mary ging zu ihm hinüber und stellte den Fuß auf seine Hantel. „Lust auf ´ne Runde Boxen?“ Ihr Auge surrte, als es den vor ihr knienden Mann fokussierte.

Friedrich sah zu ihr auf. Sie hatte ihn vor ungefähr einem Jahr bei einem ihrer Fälle kennengelernt. Er arbeitete als Ambuladeur unten in den Tunneln der Eisenbahnen.

„Klar.“ Er erhob sich mit einem provozierenden Grinsen. „Ich muss doch sehen, ob du seit dem letzten Mal was dazugelernt hast.“

Bei diesem letzten Mal hatte sie ihn so hart getroffen, dass er für fast zwei Minuten bewusstlos gewesen war.

„Und ich will sehen, ob du dir seit dem letzten Mal ein paar Eier hast wachsen lassen“, erwiderte Mary gelassen.

Die anderen Männer an den Hanteln lachten, einer von ihnen pfiff durch die Zähne. „Jetzt musst du es ihr zeigen, Fritz!“

Friedrich lächelte nur und zeigte mit einer angedeuteten Verbeugung auf den Boxring in der Mitte des Studios. „Kann losgehen.“

Mary drehte sich um und gab dem Betreiber des Sportstudios ein Zeichen, damit er als Schiedsrichter fungierte. Er stellte sich an der Seite des Boxrings auf, der mit roten Seilen abgegrenzt war, und reichte ihnen zwei Paar Boxhandschuhe.

Mary zog den Schutz aus braunem Leder über ihre Hände und ballte sie ein paar Mal zusammen, um das richtige Gefühl für sie zu bekommen. Dann stellte sie sich mit erhobenen Händen und mit gespreizten Beinen auf.

„Bereit?“ Der Schiedsrichter sah beide an und sie nickten. „Erste Runde. Los!“

Mary umkreiste Friedrich mit leichten federnden Schritten, immer darauf bedacht, außerhalb der Reichweite seiner Fäuste zu bleiben. Sie hatte schon oft gegen körperlich überlegene Gegner gekämpft, eigentlich fast ausschließlich, und sie vertraute zumeist auf ihre Schnelligkeit und ihre Wendigkeit, während die Gegner sich auf ihre Kraft verließen. Mary beobachtete Friedrich. Sie musste auf einen Moment warten, in dem er unaufmerksam wurde. Nur ein wenig, das würde schon reichen. Sie tastete sich langsam heran, sprang ein paar

Zentimeter vor und täuschte einen geraden Schlag mit der rechten Hand an. Wie erwartet machte ihr Gegner einen schnellen Satz nach rechts und wich ihrem Schlag aus. Doch womit er nicht gerechnet hatte, war der nächste Schlag, den sie direkt folgen ließ. Sie drehte ihren Oberkörper und rammte die linke Faust gegen Friedrichs Schulter. Während er die Fäuste hob, um sich zu verteidigen, machte sie einen raschen Schritt nach rechts, zielte mit der rechten Faust an seinen Handschuhen vorbei und erwischte Wange und Ohr.

Sofort sprang sie zurück, um aus seiner Reichweite zu kommen, doch Friedrich brüllte wütend auf und setzte ihr nach. Seinen ersten aggressiven Schlag konnte sie gerade noch mit ihrem Unterarm abblocken, obwohl ihre Knochen schmerzhaft protestierten, der nächste Schlag jedoch traf sie mit voller Wucht im Gesicht. Ihr Kiefer schrie vor Schmerz, doch sie kämpfte dagegen an und duckte sich, sodass der nächste Schlag über sie hinwegflog. Gerade richtete sie sich wieder auf, um Friedrich ihrerseits einen Hieb zu verpassen, da rief eine autoritäre Stimme: „Mary Parker?“

Heftig atmend wich Mary zum Rand des Rings zurück und stellte sicher, dass Friedrich die Ablenkung nicht dazu nutzte, ihr den entscheidenden Schlag zu verpassen. „Was?“, herrschte Mary, verärgert über die Unterbrechung des Kampfes.

„Sie sind Mary Parker?“, hakte der Neuankömmling nach. „Der ehemalige Kommandierende General der Armee des Deutschen Autonomen Territoriums?“

Er war ein Mann, Mitte dreißig, aber mit einem Gesichtsausdruck, der andeutete, dass alles hier unter seiner Würde war. Sein schwarzes Haar war zurückgekämmt und glänzte zu stark. Er trug eine schwarze Uniform, auf der drei überlappende Zahnräder und ein langer Knochen abgebildet waren. Das Wappen des Kaisers.

„Die bin ich wohl", gab Mary ungehalten zurück. Der Botschafter des Kaisers. Sie hatte dem Kaiser bereits ihr Auge und ihre Karriere geopfert, was konnte er noch von ihr wollen?

„Ich bin hier im Auftrag unseres Kaisers Leopold dem Dritten, Kaiser des Deutschen Autonomen ..."

„... Territoriums", unterbrach Mary ihn. „Ich habe ihm das Leben gerettet, ich weiß, wer er ist." Damals hatten Unbekannte versucht, den Kaiser bei seinem jährlichen Besuch am ersten Stück der Mauer mit einer Bombe zu ermorden. Und Mary hatte diesen Plan vereitelt.

„Natürlich." Der Botschafter rümpfte die Nase und Mary spürte, wie etwas Nasses über ihre Wange rann. Sie zog die Boxhandschuhe aus und reichte sie dem Besitzer des Sportstudios. Der Kampf war beendet. Dann wischte sie sich übers Gesicht. Blut. Ihre Hand war blutverschmiert, doch so schlimm konnte die Wunde nicht sein, sonst wäre das Blut schon auf den Boden getropft und die Schmerzen wären um einiges schlimmer. Es war wahrscheinlich nur ein Kratzer.

„Würden Sie mich bitte begleiten?" Mit ausladender Geste deutete der Botschafter auf den Ausgang des Sportstudios.

Schweißtropfen rannen über Marys Stirn und bahnten sich ihren Weg über ihre Wangen bis zum Kiefer. „Begleiten?" Sie duckte sich unter den Seilen des Boxrings hindurch und sprang auf den Boden.

„Den Grund würde ich Ihnen gerne unter vier Augen mitteilen." Der Botschafter maß sowohl den Schiedsrichter als auch ihren Boxgegner mit einem verächtlichen Blick, dann wandte er sich mit hochgezogener Augenbraue wieder ihr zu. „Ich habe die Anweisung des Kaisers, Sie in den Palast zu bringen."

In den Palast? Mary war erst ein einziges Mal im kaiserlichen Palast gewesen, damals, nur eine Woche nach der Explosion. Sie hatte vor Schmerzen kaum gehen können und das metallische Auge, das ihr von den Ärzten auf Wunsch des Kaisers verpasst worden war, fühlte sich wie ein Fremdkörper an. Das Sehen damit bereitete ihr Übelkeit. Sie erinnerte sich kaum noch an die Zeit. „Wieso?" Es gab keinen Grund für den Kaiser, sie in den Palast zu zitieren. Sie war nicht mehr in der Armee, das wusste auch er sehr genau. Mit den vielen Verletzungen und mit dem fehlenden Auge war sie zur mangelhaften Ware geworden, untragbar für die Armee, vor allem in leitender Position, wie sie sie innegehabt hatte.

„Wären Sie jetzt wohl so freundlich, mit mir zu kommen?" Nun war der Botschafter eindeutig genervt und machte auch keinen Hehl daraus. „Ich werde Ihnen auf dem Weg alles erklären."

Der kaiserliche Palast ... Mary schüttelte den Kopf. Selten begannen ihre Morgen so verrückt.

„Sie wollen nicht mitkommen? Weigern Sie sich?“ Vor Empörung schien der Botschafter anzuschwellen.

„Nein, tut mir leid“, gab Mary zurück und hob die Hände. „Das Kopfschütteln ist eine Folge meines Unfalls. Ich komme mit.“

Der Botschafter wirkte besänftigt und schien ihren sarkastischen Tonfall gar nicht zu bemerken. So war es oft: Sobald das Gespräch auf ihren Unfall kam, lenkten die Menschen ein oder wechselten das Thema. Es verursachte ihnen Unbehagen.

„Darf ich mich vorher umziehen?“

„Wenn es schnell geht.“ Demonstrativ zog der Botschafter eine reich verzierte Uhr an einer Kette aus der Tasche seines schwarzen Jacketts, klappte sie auf und hielt sie vor sich.

„Danke.“ Mary drehte sich um und rollte mit den Augen. So ein Wichtigtuer hatte ihr gerade noch gefehlt. Mit schnellen Schritten eilte sie in den Umkleideraum, wo sie sich mit einer Katzenwäsche begnügte und dann straßentaugliche Kleidung anzog: Eine graue Hose aus dickem Wollstoff, die nach unten hin enger zulief und die sie in ihre braunen Stiefel mit Messingschnallen steckte, eine leichte weiße Bluse aus Leinen, darüber eine blutrote Weste mit Messingknöpfen, die jeweils ein Zahnrad zierte, danach folgte das braune Lederholster, in dem ihr Revolver steckte, und als letztes eine Jacke aus dem gleichen Wollstoff wie die Hose, die wie ein Männerjackett geschnitten war. Danach fuhr sie sich einmal kurz über die streichholzkurzen

Haare, griff nach ihrer Tasche und ging zurück zum Botschafter.

Sie spürte die neugierigen Blicke der anderen Männer im Sportstudio auf sich, als sie zusammen zum Ausgang des Gebäudes gingen. Es war klar, nachdem sie fort war, würde es kein Halten mehr geben, was die Bildung und Weitergabe von Gerüchten betraf. Aber was kümmerte es sie, was die andere dachten?

Als sie durch die schwere mechanische Tür nach draußen traten, umfing sie das übliche Luftgemisch, das in den meisten Teilen des Landes vorherrschte: Ruß und andere Schwebepartikel, der Geruch nach den ätzenden Chemikalien der Industrie und die Ausstöße der Automobile, die immer häufiger zu sehen waren. Verstohlen hustete Mary in ihre Armbeuge und überlegte, ob sie wohl ihre Maske aufsetzen sollte, die das Atmen leichter machte. Doch da der Botschafter keine Anstalten machte, eine aufzusetzen, verzichtete Mary auch darauf, obwohl die meisten Menschen, die auf der Straße entlanghasteten, Masken aus Leder oder dickem Stoff trugen, die ihre Münder und Nasen bedeckten. Nur wenige trugen Masken aus Metall, die mittels eines Schlauchs und eines Tanks auf dem Rücken mit sauberer Luft versorgt wurden.

Auf der Straße ließ Mary ihren Blick schweifen. Doch alles, was sie sah, war das schwarz-graue Kopfsteinpflaster und die teilweise mit Bronze verzierten Häuserfronten der Alexanderstraße. In dieser Straße wohnten viele Ladenbesitzer und Dienstleister. Sie gehörten zur

Schicht der Händler und damit standen ihnen zwei Bronzestreifen an ihrer Hauswand zu.

Mary hatte eigentlich eine dieser dampfbetriebenen Kutschen erwartet, in denen sich der Kaiser immerzu fortbewegte und in denen er zu seinen Auftritten fuhr, doch nichts dergleichen war zu sehen.

„Wie kommen wir zum Palast?“ Zum Palast waren es mindestens dreißig Kilometer Luftlinie.

„Na, was glauben Sie denn?“ Der Botschafter deutete auf ihre Füße.

„Wir laufen?“ Das konnte doch nicht sein Ernst sein, sie wären fast fünf Stunden unterwegs, und das nur für den Hinweg.

„So ähnlich“, bemerkte der Botschafter und schritt einfach los.

Nach einem kurzen Zögern folgte Mary ihm. Den Anweisungen des Kaisers widersetzte man sich nicht. Nicht einmal wenn man Mary Parker hieß.

Sie ließen die Alexanderstraße hinter sich und bogen in die Gartenstraße ein. Ein dampfbetriebener Wagen überholte sie wild hupend, doch der Botschafter marschierte stur geradeaus auf den nächsten Pfahlschirm zu. Pfahlschirme waren massive Konstruktionen aus Stahl, die überall in der Stadt verteilt standen und die sich im Falle eines Angriffs aus der Luft zu einer Decke ausbreiten konnten, um das ganze Deutsche Autonome Territorium zu schützen. Bisher war ihr Einsatz nicht nötig gewesen, vorerst hielt die Mauer ihre Feinde ab, aber so wie die meisten war Mary davon überzeugt, dass es nur eine Frage der Zeit war, bis es zu einem Angriff kam.

Doch das Ziel des Botschafters war nicht der Pfahl, sondern der Eingang zur Untergrundbahn dahinter. Sie stiegen eine mit winzigen Mosaiksteinen verzierte Treppe hinab und fanden sich auf dem Bahnsteig wieder. Die mechanische Tafel über der Stuhlreihe, zeigte an, dass der nächste Zug in etwa fünf Minuten eintreffen würde. Mary sah sich um. Außer ihnen befand sich niemand sonst auf dem Bahnsteig.

„Warum bringen Sie mich zum Kaiser?" Der Botschafter würde ihr nun endlich erklären müssen, warum er sie durch die halbe Stadt schleppte.

Doch sie erhielt keine Antwort. Stattdessen ging der Botschafter geradewegs auf die Stuhlreihe zu, setzte sich, überschlug die Beine und lehnte sich zurück.

So langsam ging ihr dieser Kerl mächtig auf die Nerven! Mary schloss die Augen, atmete tief ein und folgte ihm dann mit langsamen Schritten. Kurz vor ihm blieb sie stehen.„Warum?"

Der Botschafter seufzte vernehmlich, als wäre sie eine ungezogene Göre, die ihn belästigte. Für einen Augenblick dachte Mary daran, ihre Waffe zu ziehen und sie diesem Mann unter die Nase zu halten. Zu gern hätte sie seine Reaktion darauf gesehen, doch sie konnte sich beherrschen. Er war den Ärger nicht wert.

„Ich warte." Mary rammte ihre Hände in die Taschen ihrer Hose, um nicht doch noch in Versuchung zu kommen, diesem Mann ihre Waffe vorzuführen.

„Es handelt sich um eine wichtige Privatangelegenheit des Kaisers“, sagte der Botschafter langsam in einem hochnäsigen Tonfall, der in einer Bahnstation neben einem überquellenden Mülleimer noch weit mehr fehl am Platz wirkte als in einem nach Schweiß stinkenden Sportstudio.

„Und?“

„Es gibt da einen heiklen Auftrag, den der Kaiser Ihnen anvertrauen möchte.“ Der Botschafter schnaubte, als verstünde er die Entscheidung seines Kaisers nicht. „Dieser Auftrag verlangt Fingerspitzengefühl.“

Warum redete der Kerl nur so um den heißen Brei herum? Warum sagte er nicht einfach, worum es ging? Es sei denn ... „Sie wissen also nicht, worum es geht.“

Der Botschafter zuckte kaum merklich zusammen. „Ich kenne nicht alle Einzelheiten, aber der Kaiser ...“

„Sparen Sie sich Ihre Worte. Sie haben keine Ahnung.“ Mary beugte sich vor, um dem Botschafter direkt ins Gesicht zu sehen. „Er vertraut Ihnen nicht genug.“

Das Gesicht des Botschafters nahm eine tiefrote Farbe an. Für einen Moment erwartete Mary, dass Dampf aus seinen Ohren quoll.

„Wie können Sie es wagen!“ Er versuchte, aufzustehen, doch Mary stieß ihm mit dem Zeigefinger gegen die Brust, sodass er wieder zurück auf den Stuhl sank.

„Machen Sie sich bitte keine Umstände“, sagte sie, während sie sich umdrehte und sich ein paar Meter entfernt von den Stühlen zum Warten postierte.

Wenige Augenblicke später fuhr die Eisenbahn ein. Eine prächtige Lok mit stattlichem Rauchfang, aus dem dichter schwarzer Qualm strömte, der sofort in einen der Lüftungsschächte an der Decke gesaugt wurde. Angehängt waren fünf Abteile. Mary blickte zum Botschafter hinüber, der grimmig nickte und auf die Bahn zeigte.

Im Inneren waren nur wenige Plätze besetzt und Mary ließ sich auf den ersten Sitz in Fahrtrichtung sinken. Dabei achtete sie darauf, beide Sitze des Zweierplatzes zu blockieren, damit der Botschafter auf keinen Fall auf die Idee käme, sich zu ihr zu setzen. Mit verbissenem Gesichtsausdruck marschierte er an ihr vorbei und setzte sich hinter sie, was fast noch unangenehmer war, denn nun spürte sie seinen bohrenden Blick auf ihrem Hinterkopf. Doch sie würde ihm nicht zeigen, welches Unbehagen er ihr bereitete, sondern drehte sich kurz zu ihm um, schenkte ihm ein Lächeln und wandte ihren Blick dann wieder nach vorn. Sollte er doch den Rest der Fahrt darüber nachgrübeln, was dieses Lächeln zu bedeuten hatte.

Die Bahn setzte sich in Bewegung, verließ die beleuchtete Station und tauchte ein in das tiefe Schwarz der Eisenbahntunnel. Die Lampen im Inneren des Waggons flammten automatisch auf und verbreiteten ihr gelbes Licht.

Sie fuhren eine Weile geradeaus, dann verlangsamte sich die Fahrt der Bahn, doch noch immer blieb es rund um sie herum schwarz und undurchdringlich. Schließlich kam die Bahn vollständig zum Stehen und einige Minuten lang geschah nichts. Dann ertönte ein Kreischen, anschließend ein Ächzen und Mary spürte, wie sich der Waggon in die Höhe hob. Sie waren an einem Knotenpunkt angekommen, einem Punkt, an dem die Bahn auf eine andere Ebene des unterirdischen Netzes gehoben wurde, um eine höher gelegene Station zu erreichen. Von diesen Knotenpunkten gab es unzählige im ganzen Territorium, einige von ihnen lagen sogar fast dreihundert Meter tief unter der Erde.

Anschließend setzte sich die Bahn mit einem protestierenden Ächzen in Bewegung und Mary vernahm das stetige *Wusch* der Schwungräder, die durch die Dampfmaschine im Inneren der Lok angetrieben wurden.

Im Tunnel wurde es für einen Augenblick wieder hell, doch es war nur die Gaslaterne eines Ambuladeurs, der durch einen Seitentunnel patrouillierte, um mögliche Flüchtige aufzuspüren, die versuchten, die Mauer zu umgehen und durch die unterirdischen Tunnel aus dem Territorium zu fliehen.

Mary lehnte sich zurück in ihren Sitz und verschränkte die Arme. Das, was der Kaiser ihr zu sagen hatte, sollte besser gut sein. Oder noch besser: lukrativ. Sie hätte heute Nachmittag einen Termin mit einem neuen Klienten gehabt, den konnte sie sich abschminken. Keine Chance, dass sie rechtzeitig wieder zurück sein würde. Der Kaiser sollte sie also besser nicht umsonst zu sich gerufen haben.

An der Station Ecke Albertstraße und Ritterstraße erhob sich der Botschafter und tippte ihr auf die Schulter. Mary widerstand der Versuchung, ihm dafür seine Finger zu brechen und stand ebenfalls auf.

Diese Bahnstation war weitaus belebter als die, aus der sie abgefahren waren. Es herrschte emsiges Treiben. Neben den Fahrgästen versuchten ein paar andere Menschen mit einem Bauchladen vor sich Getränke, Nahrungsmittel wie Nüsse und Äpfel oder kleine billige Schmuckstücke zu verkaufen.

Mary folgte dem Botschafter die Treppe hinauf, die sie zurück ins Sonnenlicht führte. Von hier aus war es nicht mehr weit zum Palast, Mary konnte die riesigen Tore bereits erkennen, die dem einfachen Volk den Zutritt zur Welt des Kaisers verwehrten. Die Ritterstraße war mehr als doppelt so breit wie die Straßen in Marys Viertel. Auf beiden Seiten schützten Fußgängerwege die Spazierenden vor den vielen dampfbetriebenen Gefährten, die über das Kopfsteinpflaster rumpelten. Es waren motorisierte Zweiräder, dreirädrige kastenförmige Wagen und elegante Automobile mit vier Rädern, die kein Dach hatten und aus denen die Fahrer jedem zuwinkten, der zu ihnen hinübersah.

Mary beneidete diese Menschen keine Sekunde lang um ihre Gefährte, die von großem Wohlstand zeugten. Ja, sie würde sich einen solchen fahrbaren Untersatz niemals leisten können. Aber im Krieg war sie genügend Kriegsmaschinen gefahren und hatte mit ihnen genügend Menschen das Leben genommen, um niemals wieder in ihrem Leben eine solche Maschine bedienen zu wollen.

Entschlossen bahnte sich der Botschafter seinen Weg über den Fußgängerweg. Die Straße war gesäumt von gepflegten zweistöckigen Häusern, deren Fassaden vor Sauberkeit nur so blitzten und funkelten. In der unteren Etage gab es Juweliere, Blumenläden und einige Restaurants. Alle paar Meter stürzte ein aufgeregter Laden- oder Restaurantbesitzer aus seinem Gebäude und redete wie ein Wasserfall auf den Botschafter ein. Jeder versuchte, ihn dazu zu überreden, doch einmal bei ihm zu essen, womöglich sogar den Kaiser in sein bescheidenes Etablissement mitzubringen, ihn in den höchsten Kreisen zu empfehlen ... Die meisten begnügten sich dabei nicht nur mit Gequassel, sondern drückten dem Botschafter auch Werbezettel in die Hand. Einer war sogar so dreist, dem Botschafter einen Teller mit einem runden Gebäckstück zu reichen und sofort zu verschwinden, sobald der Botschafter es festhielt. Sichtlich irritiert suchte der Botschafter in der Menschenmenge nach dem Missetäter, doch dieser war längst entschwunden, offenbar von der Hoffnung erfüllt, der Botschafter möge seine Kreation probieren und für so genial erachten, dass er all seinen adeligen Freunden davon erzählte. Doch dazu würde es nie kommen. Der Botschafter ging weiter, stellte den Teller schließlich auf dem Tisch eines äußerst überraschten jungen Pärchens in einem anderen Café ab und wünschte ihnen „Guten Appetit".

Schließlich überquerten sie die Straße, wobei Mary einem hupenden Gefährt ausweichen musste, und kamen zu dem weißen Tor, das aus so vielen einzelnen Metallstreben bestand, dass Mary unmöglich sagen konnte, wo die eine aufhörte und die andere anfing. Zusammen bildeten sie die Buchstaben *L* und *V*, die Initialen des Kaiserpaars.

Das fast drei Meter hohe Tor wurden von zwei Wachen gesichert, die in voller Rüstung, messingfarben mit Silberverzierungen, jeweils ein Schwert in ihren Händen hielten. Ob der Altertümlichkeit hätte Mary fast gelacht, wäre es nicht so albern gewesen. Auf den Schlachtfeldern bekriegten sich die Menschen mit dampfbetriebenen Schusswaffen, Stromfallen und meterhohen Schlachtwagen, und dann sollten zwei Blechdosen mit Buttermessern den Eingang zum Palast bewachen? Falls jemand hier hineinwollte, würde er es auch schaffen, das stand für Mary ohne Zweifel fest. Sie musterte die undurchdringliche Mauer, die sich an das Tor anschloss. Grauer Stein. Elegant zweifellos, aber nicht unüberwindbar.

Der Botschafter trat zwischen die Wachen und zog ein Stück Papier hervor, nach dessen Begutachtung die beiden Wachen wie auf ein unhörbares Kommando mit einem Scheppern ihrer Rüstungen je eine Seite des Tores griffen und es gleichzeitig aufzogen.

Mary spürte die Blicke in ihrem Rücken, als sie den Eingang passierte. Sie drehte den Kopf und ihr Auge surrte, als sie die vielen Menschen sah, die ihr und dem Botschafter nachblickten, die meisten neidisch, manche neugierig.

Dann schloss sich das Tor hinter ihnen und Mary richtete den Blick auf den Palast. Zwar war sie schon einmal hier gewesen, doch ihre Erinnerung an diesen

Tag war verschwommen, sie erinnerte sich daran, wie der Kaiser ihr die Hand geschüttelt hatte, aber nicht daran, wie zur Hölle sie eigentlich in den Palast gekommen war. Überhaupt waren die Wochen nach ihrer Verletzung ein einziger Nebel gemischt aus Schmerzen und Opiaten.

„Gehen Sie bitte an meiner Seite“, ordnete der Botschafter in genervtem Tonfall an. „Es ist nicht erlaubt, dass Sie sich frei auf dem Gelände bewegen.“

Mary schnaubte. Es gab nur den einen Weg und sie würde sicherlich nicht fortlaufen und den Garten verwüsten oder was auch immer dem Botschafter vorschweben mochte. Doch sie beeilte sich, ein wenig schneller zu laufen, auch wenn sie immer wieder zurückfiel, weil sie sich umsah. Es gab zahlreiche in Form geschnittene Buchsbäume, meist kugelförmig, und einige Beete mit rotblühenden Blumen. Dazwischen verliefen schmale Wege. Die vielen Bäume boten unpraktischerweise hervorragende Versteckmöglichkeiten für mögliche Angreifer oder Diebe. Hätte Mary hier die Verantwortung, hätte sie sie entfernen lassen. Wäre es nur der Rasen, wäre von jeder Stelle im Palast ein ungehinderter Ausblick möglich. Na ja, vielleicht hatte der Kaiser sie eingeladen, damit sie ihn in diesen Sicherheitsfragen beriet. Und wenn nicht, würde sie ihn vielleicht trotzdem auf seine mangelhaften Sicherheitsvorkehrungen hinweisen können.

Sie näherten sich dem Portal des Palastes, wo vier weitere Wachen in Rüstungen auf sie warteten. Mary schätzte die Größe des metallischen Tores auf drei mal drei Meter, eine beeindruckende Schmiedearbeit mit aufgesetzten und bemalten Verzierungen, die wohl die Krönung des Kaisers zeigten.

Erneut zückte der Botschafter sein Stück Papier und die Wachen öffneten das Tor, das so sanft aufglitt, dass Mary vermutete, dass hier noch etwas anderes im Spiel war als die bloße Muskelkraft der Wachen. Womöglich ein hydraulisches System, das das Öffnen erleichterte.

Als das Tor offen stand, traten die Wachen einen Schritt zurück, hoben ihr Schwert kerzengerade vors Gesicht und verharrten reglos in dieser Position.

„Legen Sie Ihre Waffe ab", kommandierte der Botschafter.

Mary zog eine Augenbraue in die Höhe. Ihre Waffe?

„Mit einer unangemeldeten Waffe dürfen Sie den Palast nicht betreten."

Mary seufzte und zog ihre Waffe hervor, hielt sie dem Botschafter demonstrativ hin und übergab sie dann einer der Wachen. „Aber die bekomme ich wieder."

Sie betraten den Palast und fanden sich in einer geräumigen Halle wieder, die von einer gläsernen Kuppeldecke dominiert wurde. In der Mitte führte ein roter Teppich zu einer doppelflügeligen Bronzetür. Rechts und links gab es ebenfalls zwei Türen, jedoch weit weniger auffällig als die, die ihnen gegenüber lag.

Wie selbstverständlich beschritt der Botschafter den Teppich und hielt zielstrebig auf die Doppeltür zu.

Mary folgte ihm. Gegen ihren Willen war sie beeindruckt von der Eleganz und der Schönheit des kaiserlichen Palasts. Zwar störte sie, dass diese Menschen hier nichts dafür getan hatten, um all das zu verdienen, doch die Architektur war trotzdem wunderschön.

Der Botschafter zog die Doppeltür auf und sie betraten einen Raum, der offensichtlich der Thronsaal war. Ihnen gegenüber standen zwei silberfarbene Throne auf einem Podest, davor drei Bankreihen. An den Wänden hingen Portraits der Kaiserfamilie, einige davon hatte Mary schon in der Zeitung gesehen: der Kaiser, seine Frau und ihre Tochter. Es gab sogar ein Gemälde des kaiserlichen Schoßhunds.

Als Mary bemerkte, dass der Botschafter sich bereits einige Meter von ihr entfernt hatte, beschleunigte sie ihre Schritte und folgte ihm in ein Zimmer zu ihrer Rechten. Auf beiden Seiten ragten riesige Regale in die Höhe, die die Last von tausenden Büchern trugen. Mary sog den Geruch ein, der diesem Raum zu eigen war. Pergament, Staub, Leder. Genau so sollte es in einer Bibliothek riechen.

Sie betrachtete all die Bücher, all das Wissen, das sich hier befand und viel zu spät fiel ihr auf, dass sie mit dem Botschafter nicht allein war. Dort, in einem breiten Ledersessel, sanft beleuchtet von einer Tischleuchte, saß der Kaiser.

Sofort straffte Mary sich und verschränkte die Arme hinter dem Rücken. Sie trat näher und neigte ihren Kopf zu einer knappen Verbeugung. „Mein Kaiser."

Der Kaiser erhob sich aus seinem Sessel. Er war ein Mann Anfang fünfzig, dessen dunkelbraunes Haar an den

Schläfen bereits weiß wurde. Sein Gesicht war glattrasiert, seine Augen blickten aufmerksam und waren mit verstörender Intensität auf Mary gerichtet. „Frau Parker."

„Nur Parker, bitte, Majestät. Oder General Parker", korrigierte Mary den Kaiser vorsichtig.

„Nun, Parker, Sie fragen sich sicherlich, warum Sie hier sind."

„Das tue ich, Majestät. Der Botschafter konnte mir keinen Hinweis geben, um was es geht."

Der Kaiser trat noch einen Schritt näher. „Das liegt daran, dass er es nicht weiß. Oskar, Sie können gehen, ich würde gerne allein mit Frau ... mit Parker sprechen."

Der Botschafter verbeugte sich tief und verließ mit verkniffenem Gesicht die Bibliothek. Vermutlich zerfraß es ihn innerlich, dass er nun nicht erfuhr, was der Kaiser ihr zu sagen hatte.

Nachdem die Tür hinter ihm ins Schloss gefallen war, legte sich tiefe Stille über den Raum, nur das Ticken einer entfernten Uhr war noch zu hören.

Mary wagte es kaum, zu atmen. Sie wollte auf keinen Fall die Erste sein, die die Stille brach.

„Zunächst einmal möchte ich Ihnen danken, dass Sie meinem Ruf gefolgt und hierhergekommen sind." Der Kaiser streckte die Hand aus und automatisch tat Mary es ihm gleich. Er ergriff ihre Finger und Mary konnte erkennen, dass er ihr einen Handkuss geben wollte, es sich im letzten Moment jedoch anders überlegte, fester zupackte und ihre Hand stattdessen schüttelte. „Sie sind eine vielbeschäftigte Frau, nach allem, was man so hört."

„So?" Mary zog ihre Hand wieder zurück. „Was hört man denn?" Natürlich waren ihre militärischen Erfolge zum Kaiser durchgedrungen, schließlich war er es höchstpersönlich gewesen, der ihrer Ernennung zum Kommandierenden General zugestimmt hatte. Aber seit sie aus der Armee ausgeschieden war? Es erschien ihr seltsam, dass der Kaiser ihr Leben weiterverfolgt hatte.

„Soviel ich weiß, sind Sie jetzt Privatdetektivin. Und wie mir zu Ohren gekommen ist, sind Sie sehr gut in dem, was Sie tun."

Mary musterte den Kaiser abwartend. War es das, weswegen sie hier war? Brauchte er sie als Privatdetektivin? Oder hatte sie unwissentlich etwas getan, wobei sie dem Kaiser auf die Zehen getreten war?

Der Kaiser räusperte sich. „Sie sind gründlich, haben innovative Ideen und sind verschwiegen, alles Eigenschaften, die ich zu schätzen weiß."

Noch immer begriff Mary nicht, in welche Richtung dieses Gespräch gehen würde. Doch offenbar war sie nicht hier, weil der Kaiser sie für etwas tadeln wollte, so viel hatte sie inzwischen herausgehört.

„Sie sind keine Frau der vielen Worte, was?" Der Kaiser lachte verlegen und strich sich durchs Haar. Dann deutete er auf den Sessel neben seinem. „Bitte, setzen Sie sich doch."

Mary warf ihm noch einen letzten Blick zu, dann nahm sie Platz. Der Sessel war weich, die Oberfläche kühl und glatt. Doch Mary fühlte sich unwohl. Sie versank förmlich, was sie kleiner machte, zudem konnte sie dem Kaiser nicht mehr mühelos ins Gesicht schauen. Nun musste sie den Kopf wenden, um ihn überhaupt ansehen zu können. Sie legte die Arme auf die Lehnen und versuchte, sich so weit wie möglich aufzurichten. „Warum bin ich hier, Majestät?“ Sie sprach leise, ihre Frage sollte nicht respektlos klingen. Aber es war an der Zeit, dass sie erfuhr, worum es ging.

Der Kaiser holte tief Luft und trommelte mit den Zeigefingern auf die Lehnen seines Sessels. „Das hier fällt mir nicht leicht“, begann er. „Ich habe Sie hierherholen lassen, weil es etwas gibt, das untersucht werden muss. Diskret.“

Mary nickte. Das hatte sie bereits geahnt.

„Es tut mir leid.“ Der Kaiser räusperte sich wieder. „Nun, da Sie tatsächlich hier sind, weiß ich nicht mehr, wie ich mein Anliegen formulieren soll.“ Verlegen lachte er auf.

So, wie der Kaiser sich benahm, war der Auftrag, den er zu vergeben hatte, wohl tatsächlich heikel. Mary rutschte an den Rand des Sessels. „Alles, was Sie mir sagen, wird vertraulich behandelt.“

„Das ist gut, das ist gut.“ Der Kaiser nickte mehrmals zerstreut und fuhr sich mit der Hand über die Stirn. „Es geht um meine Familie.“

„Ihre Familie.“ War etwas mit seiner Frau?

„Genau.“

Nach seiner wenig spektakulären Enthüllung verfiel der Kaiser in Schweigen. Stumm kaute er auf seiner Lippe herum und starrte ins Leere. Er rang sichtlich mit sich.

„Was ist mit Ihrer Familie, Majestät?"

„Nun gut, ich muss es Ihnen einfach sagen. Ich muss darauf vertrauen, dass Sie so integer sind, wie Ihr Ruf es mich glauben macht." Der Kaiser seufzte schwer. „Es ist vor zwei Tagen geschehen. Priester Johannes hat eines der Ossarien geöffnet, die es auf unserem Gelände gibt."

Mary bemühte sich, nicht das Gesicht zu verziehen, als der Kaiser seinen Priester und die Ossarien erwähnte. Sie hatte schon gehört, dass Kaiserin Viktoria eine begeisterte und äußerst strenge Anhängerin der Ossarier war, einer Glaubensgruppe, die ihren Ursprung im Christentum hatte. Doch bei den Ossariern wurde der Reliquienglaube auf die Spitze getrieben: Sie glaubten, dass es tatsächlich Geister gab und dass jedem Knochen ein Teil des Geistes des Verstorbenen innewohnte. Er sollte denjenigen stärken, der im Besitz des Knochens war.

Mary hatte bisher keine persönlichen Erfahrungen mit dieser Glaubensrichtung gemacht – sie ging allem aus dem Weg, das mit irgendeiner Art von Gemeinschaft zu tun hatte –, aber es schien, als hätte die Kaiserin auch ihren Mann von diesem Glauben überzeugt.

„Und?" Musste sie dem Kaiser jetzt jedes Wort einzeln aus der Nase ziehen?

„Ihnen dürfte bekannt sein, dass Ossarien dazu dienen, Knochen vom Fleisch zu befreien, ohne die Essenz der Knochen zu zerstören."

Mary schluckte. Sie sah den Kaiser an und nickte langsam. Es gab im Territorium genügend Menschen, die ihren Körper für die Zeit nach dem Tod verkauften.

Ihre Leichen wurden so lange in den Ossarien gelagert, wie die Priester es für richtig hielten, damit sie ihr „Potenzial" voll entfalten konnten, um sie anschließend in den Messen der Ossarier zu verwenden. Wobei *Potenzial entfalten* auch nur ein vornehmer Begriff dafür war, dass das Fleisch erst wegfaulen musste, damit die Leute mit den Knochen spielen konnten. Schließlich sah es nicht gerade gut aus, wenn verwesende Knochen den handgeknüpften Wohnzimmerteppich volltropften.

„Als Priester Johannes das Ossarium geöffnet hat, da ..." Wieder machte der Kaiser eine Pause und Mary unterdrückte das überwältigende Verlangen, mit den Augen zu rollen. Kaiser oder nicht – er sollte langsam mal zum Punkt kommen und aufhören, ihre Zeit zu verschwenden. Doch sie sagte nichts dergleichen, sondern nickte ihm nur auffordernd zu.

„Es waren zu viele Leichen, die in den Särgen lagen." Der Kaiser schüttelte mit weit aufgerissenen Augen den Kopf. „Laut Priester Johannes' Aufzeichnungen wurden drei Leichen darin aufgebahrt, die erste vor fast einem Jahr, die anderen beiden folgten jeweils einen Monat später. Im Ossarium lagen aber vier Skelette."

Mary kniff die Augen zusammen. „Vier?"

„Ganz genau. Ein Sarg war nicht vollständig geschlossen und deshalb hat Johannes nachgesehen. Die Leiche darin ist nicht registriert."

„Gibt es einen Hinweis darauf, wer es ist?"

„Nein. Und genau da kommen Sie ins Spiel." Der Kaiser fuhr sich mit der Hand über die Augenbrauen und seufzte tief. „Ich habe einen Verdacht, einen Verdacht, der eigentlich schon an Sicherheit grenzt."

„Und weiter?"

„Ich glaube, dass dieses Skelett mein ..." Der Kaiser verstummte und blickte sich in der Bibliothek um, doch sie waren noch immer die einzigen in diesem Raum. Trotzdem beugte er sich zu Mary herüber und senkte die Stimme zu einem Flüstern. „Ich glaube, dass der Tote Karl Bach ist, mein Sohn."

Für einen kurzen Augenblick war Mary verwirrt. Der Kaiser hatte keinen Sohn, er hatte eine Tochter, Amalie. Aber dann wurde ihr alles klar. Die Heimlichkeiten, ihr Besuch im Palast, das Gehabe des Kaisers. „Ihr unehelicher Sohn?"

Die Wangen des Kaisers färbten sich rot, als er nickte und den Blick senkte.

„Und wo komme ich da ins Spiel?" Bisher hatte der Kaiser kein Wort darüber verloren, was er von ihr erwartete. Sicherlich war sie nicht hier, um nett über seine außerehelichen Aktivitäten zu plaudern.

„Ich hatte ihn aus seiner Heimatstadt Straelen an den Palast geholt, damit er hier arbeitet. Als Karl dann nach ein paar Monaten auf einmal fort war, habe ich einen Brief vor meiner Tür vorgefunden, in dem er darauf bestand, an die Mauer zu gehen und dort seinen Dienst zu tun. Dass es ihm leidtue und dass wir uns vermutlich nie wiedersehen würden, weil dies nun mal seine Bestimmung wäre."

„Haben Sie den Brief noch?"

„Nein, ich habe ihn verbrannt“, gestand der Kaiser. „Er durfte niemandem in die Hände fallen und die Tatsache, dass Karl auf diese Art verschwunden ist … Ich war wütend.“

„Ich verstehe. Und wie kommen Sie auf die Idee, dass Karl der Tote sein könnte?“

„Ich weiß es nicht. Es ist nur ein Gefühl, dass etwas daran nicht stimmt. Ich hatte es schon, als ich diesen Brief gefunden habe, aber jetzt ist es überdeutlich. Dieser Tote ist nicht von allein ins Ossarium gekommen. Und wenn es wirklich Karl ist, dann …“ Der Kaiser sprang mit einem Mal auf und begann, erregt auf und ab zu laufen. „Ich will wissen, was mit ihm geschehen ist. Man versteckt doch keine Leiche, wenn es ein Unfall war. Ich will wissen, wer meinen Sohn getötet hat.“ Er schnaufte atemlos und blieb stehen.

„Und Sie können nicht zur Polizei gehen“, sagte Mary langsam und ließ sich in den Sessel zurücksinken. „Das können Sie nicht, denn dann würde es am nächsten Tag in der Zeitung stehen. Und ein unehelicher Sohn würde dem Volk nicht gefallen.“ Mary verschränkte ihre Finger vor der Brust miteinander. „Ganz und gar nicht.“ Die Herrschaft des Kaisers stand schon seit einigen Jahren auf wackeligem Fundament. Es gab Gerüchte, Demonstrationen, rebellische Vereinigungen. Sie wollten das Kaisertum aufheben, aber bisher waren es nur Spinner gewesen, Leute, die versucht hatten, aus dem Deutschen Autonomen Territorium zu fliehen. Mary hatte hingegen nie einen Grund gesehen, am Kaiser und an seinen

Entscheidungen zu zweifeln. Die Abschottung des Territoriums geschah zu ihrer aller Sicherheit, zur Sicherheit des Landes. Nur so konnten sie ihre Technologien vor Spionen schützen. Die Entscheidung von Kaiser Otto dem Zweiten, Kaiser Leopolds Großvater, hatte das Territorium damals vor einem weiteren Krieg bewahrt, einem Krieg, den sie vielleicht verloren hätten. Durch die Mauer waren sie sicher. Warum also gab es Menschen, die das unbedingt zerstören wollten?

„Nein, das würde dem Volk nicht gefallen." Der Kaiser schüttelte den Kopf. „Niemand würde das verstehen. Sie würden es vielleicht zum Anlass nehmen, mir meine Herrschaft aberkennen zu wollen."

„Vermutlich." Mary musterte den Kaiser. Seine Bestürzung und seine Sorgen wirkten echt auf sie. Wie ein Vater, der um seinen Sohn trauerte. „Was genau erwarten Sie von mir, Majestät?"

„Zunächst einmal brauche ich die Bestätigung, dass es wirklich Karl ist. Und wenn er es ist ...", der Kaiser atmete tief ein, „dann will ich wissen, wer ihn ermordet und in dieser Gruft versteckt hat."

„Und dann?" Mary legte die Hände flach auf die Sessellehnen.

„Wie, und dann?" Verständnislos sah der Kaiser sie an.

„Wenn Sie den Schuldigen haben, was haben Sie dann mit ihm vor?"

„Keine Ahnung." Der Kaiser fing wieder an, auf und abzuschreiten. „Das habe ich mir noch nicht überlegt. Ich weiß ja nicht mal, ob es wirklich Karl ist."

„Angenommen, es ist Karl: Würden Sie seinen Mörder exekutieren lassen?“ Mary legte den Kopf schräg und beobachtete die Reaktion des Kaisers ganz genau.

Er zuckte zusammen. „Was? Nein.“ Er blieb stehen und sah sie bestürzt an. „Nein.“

„Erwarten Sie, dass ich es tue?“

„Ob ich erwarte, dass Sie den hypothetischen Mörder meines Sohnes töten?“ Unglaube breitete sich auf dem Gesicht des Kaisers aus. „Daran habe ich nie gedacht. Es geht mir um die Wahrheit.“ Er sah sie fest an. „Haben wir uns da verstanden?“

„Natürlich.“ Mary stand auf, nur wenige Zentimeter trennten sie jetzt vom Kaiser. „Ich stelle also Ermittlungen an, richtig?“

Der Kaiser nickte.

„Aber ich kenne mich mit der Forensik nicht aus, Ärztin bin ich auch nicht. Ich werde also ein Labor beauftragen müssen.“

Wieder nickte der Kaiser. „Sie können tun, was auch immer Sie für nötig halten, ich bezahle. Sorgen Sie nur dafür, dass nichts davon an die Öffentlichkeit dringt. Wenn mir Gerüchte zu Ohren kommen, dann werde ich wissen, dass Sie dafür verantwortlich sind.“ Der Kaiser goss sich etwas von einer braunen Flüssigkeit aus einer Kristallkaraffe in ein bauchiges Glas. Dann hob er es hoch und schwenkte die Flüssigkeit darin umher. „Wenn Sie mir Ergebnisse liefern, bekommen Sie zehntausend Mark. Dazu jeden Monat zweihundert Mark dafür, dass Sie mir für weitere Aufträge jederzeit zur Verfügung stehen.“

„Gut." Zehntausend Mark war eine Menge Geld, das Doppelte von dem, was sie im letzten Jahr insgesamt verdient hatte. Dazu ein monatliches Gehalt. Es wäre dumm von ihr, diesen Auftrag abzulehnen. Und angesichts der Tatsache, dass sie mit dem Kaiser sprach, konnte sie das wohl auch nicht. „Ich mache es."

„Vielen Dank." Der Kaiser genehmigte sich einen Schluck. „Wie werden Sie beginnen?"

„Zuallererst brauchen wir die Identität. Und dazu benötige ich das Skelett." Mary dachte kurz nach und ging in Gedanken die freien Wissenschaftler und Labore durch, die sich mit Skeletten auskannten. Niemand davon kam in Frage, sie alle arbeiteten auch mit anderen Ermittlern oder Einrichtungen zusammen. Viele Menschen und Verbindungen bedeuteten auch viele mögliche Lecks. Gerüchte wären unvermeidlich. „Ist es möglich, das Ossarium wieder zu verschließen? Niemand sollte es betreten, bis ich mit einem Experten zurück bin."

„Einem Experten?"

„Genau, jemanden, der sich den Fundort anschaut, damit wir keine Beweise übersehen." Das einzige Problem war nur, dass sie diesen Experten noch nicht hatte und auch nicht wusste, wo sie ihn finden sollte.

„Natürlich, natürlich, das erscheint sinnvoll." Der Kaiser schwenkte sein Glas und ein Teil der Flüssigkeit schwappte über den Rand und landete auf dem dunklen Holzboden der Bibliothek, doch er schien es nicht zu bemerken.

„Stellen Sie mich offiziell an?" Sie brauchte einen Vertrag, etwas Offizielles, um sicher zu sein, dass der

Kaiser sein Wort und vor allem seine Bezahlung auch hielt.

„Ja. Ja, natürlich." Der Kaiser seufzte. „Mein Sekretär setzt einen Vertrag auf. Wenn Sie mit Ihrem Experten wiederkommen, ist er bereit."

„Gut. Was ist mit einem Ausweis?" Mary dachte an den Botschafter und das Papier, das er den Wachen hingehalten hatte. „Ich werde mich im Schloss frei bewegen können müssen."

„Ein entsprechender Ausweis wird bei Ihrem nächsten Besuch ebenfalls für Sie bereitliegen."

„Vielen Dank. Mit Ihrer Erlaubnis mache ich mich jetzt gleich auf den Weg." Sie wartete auf ein bestätigendes Nicken des Kaisers. „Ich werde Sie nicht enttäuschen, Majestät."

„Ich danke Ihnen, Parker", rief ihr der Kaiser hinterher, als sie die Bibliothek verließ. Selbstständig fand sie ihren Weg aus dem Palast, erhielt ihre Waffe zurück und ging den Sandweg hinunter zum Tor.

Das war doch mal ein interessanter Besuch gewesen. Ein unehelicher Sohn, ein unbekanntes Skelett und ein eindeutig verzweifelter Kaiser. Und dann noch diese nicht zu verachtende Belohnung. Zehntausend Mark plus eine regelmäßige Zahlung. Normalerweise musste sie zehn, nein, zwanzig anderer Aufträge abschließen, um auf diese Summe zu kommen. Aber bei diesem Fall war Vorsicht geboten: Ein falscher Schritt und alles würde ihr um die Ohren fliegen. Und der Kaiser war niemand, den man enttäuschen durfte.

Kapitel 2

Den ganzen Weg zurück zu ihrem Haus in der Eschenstraße hatte Mary darüber gegrübelt, wo zur Hölle sie einen verschwiegenen Wissenschaftler auftreiben sollte, der gleichzeitig kompetent, aber noch niemand anderem verpflichtet war. Gab es so jemanden überhaupt?

Nachdem sie bis zum Nachmittag noch keine zufriedenstellende Lösung gefunden hatte, klapperte sie die beiden Labore ab, die normalerweise Tests für sie vornahmen. Dabei ging es in den meisten Fällen um die Auswertung von Haare oder das Sicherstellen von Spuren am Tatort. Manchmal auch um die Analyse eines Verletzungsmusters. Sie erkundigte sich, ob sie ein Labor kannten, das exklusiv für sie arbeiten würde. In beiden Laboren wurde sie förmlich ausgelacht. Kein Labor könnte es sich leisten, nur für einen einzelnen – und dazu noch so unbedeutenden – Klienten zu arbeiten. Und da sie das Argument, dass sie für den Kaiser arbeitete, nun mal nicht nutzen konnte, musste sie das Gelächter über sich ergehen lassen.

Ein wenig ratlos beschloss Mary, der Universität von Wilhelmsstadt einen Besuch abzustatten. Diese Laborratten – die waren ja schließlich alle zur Universität gegangen, richtig?

Im Sekretariat empfing sie eine ältere, etwas rundliche Dame.

„Guten Tag, Mary Parker. Ich würde gerne mit dem Dekan sprechen."

Die Sekretärin verzog bedauernd das Gesicht. „Haben Sie denn einen Termin? Tut mir leid, aber ohne Termin wird der Dekan Sie nicht empfangen können."

„Ich bin Privatdetektivin." Mary zog ihren Ausweis hervor und zeigte ihn der Frau. „Ich ermittle in einem sehr wichtigen Fall. Mein Auftraggeber ist eine bekannte Persönlichkeit." Mary beugte sich ein Stück zu der Sekretärin hinüber. „Das ist alles streng geheim, verstehen Sie?"

Die Sekretärin nickte mit großen Augen.

„Und wenn die Universität mir helfen kann, würde mein Auftraggeber sich sicher großzügig zeigen."

Die Sekretärin blickte sich zu der breiten Holztür um, auf der „Dekanat" geschrieben stand. „Ich werde den Dekan über Ihre Anwesenheit unterrichten", sagte sie dann langsam und deutete auf einen der Stühle, die im Flur vor dem Sekretariat standen. „Vielleicht setzen Sie sich so lange, sie müssen vermutlich etwas warten."

Mary nickte und ließ sich zufrieden auf einem der Stühle nieder, während die Sekretärin in das Büro des Dekans ging und kurz darauf wieder herauskam. Es war doch immer wieder erstaunlich, was Geld – oder auch nur die Aussicht auf Geld – alles bewirken konnte.

Keine zehn Minuten später öffnete sich die Tür des Dekanats und der Leiter der Universität, ein großer, kräftiger Mann mit schwindendem grauem Haaransatz, kam direkt auf sie zu.

„General Parker." Er reichte ihr die Hand. „Meine Sekretärin sagte, Sie hätten ein Anliegen?"

„Eher eine Frage", erwiderte Mary und der Dekan nickte.

„Dann will ich versuchen, sie zu beantworten. Kommen Sie doch mit in mein Büro." Mit einer schwungvollen Geste deutete er auf die offen stehende Tür und Mary ging voran.

Die Einrichtung des Büros bestand zum größten Teil aus dunklem Holz: der wuchtige Schreibtisch, die prall gefüllten Bücherregale, der Fußboden. Doch auf einem Tisch nahe dem Fenster standen mehrere metallische Apparaturen, die summten, sich drehten und sich bewegten.

„Bitte sehr." Der Dekan deutete auf den Stuhl vor seinem Schreibtisch.

„Ich möchte Sie nicht lang aufhalten", erwiderte Mary und blieb stehen, während der Dekan sich in den Sessel hinter seinem Schreibtisch setzte. „Ich bräuchte nur eine Auskunft von Ihnen."

„Eine Auskunft, ja?" Er lehnte sich im Sessel zurück und musterte sie. „Für Ihren wohlhabenden Auftraggeber?" Neugierig musterte er sie.

„Ja." Sie sah, dass er mehr wissen wollte. Sollte er doch raten, um wen es sich dabei handelte.

„Gut ..." Sichtlich ernüchtert richtete er sich wieder auf und beugte sich über die Tischplatte. „Fragen Sie."

„Kennen Sie jemanden, der ein Labor hat? In oder in der Nähe von Wilhelmsstadt?"

„Ein Labor?"

„Oder eine andere Einrichtung, die sich auf das Sichten von menschlichen Überresten oder Spuren spezialisiert hat. Ein Labor, das für die Aufklärung von Kriminalfällen zu Rate gezogen werden kann."

„Kriminalfälle?" Der Dekan zog eine Augenbraue in die Höhe. „Heißt das ..."

Mary ließ ihn gar nicht erst ausreden. „In den Laboren Müller und Wannstädt war ich bereits, sie entsprechen nicht meinen Bedürfnissen."

„Nun, das sind die beiden einzigen Labore, die mir bekannt sind."

„Und es gibt keinen ehemaligen Studenten, der sich selbstständig machen wollte?"

Der Dekan dachte ein paar Augenblicke nach. „Es gab einen, der wollte eine Empfehlung für das Labor Wannstädt. Hat jedem, der es hören wollte, erzählt, dass er aber auf jeden Fall sein eigenes Labor aufmachen will."

Das klang interessant. „Und hat er es getan?"

„Sein eigenes Labor aufgemacht?" Der Dekan lachte auf. „Woher soll ich das wissen? Wir haben viele Studenten, ich kann unmöglich verfolgen, was jeder unserer Absolventen nach seinem Abschluss anstellt."

„Natürlich nicht. Wissen Sie noch, wie er hieß?"

„Ich glaube er hieß Jung mit Nachnamen, aber ganz sicher bin ich mir da nicht."

Mary dachte kurz nach. Angenommen, dieser ehemalige Student hatte seinen Traum wahrgemacht oder plante es zumindest, dann könnte sie Glück haben und er arbeitete noch nicht fest für jemand anderes. „Können Sie herausfinden, wie sein Name war?"

„Meine Sekretärin kann das vermutlich. Sie hat die Namenslisten der Absolventen. Ich glaube, er hat seinen Abschluss vor ein oder zwei Jahren gemacht."

„Das wäre hilfreich."

Der Dekan erhob sich aus seinem Sessel und öffnete die Tür. „Frau Weiß? General Parker braucht eine Information von uns. Einen Namen."

Die Sekretärin war von ihrem Stuhl aufgesprungen und nickte eifrig.

„Es geht um einen ehemaligen Studenten. Ich erinnere mich noch daran, dass er mehrmals in meinem Büro war, weil er unbedingt ein gutes Empfehlungsschreiben für Wannstädt wollte. Und er hat immer wieder davon geredet, sein eigenes Labor zu gründen."

„Ich erinnere mich an ihn", sagte die Sekretärin naserümpfend. „Er war sehr penetrant. Ständig hat er hier gestanden und wollte nicht eher fortgehen, bevor er mit dem Dekan gesprochen hatte. Und ständig hielt er mich von meiner Arbeit ab und erklärt mir haarklein, was er für sein Labor braucht und was er machen wollte, obwohl ich ihn nie danach gefragt habe." Die Sekretärin schüttelte den Kopf. „Und Sie wollen seinen Namen?" Sie sagte es so, als wäre Mary verrückt, nach diesem Kerl zu suchen.

„Und seine Adresse, falls das möglich ist."

„Ich kann es versuchen." Die Sekretärin ging zu einem Regal hinter ihrem Schreibtisch, das gefüllt war mit hohen schmalen Büchern. Auf jedem davon war eine goldgeprägte Jahreszahl.

„Dann brauchen Sie mich hier wohl nicht mehr", sagte der Dekan und schüttelte Mary noch einmal die Hand. „Es hat mich gefreut, General Parker."

„Danke", gab Mary zurück und wandte sich dann wieder der Sekretärin zu, die gerade die Bücher mit den Jahreszahlen der letzten zwei Jahre aus dem Regal zog.

„Ich denke, hier müsste er drin sein, es ist noch gar nicht so lange her, dass er hier war", erklärte die Sekretärin und schlug das erste Buch auf. Sie fuhr mit dem Zeigefinger verschiedene Namenslisten entlang und murmelte vor sich hin, tippte auf verschiedene Namen, schüttelte dann wieder den Kopf und das Gemurmel ging wieder von vorne los.

Als Mary kurz davorstand, der Sekretärin das Buch wegzureißen, sah diese auf und zeigte auf einen Namen. „Der hier, ganz sicher. Maximilian Jung. Er hat Biologie und Anthropologie studiert. Zwei Doktorarbeiten. Nur die besten Noten."

„Steht da auch, wo er wohnt?"

„Freudenpromenade 12, gut möglich, dass er noch immer dort wohnt."

„Danke.“ Mary wandte sich ab, um zu gehen.

„Sagen Sie Ihrem Auftraggeber, dass wir Ihnen geholfen haben?“ Die Sekretärin klappte das Buch zu.

„Selbstverständlich“, erwiderte Mary über die Schulter und verließ das Sekretariat.

Das Haus Nummer zwölf auf der Freudenpromenade war eines von sechzehn Herrenhäusern, von denen jedes ein weitläufiges Grundstück umgab. Vermutlich wohnten hier nur Adelige oder äußerst wohlhabende Familien. Mary ging langsam die Straße entlang und ließ sie auf sich wirken.

Vor Nummer zwölf blieb Mary stehen. Das Haus stand in einiger Entfernung zur Straße, ein gepflasterter Weg führte bis zum Gebäude und endete dort in einem perfekten Kreis. Vor dem Haus stand ein dampfbetriebenes Automobil, eines von jenen ohne Dach, schmal und schneidig. Das Gefährt war bronzefarben, im Inneren leuchteten bordeauxrote Sitze.

Mary trat zum Tor, das das Grundstück von der Straße trennte. So wie auch das Automobil war es bronzefarben, einfache Querstreben ohne Verzierungen. Links vom Tor befand sich ein unscheinbarer überdachter Kasten. Mary beugte sich herab und entdeckte einen Knopf. Kurzentschlossen presste Mary ihren Daumen darauf. Nach ein paar Sekunden ließ sie ihn wieder los. Hatte das ausgereicht? Sie beschloss, noch abzuwarten.

Es dauerte nur ein paar Sekunden, dann öffnete sich die Tür des Hauses und ein Mann in einer roten Uniform trat heraus und eilte den gepflasterten Weg herab bis zum Tor.

„Guten Tag", sagte er, die Arme hinter dem Rücken verschränkt. „Sie sind?" Sein Tonfall war hochnäsig und seine Augen musterten sie von oben bis unten.

„Mary Parker, Kommandierender General außer Dienst", rasselte Mary herunter.

„Sie haben das Leben des Kaisers gerettet." Die Miene des Angestellten wurde weniger herablassend. „Ich erinnere mich. Das war äußerst mutig."

„Ja." Mary wartete, bis der Angestellte wieder etwas sagte.

„Was kann ich für Sie tun?"

„Ich ermittle in einem Fall – ich bin Privatdetektivin. Der Name Maximilian Jung ist in diesem Zusammenhang gefallen. Er soll hier wohnen."

„Ja, Maximilian wohnt hier. Meistens jedenfalls." Der Angestellte nickte und warf einen raschen Blick zurück zum Haus. „Aber er ist gerade nicht anwesend."

„Gibt es jemand anderes, mit dem ich sprechen kann? Es wird auch nicht lange dauern."

„Frau Jung ist anwesend." Der Angestellte nickte. „Folgen Sie mir bitte."

Der Angestellte führte sie in die Eingangshalle des Herrenhauses. Das Innere war in Rot- und Weißtönen gehalten. Überall standen frische Blumen auf kleinen Tischen, die Wände zierten große Gemälde in ungewöhnlich bunten Farben.

„Warten Sie hier." Der Angestellte verschwand durch eine Tür auf der linken Seite der Eingangshalle.

Mary musterte die Einrichtung. Eindeutig eine weibliche Hand, vermutlich das Werk der Hausherrin. Alles war sauber und wirkte teuer.

„General Parker?"

Mary drehte sich um. Eine Frau Ende vierzig stand dort, wo der Angestellte vor ein paar Minuten verschwunden war. Alles an ihr schrie nach Wohlstand: ihr schlichtes rotes Kleid, das aussah, als wäre es aus reiner Seide, die Ohrringe mit roten tropfenförmigen Steinen, die glänzenden Haare, die zu einem eleganten Knoten verschlungen waren.

„Frau Jung?"

Die Frau kam nickend näher. „Mir wurde gesagt, Sie haben eine Frage zu Max? Ist er in Schwierigkeiten?" Echte Besorgnis überzog ihr Gesicht. „Er ist ein guter Junge, er würde nie ..."

Mary hob die Hände und Frau Jung verstummte. „Es geht nicht darum, dass er etwas getan hat", erklärte Mary. „Sondern darum, dass er mir vielleicht helfen kann."

„Helfen?", fragte Frau Jung verwirrt.

„Ihr Sohn ... betreibt er ein Labor?"

„Ja", erwiderte Frau Jung sichtlich überrascht. „Ja, das tut er. Er hat es vor ein paar Monaten eröffnet."

„Worauf ist er spezialisiert?"

„Er hat gesagt, er will sich auf Verbrechen spezialisieren." Frau Jung zuckte mit den Schultern. „Sein Vater und ich haben nie verstanden, warum er sich ausgerechnet damit abgeben wollte. Aber er ist so klug, wir haben ihn unterstützt."

„Wo ist dieses Labor?"

„Auf der Septemberstraße", antwortete Frau Jung. „Das ist im Agrarviertel. Seitdem dort so viele Gebäude leer stehen, werden sie auch anderweitig vermietet. Also haben wir ... Max hat eins davon gemietet und umgebaut."

Das Agrarviertel lag auf der anderen Seite der Stadt, fast fünfzig Kilometer von seinem Elternhaus entfernt. „Und er wohnt noch hier bei Ihnen?"

„Im Grunde nicht", sagte Frau Jung bedauernd. „Er versucht im Moment noch Fuß zu fassen und arbeitet schrecklich hart. Meistens schläft er im Labor. Also darüber. Im ersten Stock gibt es eine kleine Wohnung."

„Vielen Dank für die Auskunft und Ihre Zeit." Mary schätzte, dass sie es mit der Bahn in anderthalb Stunden auf die andere Seite der Stadt schaffen müsste. Sie könnte noch heute zum Labor fahren. „Sie haben mir sehr geholfen."

„Haben Sie vor, Max für einen Fall zu engagieren?" Frau Jung legte sich die Hände auf die Brust und sah sie erwartungsvoll an.

„Vielleicht, ja", gab Mary wage zurück. „Ich muss ihn erstmal kennenlernen."

„Sie werden sehen, er ist der Beste." Eifrig nickte Max' Mutter. „Er ist klug und fleißig und er hat einen guten Instinkt und ..."

Mary hob die Hand, um den Redefluss zu unterbrechen. „Ich werde mir ein Bild von ihm machen", entgegnete sie. „Aber wenn er so gut ist, wie sie sagen, kann ich mir eine Zusammenarbeit vorstellen."

Ein Lächeln zog sich über Frau Jungs Gesicht. „Vielen Dank." Sie trat ein paar Schritte zurück und nickte Mary zu. „Alexander wird sie hinausgeleiten."

Wie aufs Stichwort kam der Angestellte von vorhin zurück in die Eingangshalle und wies auf die Tür.

Seitdem die Mauer das ganze Territorium umgab, waren die Menschen innerhalb darauf angewiesen, alles, was sie zum Überleben brauchten, selbst herzustellen. Die Versorgung mit Nahrung musste das ganze Jahr über gewährleistet sein, denn die Möglichkeit, ein anderes Land um Hilfe zu bitten, gab es nicht mehr. Und so wurde das Gesetz erlassen, dass jede Stadt ein Agrarviertel brauchte, das mehr produzierte, als die eigene Stadt verbrauchen konnte. Der Überschuss wurde vom Kaiser eingelagert, denn falls einmal eine Dürre, ein Angriff von außen oder eine andere Notsituation eintreten würde, wären sie vorbereitet.

Früher, als ihre Eltern noch lebten, war Mary häufig im Agrarviertel gewesen. Damals benötigten die Bauern noch viele Hilfskräfte und Marys Eltern arbeiteten für einen Obstbetrieb. Inzwischen hatten Maschinen die Plätze vieler Arbeiter eingenommen und es gab beheizbare Beete, die automatisch bei Bedarf gegossen wurden. Durch die enorme Konkurrenz der Betriebe untereinander mussten viele kleinere von ihnen schließen.

Die Septemberstraße sah nicht mehr im Geringsten so aus, wie Mary sich an sie erinnerte. Viele Gebäude waren verfallen, im Kopfsteinpflaster fehlten an vielen Stellen Steine. Und in ihrer Erinnerung hatte es immer nach blühenden Blumen, frisch geschnittenem Gras und feuchter Erde gerochen. Nun aber überdeckten die Ausdünstungen der Maschinen jeden dieser Gerüche. Marys Augen begannen zu tränen und sie zog die braune Maske, die sie um ihren Hals trug, bis über die Nase hoch. So fiel ihr das Atmen in dieser verrußten Gegend, in der so viele Maschinen gleichzeitig arbeiteten, schon leichter.

Links und rechts der Straße standen Gewächshäuser mit großen Fensterplatten, deren Bleirahmen wie Rippen in die Luft ragten. Einige der Gewächshäuser hatten Löcher, andere waren überwuchert. Und dann gab es die Treibhäuser, deren Fensterplatten glänzten, als wären sie gerade frisch poliert worden. Auf der rechten Seite sah Mary den Betrieb von Friedhelm Schumann, dem größten Gemüselieferanten der Stadt. Sein Gewächshaus war nicht einfach ein rechteckiger Kasten, nein, es war eine komplizierte Zusammenstellung verschiedener geometrischer Formen. Ganz unten begann es als normales Rechteck, doch die Decke lief spitz zusammen, wie die Oberseite eines Vogelkäfigs. Dazu saßen an den Kanten geschwungene Türmchen. Die geschliffenen Glasstücke darin funkelten in der Abendsonne.

Angeber, dachte Mary bei sich. Die Aufgabe dieses Mannes bestand darin, die Stadt zu versorgen, nicht darin, sich selbst ein Denkmal zu setzen.

Sie ging weiter. Neben den Gewächshäusern gab es hier auch noch die zu den Betrieben gehörenden Verwaltungsgebäude, zweistöckig und funktional, meist direkt neben den Anlagen.

Es war unschwer zu erkennen, in welchem davon Maximilian Jung sein Labor untergebracht hatte. An einem heruntergekommen wirkenden alten Verwaltungsgebäude stand nämlich deutlich sichtbar der frisch glänzende Schriftzug „Labor Jung" in messingfarbenen Lettern.

Wie nur war dieser Junge darauf gekommen, dass diese Gegend ein guter Standort für sein Labor war? Es war so weit ab vom Treiben der Stadt, so weit am Rand, dass sich sicherlich niemals jemand zufällig hierher verirrte, und für eine regelmäßige Zusammenarbeit würde jeder Ermittler ein Labor bevorzugen, das zentraler lag, nicht eines, für das man erst stundenlang fahren musste. Es sei denn natürlich, Herr Jung hätte es auf Klienten abgesehen, die etwas zu verbergen hatten. So wie Mary.

An der Eingangstür gab es weder einen Knopf wie in Jungs Elternhaus noch einen Türklopfer und so entschloss sich Mary dazu, einfach gegen die Tür zu hämmern. Nach drei Schlägen trat sie zurück und wartete. Dann sah sie auf die Uhr. Es war fast acht Uhr abends, zu spät für einen höflichen Besuch. Aber zum Glück war sie ja nicht höflich. Und laut Jungs Mutter verbrachte dieser Max auch die meisten Nächte in seinem Labor.

Es dauerte noch ein paar Augenblicke, bis die Tür sich knarzend öffnete und ein junger Mann mit kurzen dunkelblonden Haaren seinen Kopf aus dem Spalt streckte. „Ja?“

„Maximilian Jung?“

„So sieht's aus.“ Der Mann öffnete die Tür weiter und lehnte sich dagegen. „Und Sie sind?“ Während er die Frage stellte, musterte er Mary auffallend. Als er an ihrem mechanischen Auge angelangt war, sog er heftig die Luft ein. „Mary Parker. Richtig? Richtig?“ Mit einem Mal wirkte er aufgeregt und seine Augen leuchteten auf. „Sie sind eine Heldin! Ach was, eine Legende! Ich habe alles über Sie gelesen.“

„Äh. Ja.“ Mary schob den jungen Mann zur Seite und betrat den düsteren Flur dahinter, in dem eine Holztreppe in den ersten Stock führte. Es gab zwei Türen, eine rechts, eine links von der Eingangstür. „Wo geht es ins Labor?“

„Rechts lang. Dadurch.“ Jung deutete auf die Tür und Mary ging hindurch. Hinter der Tür verbarg sich ein weitaus moderneres Labor, als sie es jemals gesehen hatte. Hier gab es alle möglichen technischen Geräte, viele davon erkannte sie von ihren Besuchen beim Labor Müller wieder, einige waren ihr unbekannt. Vermutlich gab es sie noch nicht allzu lange. Der ganze Raum funkelte förmlich vor glänzendem Metall und perfekt sauberem Glas.

„Das ist Ihr Labor?"

„Ganz genau." Stolz warf sich Jung in die Brust und sah sich liebevoll im Raum um. „Alles hier gehört mir."

„Was genau sind Sie?" Mary musterte Jung aufmerksam. Sie bemerkte seine Kleidung, die braune Hose, die einen Riss auf Kniehöhe hatte, und die dunkelbraune Weste über dem weißen Hemd, die nachlässig geknöpft war. Jung schien nicht allzu viel Wert auf seine Kleidung zu legen. Oder aber er hatte heute nicht mehr mit Besuch gerechnet.

„Wie meinen Sie das?" Jung lehnte sich an einen der Labortische.

„Was können Sie?"

„Ich habe einen Doktortitel in Biologie, einen in Anthropologie. Man könnte wohl sagen, ich kann so einiges." Jung grinste, doch als sie sein Grinsen nicht erwiderte, wurde er wieder ernst. „Ich habe während meiner Doktorarbeit zwei Jahre lang für das Labor Wannstädt gearbeitet und kenne mich mit Kriminalarbeit vor Ort und im Labor aus."

Mary nickte langsam und wanderte durch das geräumige Labor, in dessen Mitte ein fast drei Meter langer Tisch stand, der mittig von einem Regal getrennt wurde. Auf den Regalbrettern standen Messbecher und bauchige braune Flaschen, die unterschiedlich hoch mit Flüssigkeiten gefüllt waren.

„Für wen arbeiten Sie?"

Jung stieß sich vom Tisch ab und kam ihr hinterher. „Für wen?"

„Genau." Mary drehte sich um und sah ihn herausfordernd an.

„Also, mein Labor ist noch recht neu und ich suche noch Anschluss an den hiesigen …"

„Niemanden?" Mary musterte ganz genau seine Reaktion. Ganz deutlich sah sie, wie die Freude auf seinem Gesicht verblasste und einer trotzigen Miene Platz machte.

„Ja. Niemanden. Ist das ein Problem?" Herausfordernd reckte er das Kinn vor.

Mary schüttelte den Kopf, nahm einen der Messbecher in die Hand und drehte ihn hin und her. „Nein. Das ist gut."

Jung kam auf sie zu und nahm ihr den Messbecher aus der Hand, um ihn sorgfältig wieder zurück ins Regal zu stellen. „Gut? Wie meinen Sie das?"

„Ich habe einen Auftrag für Sie."

„Einen Auftrag?" So ungläubig, wie er dreinsah, hatte er diese Worte wohl wirklich noch nie zuvor gehört.

„Einen Auftrag", bestätigte Mary nachdrücklich und deutete auf das Labor und die technischen Geräte darin. „Trauen Sie sich das zu?"

Max Jung folgte ihrem Blick, dann sah er ihr ins Gesicht. „Was immer es ist … Ich kann Ihnen versichern, dass ich das schaffe."

„Gut. Aber es gibt Bedingungen."

Max Jung nickte. „Natürlich. Ist das jetzt die Stelle, an der Sie mir verraten, worum es geht?“

„Fast“, entgegnete Mary. „Sie müssten diesen Vertrag hier unterzeichnen, bevor ich Ihnen irgendetwas erzähle.“ Sie zog das Stück Papier hervor, auf das ihr Standardvertrag gedruckt war, den sie für die Zusammenarbeit mit allen Laboren verwendete. Doch diesem Vertrag hatte sie handschriftlich einen besonders strengen Paragrafen über die Bedeutung der Vertraulichkeit in diesem Fall hinzugefügt.

Max Jung nahm den Vertrag und las ihn sorgfältig. „Ich darf nichts über den Fall sagen und ich darf in der Zeit für niemand anderes arbeiten? Bis der Fall abgeschlossen ist?“ Er legte seine Stirn in Falten. „Das muss ja ein richtig brisantes Ding sein, an dem Sie dran sind.“

„Ist es wohl“, gab Mary knapp zurück und deutete auf den Vertrag. „Unterschreiben Sie ihn?“

Jung richtete seinen Blick wieder auf das Stück Papier und schien den letzten Paragrafen ein weiteres Mal zu studieren. „Ich muss Geld verdienen, das verstehen Sie doch sicher, oder?“ Jung hob den Vertrag hoch. „Wenn ich für sonst niemanden arbeiten darf, wird es schwierig, sich über Wasser zu halten.“

Mary betrachtete die vielen neuen Geräte und den sorgfältig renovierten Laborraum. Sie hatte da so einen Verdacht, dass Jung all das sicher nicht selbst finanziert hatte und dass auch ein andauerndes Verbot, für andere zu arbeiten, kaum ein Problem für ihn darstellen dürfte. Aber er hatte das Recht auf eine anständige Bezahlung.

„Zweitausend", sagte sie langsam. „Fünfhundert am Anfang, den Rest bei Abschluss des Auftrags."

Jung ließ den Vertrag sinken. „Das ist eine Menge", sagte er mit großen Augen. „Na schön." Er zauberte einen Bleistift aus seiner Brusttasche hervor und kritzelte seinen Namen unter den Vertrag und grinste. „Bitte sehr. Aber jetzt zum Thema: Was ist das für ein Auftrag, den wir bearbeiten?"

Mary sah, wie seine Augen bei dem Wort *wir* aufleuchteten und begann bereits zu bereuen, dass sie ihm den Auftrag erteilt hatte. Das konnte ja was werden mit einem so übereifrigen, unerfahrenen Mitarbeiter. „Ich arbeite im Auftrag des Kaisers. Und Sie dürfen die Beweise dazu untersuchen."

„Der Kaiser?" Max schnappte demonstrativ nach Luft. „Der Kaiser braucht unsere Hilfe?"

„Er braucht meine Hilfe. Und ich wiederum brauche Ihre Hilfe, um ihm zu helfen."

Max zog die Augenbrauen hoch. „Aber dann helfe ich dem Kaiser doch auch, oder sehe ich das falsch?"

Mary seufzte genervt. „Wollen Sie nicht lieber wissen, worum es bei dieser Hilfe geht?"

„Na klar, immer raus damit." Max schob sich rückwärts auf einen der Labortische und stützte den Kopf in die Hände. Erwartungsvoll sah er sie an, als würde sie ihm gleich eine aufregende Gute-Nacht-Geschichte erzählen.

„Also gut." Noch einmal seufzte Mary schwer. Leider hatte sie keine Wahl: Es würde schwer werden, ein anderes Labor in der Umgebung zu finden. Es blieb ihr nur zu hoffen, dass dieser junge Bursche hier wenigstens sein Handwerk beherrschte und sie den Fall so schnell wie möglich lösen würden. „Der Kaiser hat eine Leiche auf dem Grundstück des Palastes gefunden ..."

Mary erzählte ihm die ganze Geschichte und dieses Mal unterbrach Max sie nicht, sondern lauschte mit konzentrierter Miene. Erst, als sie geendet hatte, sprang er vom Tisch und rief: „Der Wahnsinn!" Er strahlte förmlich über das ganze Gesicht. „Jetzt verstehe ich auch das mit dem Vertrag, absolut. Das ist wirklich ... oh Mann." Max lachte.

Verwundert sah Mary ihn an. „Freuen Sie sich etwa?"

„Na, Sie nicht?" Erstaunt schüttelte er den Kopf. „Das ist die Art von Auftrag, von der ich geträumt habe. Ein Rätsel, das von mir – na ja, uns – gelöst werden muss."

„Äh ... ja." Mary wusste nicht so genau, wie sie ihm erklären sollte, dass das hier echt war. Dass in diesem Fall ein echter Mensch zu Tode gekommen und alles eben nicht nur ein spannendes Rätsel war.

„Ich weiß, ich weiß. Bei Wannstädt haben sie mir auch immer gesagt, ich wäre zu enthusiastisch für den Beruf, aber wenn man keinen Spaß an dem hat, was man tut, warum sollte man es dann tun?" Wieder strahlte er sie an.

„Für Geld?", gab Mary zurück. Sie konnte nicht behaupten, dass sie in der Armee aus Spaß gekämpft hatte. Sie war eine Waise gewesen, ihre Eltern hatten ihr nichts hinterlassen. Es hatte geheißen: Zwangsverheiratet werden oder zur Armee. Und eine Zwangsehe machte vermutlich noch weniger Spaß, als auf dem Schlachtfeld beschossen zu werden.

„Ach, Geld." Max machte eine wegwerfende Bewegung. „Sie machen den Beruf hier also nur für Geld?"

Mary zuckte die Achseln. „Ja." Würde sie nicht arbeiten müssen, um Geld zu verdienen, würde sie ihre Zeit vermutlich anders verbringen.

„Und es fühlt sich nicht auch nur ein klein wenig gut an, für Gerechtigkeit zu sorgen? Rätsel zu lösen? Fälle aufzuklären? Den Bösen zu zeigen, wer der Boss ist? Hm?" Mit einem schelmischen Lächeln sah Max sie an.

„Nein." Sie musste zugeben, er hatte mit seinen Worten einen Nerv getroffen. Sie empfand ihre Arbeit an den meisten Tagen als befriedigend. Sie unternahm etwas, um diese Stadt und dieses Land besser zu machen. Sie half den Menschen. Früher hatte sie das getan, indem sie das Deutsche Autonome Territorium gegen die Feinde von außen verteidigt hatte.

„Ach, kommen Sie schon, Sie können mir nichts vormachen." Max legte ihr die Hand auf die Schulter.

„Nehmen Sie die da weg oder Sie sind sie los", sagte Mary ruhig und sah ihm in die Augen.

Abwehrend hob Max beide Hände. „okay, okay. Mann, sind Sie stachelig." Er lachte fröhlich. „Wird man so, wenn auf einen geschossen wird?"

„Vielleicht finden Sie es ja noch raus." Mary streifte ihre Jacke zurück und enthüllte das Holster mit ihrem Revolver. Die erwünschte Wirkung blieb jedoch aus.

„Die ist ja wunderschön." Max trat näher, um die Waffe in Augenschein zu nehmen. „Ist das eine Sauer & Sohn?"

„Ja", erwiderte Mary irritiert. Woher wusste er das?

„Mein Vater hat Anteile an der Firma. Er sagt immer, Sauer & Sohn macht die besten Jagdwaffen, aber die hier ist auch nicht schlecht."

„Sie macht das, was sie soll." Mary trat einen Schritt zurück, um Max' neugierigen Blicken auszuweichen. „Also, es geht gleich morgen Früh los. Wir treffen uns vor dem Kaiserpalast."

„Ich darf in den Palast?" Max' Mund blieb offen stehen.

„Sind Sie derjenige, der die Leiche untersucht und sich den Tatort anschaut? Wenn nicht, dann habe ich eindeutig den Falschen angestellt." Mary verzog genervt das Gesicht.

„Doch, doch, klar, ich ... Ich hatte nur nicht damit gerechnet, dass der Kaiser mir erlaubt, die Leiche vor Ort zu untersuchen."

Mary sah zur Tür. „Dann ist das jetzt geklärt. Wir treffen uns um acht vorm Palast. Seien Sie pünktlich und bringen Sie alles mit, was Sie für die Untersuchung brauchen werden."

„Oh Mann", murmelte Max mit einem Leuchten in den Augen. „Ein spannender Auftrag und ein Ausflug in den Kaiserpalast. Der Tag wird immer besser."

Ausflug. Mary dachte, sie hörte nicht richtig. Sie hoffte nur, dass der Kerl sich benehmen konnte, wenn es drauf ankam. Wie er sich vor ihr verhielt, war zweitranging, aber sie vor dem Kaiser zu blamieren, das kam nicht infrage.

„Dann lasse ich Sie jetzt allein. Bereiten Sie alles für morgen vor.“ Mary deutete auf die Gerätschaften, die überall im Labor herumstanden.

„Kurze Frage: Können wir uns vielleicht duzen? Das macht die Zusammenarbeit doch viel einfacher, oder nicht?“

Mary blieb stehen und zögerte. „Von mir aus.“ Es würde schon nicht schaden. „Mary.“

„Ich bin Max und ich freue mich wirklich ...“

Sie hörte den Rest seines Satzes und das, worauf er sich wirklich freute, kaum mehr, denn sie war bereits auf den Flur getreten und hatte die Haustür hinter sich ins Schloss gezogen.

Nur wenige Sekunden später wurde die Haustür wieder aufgerissen und Max lief ihr hinterher. Nur widerwillig blieb Mary stehen.

„Mary.“ Max blieb dicht vor ihr stehen und beugte sich vor. „Eine letzte Frage habe ich jetzt noch: Bevor wir anfangen mit der Ermittlung ...“

„*Ich*.“

„Äh... *ich* was?“ Verwirrt blickte Max sie an.

„*Ich* fange mit der Ermittlung an. *Du* fängst an mit der Untersuchung.“

„Ach.“ Max machte eine wegwerfende Handbewegung, bei der Mary das ungute Gefühl beschlich, er hörte ihr nicht zu. „Was ich sagen wollte: Bevor du mit der Ermittlung anfängst, solltest du doch sicher in Erfahrung bringen, ob Karl nicht vielleicht wirklich an der Mauer ist, oder? Ich meine, ansonsten könntest du dir doch deine komplette Ermittlung sparen."

„Das ist richtig. Deswegen war ich ja gerade auf dem Weg zur Mauer." Eigentlich hatte sie vorgehabt, erstmal nach Hause zu gehen, aber das musste Max ja nicht wissen.

„Wirklich?" Max' Augen leuchteten auf. „Wäre es sehr unverschämt, wenn ich darum bitten würden, mitkommen zu dürfen?"

„Ja, das wäre es." Mary stemmte eine Hand in die Seite und sah Max abwartend an. War es das jetzt gewesen?

„Na, dann bin ich doch mal unverschämt und bitte darum, mitkommen zu dürfen." Max sah sie in freudiger Erwartung an.

„Ich denke nicht, dass ..." Doch er ließ sie gar nicht ausreden.

„Keine Sorge, ich werde nur beobachten. Von der Mauer habe ich bisher so viel gelesen, und sie von innen zu sehen ..." Er schnalzte. „Das wäre fantastisch. Und ich bin auch ganz verschwiegen, so wie ich es vorhin unterschrieben habe."

„Läufst du mir den ganzen Weg dorthin einfach hinterher, wenn ich nicht zustimme?"

„Könnte passieren", gab Max mit einem verschmitzten Lächeln zurück.

„Na schön." Mary seufzte. „Dann mal los. Je schneller wir losgehen, desto schneller bin ich dich wieder los."

„Du wirst dich noch über meine charmante Gesellschaft freuen, wart's nur ab."

Mary brummte nur. Das bezweifelte sie doch ernsthaft. Im Grunde gab es keinen Menschen, über dessen Gesellschaft sie sich wirklich freute. „Dann aber los. Wir sollten heute noch in Erfahrung bringen, ob Karl an der Mauer ist. Dann haben wir morgen schon etwas, was wir dem Kaiser erzählen können."

Mary marschierte los und ließ den überraschten Max mehrere Meter hinter sich zurück. Als er aufgeholt hatte, hüpfte er förmlich an ihrer Seite, um Schritt zu halten.

„An welchen Teil der Mauer gehen wir denn?"

Im Grunde war es egal, wohin sie gingen. In jeder der Kasernen, die als Rekrutierungsstellen und Lager fungierten, gab es detaillierte Listen über die Männer und die wenigen Frauen, die in der Mauer dienten. Sie wurden jede Woche aktualisiert. Falls Karl also an der Mauer war, musste diese Information überall vorliegen.

„Wir gehen zur Kaserne dreiundzwanzig."

„Ist das Kaserne Frosch?"

Mary seufzte. Sie vermied die umgangssprachlichen Namen der Kasernen, wo es nur ging, denn sie klangen mehr als albern, viel zu unmilitärisch, viel zu wenig furchteinflößend. „Ja, korrekt."

Max nickte nur und trabte neben ihr her, während Mary ein großes Schild ansteuerte, auf dem „Vehikel Transportationen" stand.

„Wir fahren mit so einem Ding?" Max klopfte auf das Schild.

„Die Bahnen fahren nicht zur Mauer." Mary zuckte mit den Schultern. „Und den ganzen Weg laufen werde ich sicher nicht."

Sie mussten nicht lange warten, da näherte sich zischend ein dreirädriges Gefährt. Der vordere Reifen war schulterhoch und hatte ganz oben einen Sattel, auf dem der Fahrer saß und das Gefährt mit zwei Pedalen bediente. Auf der Rückseite hatte es eine kleine Dampfmaschine, die kontinuierlich Dampf ausstieß, wodurch es eine weiße Fahne hinter sich herzuziehen schien. In der Mitte, auf zwei sehr viel niedrigeren Rädern, fand eine Kabine Platz, die zu beiden Seiten zwar offen, aber überdacht war.

Als das Gefährt anhielt, stiegen zwei Damen aus, von denen eine beim Aussteigen stolperte – ganz versehentlich, wie es aussah – und Max in die Arme fiel. Dieser half ihr sanft wieder auf die Beine, lächelte sie an und schob sich dann an ihr vorbei, um in das Gefährt zu steigen, das er mit großen Augen musterte.

„Du bist noch nie damit gefahren?", fragte Mary, als sie beide auf den gepolsterten Sitzen saßen.

„Nein, meine Mutter hält sie für Teufelsmaschinen." Max grinste und zuckte mit den Schultern. „Also hatte ich immer einen Fahrer für unser Automobil."

„Natürlich", murmelte Mary und blickte auf das Treiben neben dem Gefährt, während Max aufstand und dem Fahrer allerlei Fragen zurief, die dieser offenbar nur zu gern beantwortete. Mary schaltete innerlich ab und ließ das Gespräch der beiden an sich vorbeirauschen. Sie musste sich auf das konzentrieren, was vor ihnen lag. Sie hatte Kaserne dreiundzwanzig seit fast zwei Jahren nicht mehr besucht. Nicht mehr, seit sie dort noch einmal um eine Zulassung zum Militärdienst ersucht hatte, und wenn es nur in der Mauer war. Die Ablehnung hatte sie in ein tiefes Loch befördert und sie freute sich nicht gerade darauf, dorthin zurückzukehren. Aber sie kannte den leitenden Offizier. Sie hatte mit ihm gearbeitet. Er würde keine Schwierigkeiten machen, wenn sie ihn nach den Informationen fragte.

Nach einer knappen halben Stunde tauchte die Mauer vor ihnen auf: Ein Gebilde aus Stein und Eisen, das die Einwohner des Deutschen Autonomen Territoriums vor den umgebenden Ländern schützte. Als Mary aus dem Gefährt stieg, atmete sie scharf ein. Der Anblick der Mauer war so erhebend und ehrfurchtgebietend wie eh und je. Mit den Augen tastete Mary das graue Gebilde ab und bewunderte wieder einmal, wie perfekt die einzelnen Komponenten ineinandergriffen.

„Wollen wir nicht reingehen?", ließ sich Max bald vernehmen.

„Wollen wir." Mary nickte entschlossen und ging voran auf die fast drei Meter hohe Holztür zu. Sie brauchten nicht anzuklopfen, denn die Tür stand offen, so wie immer zu Friedenszeiten.

Im Inneren war es schummrig und Mary blinzelte ein paar Mal, bis sich erste Details aus den Schatten schälten. Sie standen in einer der Kasernen, von denen es insgesamt fünfundneunzig entlang der Grenze des Territoriums gab. Eigentlich waren es lediglich Verwaltungsbüros, die der Anwerbung von Soldaten dienten. Das Innere war daher deutlich freundlicher als das der eigentlichen Mauer. Entlang des Eingangs hingen Plakate, auf denen das Soldatenleben gerühmt wurde. Daneben führten auf beiden Seiten metallische Türen in die eigentliche Mauer. Und geradeaus befand sich ein hölzerner Tisch umgeben von hohen Regalen, befüllt mit Registern, hinter denen ein fetter Mann schlief. Seine Uniform war verrutscht und ein Knopf schien vor der Masse seines Bauchs kapituliert zu haben.

Sein Schnarchen hallte durch die Kaserne, in der außer ihm niemand sonst zu sehen war.

Max legte die Stirn in Falten. „Wird hier üblicherweise geschlafen?“

„Üblicherweise nicht, nein“, erwiderte Mary leise und trat an den Tisch. Mit einer schnellen Bewegung hieb sie auf das Holz. Der Knall weckte den Mann hinter dem Tisch, der vor Schreck beinahe vom Stuhl gerutscht wäre.

„Parker?“, murmelte er, als er Mary schließlich erkannte.

„Ludwig“, erwiderte Mary gelassen. „Du bist ganz schön fett geworden.“ Nach dem Dienst an der Front bekam seinem Körper diese Schreibtischarbeit offenbar ganz und gar nicht.

Der Mann musterte sie ein paar Augenblicke lang ernst. Dann begann sein Schnurrbart zu zucken und er brach in brüllendes Gelächter aus. „Immer noch die Alte, wie ich sehe."

Mit dem Anflug eines Lächelns zuckte Mary mit den Achseln und wartete, bis sein Lachen wieder verebbte. „Ich bin hier, weil ich eine Information brauche."

„So?" Nun rückte Ludwig seinen Stuhl gerade und zog eine Augenbraue hoch. „Und worüber?"

„Ich muss wissen, ob jemand hier an der Mauer ist."

„Und du wirst mir vermutlich nicht verraten, warum du das wissen musst." Ludwig seufzte schwer.

„Ganz genau. Nur so viel, es ist ein Auftrag."

„Gut, wen suchst du?"

„Karl Bach."

Mit einem Stöhnen erhob sich der ehemalige Soldat und Mary schoss der Gedanke durch den Kopf, dass es vielleicht doch keine so schlechte Idee gewesen wäre, auf dem Schlachtfeld abzutreten. Nur ungern würde sie enden wie Ludwig. Mit einem weiteren Stöhnen wuchtete er ein Verzeichnis aus einem der Regale und ließ es auf den Schreibtisch fallen. Nach Minuten des Blätterns verkündete er schließlich: „Der ist nicht hier. Hier gibt es keinen Karl Bach."

„Hat es einen in den letzten sechs Monaten gegeben?"

„Nein."

„Danke, das war auch schon alles. Dann wollen wir dich auch nicht länger belästigen bei ... deiner Arbeit." Mary nickte Ludwig zu und wandte sich zum Gehen.

„Das war alles?“, flüsterte Max ihr zu. „Weiter nichts?“

„Was hat er denn?“, rief Ludwig ihnen hinterher.

„Ich vermute, er hatte gehofft, er könnte sich die Mauer anschauen“, gab Mary zurück und sah, wie Max' Ohren leicht rot anliefen.

„Ja, das würde ich gerne“, erhob er nun die Stimme.

„Ich habe ja schon vieles gehört, aber das ist wirklich seltsam.“ Ludwig schüttelte den Kopf.

„Er ist Wissenschaftler“, sagte Mary.

„Und damit von Natur aus neugierig“, ergänzte Max und sah von Mary zu Ludwig.

„Wie sieht's aus? Dürfen wir kurz rein?“ Mary deutete auf die Tür auf der rechten Seite.

„Schön, aber nur, weil du es bist, Parker. Ich verlasse mich darauf, dass du ihn nicht aus den Augen lässt. Und in fünf Minuten seid ihr wieder draußen.“

„Kein Problem.“ Mary ging zur Tür hinüber und Max sprang förmlich los, um ihr zu folgen.

„Aber nicht, dass das hier deine kleine Illusion zerstört“, flüsterte sie ihm zu. Sie wusste, wie die Mauer war. Sie war kein Platz für Träume oder Neugier. Sie war ein Platz für die, die nirgendwo anders hinkonnten. Diejenigen, denen nichts anderes blieb. Oder für die, die sich schlicht und ergreifend nicht mehr anstrengen wollten.

Als Mary anklopfte, wurde die Tür nur Sekunden später mit einem Ruck geöffnet. Zwei Soldaten musterten sie und Max von oben bis unten.

„Lasst sie rein. Das ist General Parker“, rief Ludwig von seinem Schreibtisch aus.

Die beiden Soldaten salutierten vor ihr, doch Mary winkte ab und sie nahmen wieder eine lockerere Haltung an.

„Ihre Waffe bitte, General“, sagte einer der beiden, der sich bei der Forderung sichtlich unwohl fühlte, während der andere Max bereits nach Waffen abtastete. Mary händigte zum zweiten Mal an diesem Tag ihre Waffe aus, dann durften sie endlich weitergehen.

Hinter der Tür erwartete sie ein grauer eintöniger Gang, nur etwa einen Meter breit. Auf der linken Seite, dort, wo das feindliche Land wartete, waren alle paar Meter schmale Fenster eingelassen. Es zog ein kühler Wind durch die Ritzen der Fenster und sofort fühlte sich Mary zurückversetzt in ihre Anfangszeit als Soldatin, als sie ihre Pflichtzeit hatte ableisten müssen, zu der auch drei Monate in der Mauer gehörten. Die meiste Zeit davon hatte sie erbärmlich gefroren.

Schon bald öffnete die Mauer sich zu einem größeren Raum, in dem Pritschen standen und in dem eine Wendeltreppe nach oben führte. „Was ist da oben?“ Max lugte die Treppenstufen empor.

„Gehen wir doch nachschauen.“ Mary folgte Max mit ein paar Schritten Abstand. Oben erwartete sie ein weiterer Raum, aber hier gab es keine Scheiben vor den Fenstern, hier gab es nur Öffnungen in der Mauer, die breit genug waren, um mit den Waffen, die auf den Regalen lagen, hindurchzufeuern und die Mauer zu verteidigen.

„Und das ist es?“ Max klang unverkennbar enttäuscht. „Das ist also die Mauer?“

„Nein“, erwiderte Mary. „Das ist einer der Gefechtsräume der Mauer. Es gibt noch einige Besonderheiten, die ich dir aber nicht zeigen darf.“

„Ja? Und was zum Beispiel?“

Gegen ihren Willen musste Mary lachen. „Schön. Sollten Feinde bis zur Mauer vordringen, gibt es ein Band ringsherum, das unter Strom gesetzt werden kann.“

„Und du warst auch hier in der Mauer stationiert?“

„Ja, aber nur für drei Monate. Das hat mir auch gereicht.“

„Verlassen die Soldaten die Mauer wirklich nie?“

„Nicht, solange sie für den Dienst eingeschrieben sind.“

„Aber es gibt doch auch diejenigen, die eine Haftstrafe hier verbüßen, die keine Soldaten sind.“

Mary knirschte mit den Zähnen. So wie jeder Soldat verachtete sie die Verbrecher. Diejenigen, die eine Haftstrafe gegen den Dienst an der Mauer getauscht hatten.

„Ja. Die bleiben so lange, bis ihre Strafe verbüßt ist.“

„Und man darf hier nie raus? Nicht einmal kurz in die Stadt, um etwas zu kaufen?“

Mary schüttelte den Kopf. „Nie.“ Sie hatte das Gefühl gehasst, in der Mauer eingesperrt zu sein. Glücklicherweise waren es nur drei Monate gewesen, sonst hätte sie vermutlich ihren Verstand verloren. „Wir sollten wieder gehen. Du hast genug gesehen.“

Dieses Mal nickte Max einsichtig. „Immerhin haben wir schon etwas herausgefunden, das wir dem Kaiser morgen mitteilen können“, sagte er dann erfreut.

„Du meinst, *ich* habe etwas herausgefunden, dass *ich* dem Kaiser dann mitteilen kann“, korrigierte Mary ihn mit einem Zucken ihrer Mundwinkel.

Kapitel 3

Am nächsten Morgen wartete Max bereits vor dem Tor des Palastes und wie es aus der Ferne aussah, versuchte er, die Wachen in ein Gespräch zu verwickeln, die sich davon allerdings wenig beeindruckt zeigten.

„Guten Morgen“, begrüßte er Mary, als sie näherkam. „Ich bin so gespannt, was wir im Palast zu sehen bekommen, bestimmt ...

„Mary Parker“, unterbrach Mary ihn, bevor er irgendetwas über den Fall vor den Wachen sagen konnte. „Der Kaiser hat gesagt, für mich wird eine Aufenthaltserlaubnis hinterlegt?“

Die linke Wache nickte und zog ein Blatt Papier aus seiner Rüstung. „Ihre Identifikationspapiere, bitte.“

Mary zeigte ihm ihre Papiere, die sie als ehemaligen Kommandierenden General der Armee auswiesen. Die Wache glich diese Informationen mit dem hinterlegten Schriftstück ab und nickte.

„Vielen Dank.“ Die Wache überreichte ihr das Stück Papier. In Großbuchstaben stand ganz oben „Aufenthaltserlaubnis für den kaiserlichen Palast“. Im unteren

Teil bestätigte das Schreiben, dass ihr das Tragen einer Waffe gestattet war.

„Das hier ist Maximilian Jung, mein Angestellter“, erklärte Mary den Wachen, die jedoch nur nickten, sich aber nicht weiter für Max’ Identität zu interessieren schienen, sondern sie beide nur rasch abtasteten.

Ohne ein weiteres Wort öffneten sie dann das Tor und ließen sie passieren.

„Das ist ja so aufregend“, flüsterte Max ihr zu, als das Tor hinter ihnen geschlossen wurde und sie über den Weg zum Eingang des Palastes gingen. „Ich war noch nie hier.“

„Wir sind nicht zum Vergnügen hier. Wir besichtigen den Palast nicht, wir klären einen Mord auf, das muss dir klar sein.“ Mary sah ihn streng an. Er musste verstehen, dass dieser Fall eine ernste Angelegenheit war. Ihr Ruf hing davon ab. „Und das heißt auch, dass du nicht wahllos irgendwelche Angestellten ansprichst und ihnen alles Mögliche erzählst, sondern dich auf deine Arbeit konzentrierst.“

Max nickte. „Das weiß ich, keine Sorge. Ab hier bin ich quasi stumm. Aber das heißt nicht, dass ich mich nicht auch umschauen kann. Sehen ist mir doch erlaubt, oder?“

Mary knurrte nur. Warum nur war Max so früh am Morgen schon so voller Tatendrang?

Endlich erreichten sie den Palasteingang und die Wachen öffneten ihnen auch hier die Tür. Sie traten ein und im Inneren bat sie ein livrierter Angestellter darum, in der Eingangshalle zu warten, während er ihren Besuch dem Kaiser ankündigte.

„Das ist wirklich kaum zu glauben", murmelte Max immer wieder, während er sich gemächlich im Kreis drehte. „Ich bin im Palast des Kaisers."

„Ja, das bist du", bestätigte Mary. „Jetzt benimm dich bitte auch so."

Max sah sie an. „Und wie benehme ich mich jetzt gerade? Vielleicht wie jemand, der zum ersten Mal beim Kaiser zu Gast ist, hm?"

Mary verdrehte genervt die Augen. Sollte Max doch tun, was immer er wollte, wenn er nur seine Aufgabe richtig erfüllte und ihr Ergebnisse lieferte, mit denen sie den Mörder überführen konnte. Und solange er sie nicht vor der kaiserlichen Familie blamierte.

Sie mussten nicht lange auf den Kaiser warten.

„Guten Morgen", begrüßte er sie.

Mary neigte den Kopf. „Guten Morgen, Majestät."

Max trat einen Schritt auf den Kaiser zu und verbeugte sich dann fast in einem rechten Winkel. „Guten Morgen, Eure Majestät."

„Parker, ist das die Unterstützung, von der Sie gesprochen haben?"

„Ganz genau, Majestät." Mary nickte bestätigend. „Das ist Maximilian Jung. Er ist der Inhaber eines Labors, das sich mit der Untersuchung von Kriminalfällen befasst."

„Jung ..." Der Kaiser legte den Kopf schief und betrachtete Max eingehend. „Aber nicht der Sohn von Ernst Jung? Dem Unternehmer?"

„Doch, genau der bin ich", erwiderte Max, sichtbar stolz, dass der Kaiser seine Familie kannte.

„Und Sie haben Erfahrung mit ..." Der Kaiser senkte seine Stimme. „Mit Toten?"

„Viel Erfahrung, Majestät. Ich war der Beste in meinem Jahrgang an der Universität, ehrlich gesagt sogar der Beste der letzten dreizehn Jahre. Und ich habe zwei Jahre in einem anderen Labor gearbeitet und gelernt."

„Gut, das ist sehr gut", murmelte der Kaiser und nickte Mary anerkennend zu, die erleichtert aufatmete. Es war schön zu sehen, dass Max sich anscheinend auch angemessen verhalten konnte. „Dann möchte ich Sie nun bitten, diese Verträge zu unterschreiben." Er hob mehrere Blätter in die Höhe und zeigte sie Mary. „Danach können Sie mit Ihrer Arbeit beginnen."

Nachdem Mary den Vertrag gelesen hatte, unterschrieb sie beide Versionen und steckte eine davon ein. Die andere ließ sie auf dem Schreibtisch des Kaisers liegen.

„Dann kommen Sie doch beide bitte mit." Der Kaiser deutete auf die Tür zu seiner Rechten, durch die er vorhin erst gekommen war. „Der Weg ist etwas weiter."

„Kein Problem", erwiderte Mary.

„Ja, gar kein Problem", sagte auch Max, auf dessen Rücken ein schwer aussehender lederner Rucksack hing.

Durch die Tür betraten sie einen lang gestreckten Gang, von dem mehrere Türen auf beiden Seiten abgingen. Ganz am Ende, direkt gegenüber, gab es noch eine weitere Tür. Während die anderen alle aus Holz waren, war diese aus dunklem Metall.

Der Kaiser steuerte zielstrebig auf die hinterste Tür zu und hielt sie ihnen auf. Sie führte in den rückwärtigen Teil des Gartens. Hier standen die Bäume dicht an dicht, eher ein Wald als ein Garten, sodass Mary nur wenige Meter weit sehen konnte. Zwischen den Bäumen verschwand ein Pfad aus hellen Steinen.

„Hier lang", sagte der Kaiser und deutete auf den Weg.

Während sie dem Pfad folgten, musterte Mary die Umgebung. Es war ein guter Ort für einen Mord. Vom Schloss aus wäre man wohl in diesem Wald nicht zu sehen, ebenso wenig von der Straße aus, denn die lag mehrere hundert Meter entfernt. Doch es wäre ein ungewöhnlicher Ort, um jemanden zu töten, sehr weit entfernt vom Alltagsleben im Palast. Das würde womöglich bedeuten, dass der Mord geplant gewesen und nicht im Affekt geschehen war.

Mary bremste ihre Gedanken. Bisher wusste sie nichts über den Mord, sofern es tatsächlich einer gewesen sein sollte. Zunächst einmal brauchte sie von Max die Bestätigung und dann musste sie herausfinden, ob das Ossarium auch der Tatort gewesen war.

Im Wald war es still, die Geräusche der Stadt drangen nicht bis hierhin durch. Stattdessen hörte Mary singende Vögel, das Brummen von Insekten und das Knacken einiger Zweige. Sie blieb dabei: Bäume auf dem kaiserlichen Gelände anzupflanzen war ein Sicherheitsrisiko, das bewies ihr auch das gefundene Skelett.

„Dort drüben ist es." Der Kaiser deutete weiter den Weg entlang auf ein kompaktes Gebäude aus Stein, das erst jetzt sichtbar wurde. Die Mauern waren massiv, aus grauem Marmor gebaut und eindeutig für die Ewigkeit gemacht. Der rechteckige Grundriss des Gebäudes wurde durch eine weiter hervorstehende Umrandung an der oberen Kante aufgelockert. Der Eingang war mit einer Tür aus Stahl verschlossen.

„Kommen Sie." Der Kaiser zückte einen großen Schlüssel, den er im Türschloss drehte. Mit einem protestierenden Knarzen öffnete sich die Tür. Staub wirbelte in dem einfallenden Sonnenlicht umher. Im Inneren war es finster und ein Geruch nach Tod wehte heraus, der Mary nur allzu vertraut war. Sie hatte im Krieg genug Leichen geborgen, um diesen Geruch zu kennen.

Der Kaiser ging voran. Mary folgte ihm und sah sich um. In Nischen an beiden Seiten des Raums standen sechs steinerne Särge aus dem gleichen grauen Marmor, aus dem auch das Ossarium selbst war. Auf drei Särgen lag jeweils ein Blatt Papier, auf dem ein Datum aus dem letzten Jahr notiert war. Der Deckel eines anderen Sarges war zur Seite geschoben worden und lag nun halb auf dem dazugehörigen Sarg, halb auf dem Boden.

„An einem solchen Ort war ich noch nie", sagte Max und ließ seinen ledernen Rucksack an der Tür zu Boden sinken. „Das ist wirklich interessant."

„Sie waren noch nie in einem Ossarium?", fragte der Kaiser. „Nun, wenn Sie wollen, dürfen Sie sich gerne umsehen."

„Vielen Dank, das mache ich." Nickend sah Max sich um. „Darf ich Ihnen Fragen dazu stellen, Majestät?"

Mit einem nervösen Lachen hob der Kaiser beide Hände. „Oh, dazu bin ich nicht der richtige Ansprechpartner." Er sah auf die goldene Uhr an seinem Handgelenk. „Und leider habe ich auch keine Zeit mehr, um Ihnen Gesellschaft zu leisten."

Enttäuschung machte sich in Max' Gesicht breit.

„Aber ich werde Priester Johannes zu Ihnen schicken, falls ich ihn finden kann. Das hier ist sein Metier, er sollte Ihnen all Ihre Fragen beantworten können. Aber rechnen Sie damit, dass es mir nicht möglich ist, ihn zu finden, wegen seiner Arbeit ist er häufig nicht aufzufinden." Mit sichtlicher Ungeduld wandte der Kaiser sich ab und trat einen weiteren Schritt in das Ossarium hinein.

„Ist er ein ossarischer Priester?", hakte Max nach und Mary wünschte sich, er würde nicht so neugierig klingen. Wenn er den Kaiser einfach gehen lassen würde, könnten sie endlich ihre Arbeit machen.

„Das ist er", antwortete der Kaiser und wandte sich dem halb geöffneten Sarg zu. „Hier, das ist ..." Er suchte nach Worten. „Das ist das Skelett, für das wir keine Erklärung haben."

„Und in diesen drei Särgen, das sind datierte Tote, die für die Skelettierung hier lagern?" Max deutete auf die Särge mit den Daten.

„So ist es. Priester Johannes hat ihre Beisetzung in diesem Ossarium selbst geleitet und überwacht. Er kann sich nicht erklären, woher dieser Tote kommt." Mit einer schwer zu deutenden Miene sah der Kaiser hinüber zu dem geöffneten Sarg, doch Mary fiel auf, dass er es vermied, hineinzublicken oder sich ihm zu nähern. „Ich werde jetzt gehen und Sie Ihrer Arbeit nachgehen lassen. Wenn Sie etwas brauchen, melden Sie sich im Palast bei einem Dienstboten. Sie alle sind angewiesen, dafür zu sorgen, dass Sie alles bekommen, was Sie benötigen. Auch wenn ich Sie natürlich darauf hinweise, über den Grund Ihres Aufenthalts hier nichts verlauten zu lassen."

„Selbstverständlich nicht", sagte Mary prompt.

„Wir schweigen wie ein Grab", fügte Max hinzu und Mary warf ihm einen tadelnden Blick zu, den er völlig unschuldig erwiderte.

„Gut, gut", sagte der Kaiser zerstreut und warf einen letzten Blick auf den Sarg. „Wir sprechen uns sicher später noch einmal."

„Etwas muss ich Sie noch fragen, Majestät." Mary trat einen Schritt auf ihn zu und musterte ihn eindringlich. „Gibt es weitere Vermisste hier im Palast? Jemand, der nicht mehr zur Arbeit gekommen ist?"

Die Stirn des Kaisers furchte sich. „Nein, niemand. Das hätte ich erfahren." Er atmete tief ein und stieß die Luft aus. Dann wandte er sich zum Gehen.

„Majestät?" Mary musste ihm noch die Neuigkeiten mitteilen, die sie gestern erfahren hatte. „Ich wollte Ihnen nur mitteilen, dass wir bereits die Bestätigung haben, dass Karl nicht an der Mauer ist und es auch nie war."

Der Kaiser nickte stumm und schien die Information kurz sacken zu lassen. „Es wäre auch zu schön gewesen“, murmelte er dann und verließ das Ossarium. Stille senkte sich über das Gebäude.

„Dann wollen wir doch mal nachsehen, wen wir hier haben, was?“ Max sah sie eifrig an und Mary nickte.

„Das sollten wir tun.“

Gemeinsam traten sie näher an den geöffneten Sarg und blickten hinein. Ein blanker Totenschädel starrte zurück. Der Rest des Skeletts lag auf der rechten Schulter, wodurch die Knochen, die nun nicht mehr von Fleisch und Sehnen zusammengehalten wurden, auseinandergefallen waren und nun als mehr oder weniger ungeordneter Haufen im Sarg lagen.

„Hier ist noch etwas Fleisch.“ Max deutete auf das, was Mary für die Unterarme des Opfers hielt. Dort hafteten noch ein paar braune Fetzen, die etwa die Festigkeit von Dörrfleisch zu haben schienen. „Das Klima in Ossarien ist so angelegt, dass das Fleisch möglichst rasch verrottet und nur noch die blanken Knochen zurückbleiben.“ Max beugte sich weiter vor in den Sarg. „An den Beinen ist auch noch was.“

„Und was bedeutet das?“

„Nur, dass die Leiche auf keinen Fall so lange, wie für die Skelettierung vorgesehen, hier drin gelegen hat.“

„Eine brillante Erkenntnis.“

„Aber fast“, ergänzte Max. „Er hat fast die volle Zeitspanne hier drin gelegen.“ Er richtete sich wieder auf und betrachtete den steinernen Deckel des Sarges. Dieser hatte mehrere Löcher, die erst aus der Nähe auffielen. „Ich nehme an, der Deckel wurde schon bewegt?“

„Ja, der Priester hat das getan. Der Kaiser hat gesagt, ihm wäre aufgefallen, dass der Deckel nicht korrekt auflag und da hat er nachgesehen und unser Opfer gefunden."

„Hilfst du mir mal, ihn hier rauszuschaffen?"

Mary packte an der einen Seite des Deckels an, Max an der anderen. Gemeinsam hoben sie ihn hoch, trugen ihn aus dem Ossarium und legten ihn draußen auf dem Weg ab. Er wog gut und gerne sechzig Kilogramm, kein Wunder, dass der mögliche Täter den Sarg nicht vollständig wieder geschlossen hatte.

„In dieser Position kann ich keine Verletzungen erkennen", vermeldete Max jetzt aus dem Inneren des Ossariums und Mary ging zurück zu ihm.

„Keine Verletzungen?"

„Keine, die ich jetzt sehen kann. Ich müsste ihn bewegen, um mehr zu erkennen."

„Ihn?" Mary warf einen erneuten Blick in den Sarg.

„Ja, es ist ein Mann", erwiderte Max und deutete auf das Becken des Toten. „Siehst du hier den ventralen Bogen? Bei einer Frau wäre er ausgeprägter."

„Und nur daran erkennst du, dass es ein Mann war?"

„Daran und an anderen Einzelmerkmalen. Da wären die dominanten Überaugenwülste", Max deutete mit dem Zeigefinger auf den Schädel, „und die Mandibula hat eine eher eckige Form statt einer spitzer zulaufenden, wie man sie häufig bei Frauen findet." Er deutete auf den Unterkiefer des Toten, dann fuhr sein Finger hinauf zur Stirn. „Zudem schrägt sich die Stirn nach hinten ab, ein weiterer Hinweis darauf, dass der Tote ein Mann war. Bei Frauen hat sie meist eine rundere Form. Und hier", sein Finger fuhr hinab zum Ansatz des Oberschenkels. „Das Acetabulum ist größer, als es bei einer Frau zu erwarten wäre. Und dazu ..."

Mary unterbrach ihn. „Schon verstanden. Du bist dir sehr sicher, dass das hier ein Mann ist." Erneut musterte sie die Überreste und versuchte, den Menschen zu sehen, den Max offenbar darin erkannte. Doch für sie blieben es Knochen, nicht mehr und nicht weniger. Die Reste eines Menschenlebens.

„Ich bin mir mehr als sicher. Ich habe meine Doktorarbeit über die Skelettmerkmale geschrieben, die verschiedenen äußeren Merkmalen zugeordnet werden können: das Geschlecht, die Abstammung, der ausgeübte Beruf ..."

„Du kannst den Beruf einer Person in ihren Knochen sehen?" Mary glaubte Max kein Wort, jetzt wollte er doch wirklich nur angeben.

„Sehr häufig, ja. Viele Berufe hinterlassen Spuren an den Knochen. Bei dir würde ich sicher auch so einige finden." Max musterte sie und Mary wandte sich rasch ab. Sie wollte nicht darüber nachdenken, welche Spuren die Zeit in der Armee wohl auf ihrem Skelett hinterlassen hatte.

„Und bei ihm? Was für einen Beruf hatte er?"

„Keine Ahnung", gab Max zu und beugte sich wieder über das Skelett.

„Wusste ich doch, dass das mit dem Beruf nur Quatsch war", murmelte Mary.

„War es nicht. Aber der hier war noch jung, vielleicht hatte sein Beruf noch keine Zeit, um sich in den Knochen zu zeigen."

„Wie jung?"

„Dazu müsste ich erst einige Messungen anstellen. Aber siehst du hier, die Schambeinfuge?"

Als Mary sah, worauf Max zeigte, war sie überrascht. „Das kleine Ding da?" Die Schambeinfuge war ein schmaler Spalt unten am Becken.

„Das kleine Ding da verbindet die beiden Hälften des Beckens miteinander. Es hat eine feine granulöse Textur, dazu keine Riefen. Deswegen würde ich sein Alter auf etwa zwanzig bis vierundzwanzig Jahre schätzen."

Mary betrachtete den Schädel des Opfers und versuchte, sich zu vorzustellen, wie der junge Mann wohl im Leben ausgesehen haben mochte. Doch alles, was sie sah, war ein blanker Totenschädel.

„Wenn ich im Labor bin, kann ich noch einige Messungen und andere Untersuchungen durchführen, dann werde ich das Alter vielleicht genauer eingrenzen können." Max richtete sich wieder auf und drehte sich zu ihr um. „Du hast mir gesagt, der Kaiser vermutet, dass es sein Sohn sein könnte. Karl. Soll ich die Leiche mit Hinblick darauf untersuchen? Oder möchtest du, dass ich sie untersuche, ohne etwas über diesen Karl zu wissen?"

Der Kaiser schien sich bei ihrem letzten Gespräch sicher gewesen zu sein, dass der Tote sein unehelicher Sohn war. „Wir sollten davon ausgehen, dass es Karl ist. Du musst es nur bestätigen."

„Gut. Haben wir vom Kaiser schon Angaben zu seinem Aussehen?"

„Noch nicht, aber das kann ich ändern." Dann kam sie sich zumindest nicht mehr so nutzlos vor wie jetzt, wo sie vor dem Skelett des Toten stand und noch nicht einmal wusste, was eine Schambeinfuge war. „Bist du hier fertig?" Sie waren schon fast eine halbe Stunde im Ossarium, es wurde Zeit, dass sie weitermachten.

„Was? Meinst du das ernst?" Verwirrt sah Max sie an. „Ich habe ja noch nicht einmal angefangen." Er hob den Zeigefinger. „Bei Kriminalfällen ist eine eingehende Untersuchung des Fundorts der Leiche unerlässlich. Überall hier könnten sich Hinweise auf den Täter verbergen."

Mary sah sich um. Alles, was sie sah, war Marmor, Staub und eine Leiche. „Ach ja? Und wo?"

„Wenn jeder sofort wüsste, wo, dann könnte ich meinen Beruf auch direkt wieder an den Nagel hängen", entgegnete Max ihr und besaß die Frechheit, mit den Augen zu rollen. „So einfach ist das nun auch wieder nicht. Das Suchen von Spuren erfordert Geduld."

Und damit war auch klar, warum er diesen Teil des Falls übernahm und nicht Mary. Wenn es um Geduld ging, überließ sie gern anderen das Feld. Sie war vielmehr jemand, der sich ins Geschehen stürzte. „Und dieses Sammeln von Spuren ... wie lange dauert das?"

„Schwer zu sagen." Max sah sich in der Gruft um. „Aber ein paar Stunden werden es auf jeden Fall."

„Ein paar Stunden?" Fassungslos sah Mary ihn an. Das hieß, keine Chance, den Täter schnell zu fassen.

„Hast du noch nie an einem Mordfall gearbeitet?" Max zog eine Augenbraue in die Höhe.

„Doch, natürlich", erwiderte Mary pikiert. Was wollte er ihr hier unterstellen? „Nur werde ich sonst zu Mordfällen hinzugezogen, wenn die Untersuchungen durch die Polizei bereits abgeschlossen sind. Die Familien kontaktieren mich üblicherweise, wenn sie mit den Ermittlungen nicht zufrieden sind oder diese eingestellt werden."

„Und du löst sie dann?"

„Nicht immer", gab Mary zu. „Aber oftmals konnte ich neue Spuren finden, die doch noch zum Täter geführt haben."

„Ermittelst du nur in Mordfällen?"

„Oh, nein." Mary lachte kurz auf. „Dann würde ich vermutlich verhungern. Morde gibt es nicht so oft, wie du vielleicht denkst. Meine Arbeit besteht meistens daraus, Leute zu beschatten, zum Beispiel dann, wenn der Verdacht auf Ehebruch besteht. Oder ich suche nach einem gestohlenen Kunstgegenstand."

„Oder vermissten Personen?"

„Auch das." Mary sah sich noch einmal im Ossarium um. „Und du brauchst hier noch länger?"

„Ja. Ich meine, den Sarg können wir komplett mitnehmen und ins Labor bringen, dann kann ich ihn dort in aller Ruhe untersuchen. Aber den Rest hier ..." Mit beiden Armen deutete Max auf den Inhalt des Ossariums. „Das muss alles vor Ort untersucht werden. Und noch dazu schnell. Mal angenommen, ich unterbreche meine

Arbeit und komme morgen wieder. Das gibt dem Täter doch die Möglichkeit, seine Spuren zu verwischen."

„Wenn er von der Entdeckung der Leiche erfährt, ja." Mary nickte. „Na gut, dann mach du hier, was du kannst. Ich organisiere dir den Transport von diesem Ding." Sie stieß mit dem Fuß gegen den Sarg. „Und ich frage den Kaiser danach, wie sein Sohn ausgesehen hat."

„Jaja, mach das." Doch Max hörte ihr schon gar nicht mehr richtig zu. Er hatte sich so weit in den Sarg hinabgebeugt, dass sein Kopf nicht mehr zu sehen war.

„Na, dann noch viel Spaß", murmelte Mary kopfschüttelnd und machte, dass sie wieder aus dem Ossarium rauskam.

Im Inneren des Palastes ließ sie sich von einem Angestellten zum Kaiser führen. Der deutete auf eine Tür, verbeugte sich und entfernte sich dann wieder.

Mary musterte die Tür. Das Schlafgemach des Kaisers? Nach kurzem Zögern drückte sie die Klinke herunter und trat hoch erhobenen Hauptes ein.

Es war ein Zimmer, das sich an der Fensterfront kreisförmig wölbte. Alles war in warmen Brauntönen gehalten und wurde von einem großen Himmelbett dominiert, das an der rechten Wand stand. Mary entdeckte den Kaiser sofort: Er saß in der gepolsterten Nische vor dem Fenster und blickte nach draußen auf den Wald des Palastgeländes. Dorthin, wo das Ossarium stand.

Auch als die Tür hinter ihr ins Schloss fiel, rührte der Kaiser sich nicht. Mary räusperte sich. In dieser Umgebung hier fühlte sie sich unwohl, fehl am Platz. In ihrer Welt, ihrem Viertel oder auch auf dem Schlachtfeld, da wusste sie, wie sie sich verhalten musste und was von ihr erwartet wurde. Aber hier ... Sie befürchtete, ein falsches Wort würde den Kaiser gegen sie aufbringen. Und das war es dann mit dem Auftrag, dem Geld und vermutlich auch ihrem guten Ruf. Trotzdem musste sie Gelassenheit ausstrahlen. Jeder musste denken, dass sie die Macht hatte. Und dass sie den Mörder dieses Jungen erwischen würde.

Sie straffte sich, drückte den Rücken durch und räusperte sie sich. „Majestät?"

Endlich regte der Kaiser sich. Er seufzte hörbar. „Ja, Parker?" Er stand auf und kam ein paar Schritte auf sie zu. „Haben Sie etwas gefunden?"

„Bisher kennen wir das Geschlecht und das ungefähre Alter des Toten", sagte Mary in ruhigem Tonfall. „Mein Mitarbeiter untersucht das Ossarium und den Toten auf Spuren. Was wir aber jetzt noch brauchen ..." Mary unterbrach sich und setzte neu an. „Sie haben gesagt, Sie vermuten, dass der Tote Karl ist."

„Ja." Die Stimme des Kaisers klang kraftlos.

„Können Sie mir beschreiben, wie Karl ausgesehen hat? Hatte er besondere körperliche Merkmale?"

„Einen Moment." Der Kaiser ging zum Sekretär auf der linken Seite des Raums und öffnete die oberste rechte Schublade. „Bitte.“ Er streckte ihr ein dünnes Blatt entgegen.

Als Mary es annahm, sah sie, dass es sich um eine Fotografie handelte. „Sie haben eine Fotografie von ihm anfertigen lassen?“

Sie sah, dass der Kaiser schluckte. „Ich habe einen Fotografen in den Palast bestellt und alle Angestellten fotografieren lassen. So ist es nicht aufgefallen.“

Mary betrachtete das Bild. Es zeigte in verschiedenen Grautönen das Gesicht eines fröhlich lächelnden jungen Mannes. Hohe Wangenknochen, seitlich gescheitelte Haare, eine kleine Narbe unter dem rechten Auge. Wäre er ihr auf der Straße begegnet, wäre er ihr nicht aufgefallen. „Darf ich das mitnehmen, um es Herrn Jung zu zeigen? Ich könnte mir vorstellen, dass es für seine Arbeit nützlich ist.“

„Selbstverständlich. Aber bitte ...“ Der Kaiser sah sie ernst an. „Bringen Sie es mir zurück.“

„Das mache ich“, versprach Mary. „Gibt es vielleicht sonst noch etwas, das Sie mir über Karl sagen können? Hat er sich vielleicht mal etwas gebrochen? Den Arm vielleicht?“

Der Kaiser blickte an ihr vorbei, dann schüttelte er den Kopf. „Ich weiß es nicht, keine Ahnung. Ich ...“ Er holte tief Luft. „Ich kannte ihn eigentlich gar nicht, verstehen Sie?“

„Wie meinen Sie das?“

„Vor zweiundzwanzig Jahren war ich in eine kurze ...“ Er schien nach Worten zu suchen. „Nun, eine kurze Liebelei verstrickt. Die Frau ist in eine andere Stadt gezogen, so endete das Ganze."

Zweiundzwanzig Jahre. Der Kaiser war mit seiner Frau Viktoria seit vierundzwanzig Jahren verheiratet. Ihre Tochter Amalie war zwanzig. „Und Karl?"

„Vor fast einem Jahr erhielt ich einen Brief." Der Kaiser zog einen Umschlag aus seinem Jackett und zeigte ihn ihr. „Darin schrieb Karl, dass ich sein Vater sei. Seine Mutter war kurz zuvor gestorben und hatte ihm ihre Tagebücher und auch einen Brief hinterlassen, in dem sie ihm verriet, wer sein Vater ist. Dass ich es bin."

„Und Sie haben ihm geglaubt?" Jeder könnte dem Kaiser doch schreiben und sich wilde Geschichten ausdenken. Vielleicht sogar jemand, der damals von der Affäre gewusst hatte.

„Nein, natürlich nicht." Der Kaiser schüttelte vehement den Kopf. „Ich bin ja kein Dummkopf. Ich dachte, dass da jemand versuchte, mich zu erpressen und Geld von mir wollte."

„Aber?"

„Wir haben uns getroffen." Der Kaiser wandte den Blick wieder zum Fenster. „Sofort, als ich ihn da in dieser schäbigen Kneipe gesehen habe, wusste ich es."

„Wussten Sie was?"

„Ich wusste, dass er mein Sohn ist."

„Und woher, wenn ich fragen darf, wussten Sie es?" Wenn Karl ein Betrüger gewesen war, hatte vielleicht sogar der Kaiser ein Motiv ...

„Ich sah mich in ihm. Er sah mir nicht wirklich ähnlich, aber ich habe eine Verbindung gespürt ..." Der Kaiser suchte wieder nach Worten, doch er schüttelte schließlich den Kopf. „Ich kann es nicht genauer erklären, tut mir leid."

„Aber Sie waren sich sicher?"

„Ja, absolut. Und das, was er über seine Mutter Sophie erzählte, passte perfekt. Mir wurde klar, dass er tatsächlich mein Sohn war."

„Und dann?" Mary trat neben den Kaiser. „Hat er Forderungen gestellt?"

„Nein." Der Kaiser seufzte. „Genau das hat mich auch verwundert. Er wollte gar nichts von mir haben. Er wollte mich nur kennenlernen."

„Und Sie haben sich weiter mit ihm getroffen?" Es erschien Mary unglaubwürdig, dass Karl nichts vom Kaiser verlangt hatte.

„Nicht direkt", sagte der Kaiser. „Ich habe ihn eingestellt. Wenn er im Palast arbeitete, konnte ich ihn häufiger sehen. Und ich musste mich nicht mehr heimlich herausschleichen. Das wäre unzweifelhaft irgendwann aufgefallen."

„Und als was haben Sie ihn eingestellt? Hatte er denn irgendwelche Qualifikationen?"

„Er wollte Dichter werden, das hatte er mir erzählt." Der Kaiser lächelte. „Und die Gedichte, die er mir gezeigt hat, waren wunderbar, er war sehr talentiert."

„Aber Dichtkunst ist nicht gerade eine Fähigkeit, die einen für die Arbeit im Palast qualifiziert."

„Nein, nein, da haben Sie recht." Der Kaiser verschränkte die Hände. „Ich habe ihn als Laufburschen einstellen lassen. Er hat da ausgeholfen, wo gerade Not am Mann war. Mal in der Küche, mal bei den Kammerdienern, mal bei den Gärtnern. Er war ein sehr fleißiger Junge, alle haben nur gut über ihn gesprochen."

Wie konnte das bitte möglich sein? Es gab niemanden, der von jedem gemocht wurde. Und irgendjemand hatte Karl immerhin so wenig gemocht, dass er ihn wahrscheinlich umgebracht hatte. „Er hatte mit niemandem Streit?"

„Mit niemandem. Nie. Er war freundlich, fleißig, ordentlich ..." Der Kaiser schloss die Augen. „Alle Angestellten haben ihn geschätzt."

„Und was ist mit Ihrer Familie? Hat die Karl auch geschätzt?" Vielleicht hatte die Frau des Kaisers ja auch gespürt, dass Karl und ihr Mann eine Verbindung zueinander hatten.

„Sehr sogar, ja", erwiderte der Kaiser und riss die Augen wieder auf. „Viktoria hat sich immer gefreut, wenn er ihr Kammerdiener war. Sie sagte, er hätte die Gabe, vorauszusehen, was sie brauchte. Und Amalie fand ihn sehr nett. Manchmal hat sie sich mit ihm im Garten zu einem Spaziergang getroffen."

„Und das fanden Sie gut?" Ein Angestellter, der sich mit der Tochter des Kaisers herumtrieb?

„Ob ich das gut fand?" Der Kaiser musterte sie entgeistert. „Ich habe es unterstützt. Meine Tochter ist durch ihn endlich einmal aus ihrem Schneckenhaus gekommen, in das sie sich verkrochen hatte. Sie ist ein sehr schüchternes Mädchen, sie hatte im Grunde nie Freunde. Und Karl hat es geschafft, sie zum Lachen zu bringen. Er war gut für sie."

„Hat Ihre Frau das auch so gesehen?" Es mochte ja sein, dass der Kaiser große Stücke auf Karl gehalten hatte, aber seine Sicht auf ihn schien verzerrt zu sein.

„Ich denke schon." Das Gesicht des Kaisers lief rot an. „So langsam gefallen mir Ihre Fragen nicht mehr, Parker. Ich weiß nicht, worauf sie hinauswollen, aber ich oder meine Frau haben Karl nichts getan. Wenn es denn überhaupt Karl ist!" Der Kaiser warf die Hände in die Luft. „Das müssen Sie erstmal herausfinden." Er stieß den Zeigefinger in Marys Richtung.

„Ja, das werde ich auch", sagte Mary ruhig. „Aber wenn ich herausfinden soll, was passiert ist, muss ich alles wissen. Tut mir leid, dass Ihnen das unangenehm ist." Aber der Kaiser hätte schließlich ahnen können, dass sie einen Fall nicht einfach lösen konnte, ohne unangenehme Fragen zu stellen.

„Ich verstehe schon." Der Kaiser atmete schnaufend ein. „Sie machen nur Ihre Arbeit. Ich bitte Sie um Entschuldigung, ich hätte nicht so reagieren sollen. Mir geht das nur sehr nah." Er setzte sich auf den Stuhl vor seinem Sekretär. „Als ich diesen Brief gefunden habe, hatte ich so ein Gefühl. Mir kam das alles seltsam vor, falsch."

Mary nickte. „Ich versichere Ihnen, wir bemühen uns, die Wahrheit herauszufinden, Majestät." Sie deutete eine winzige Verbeugung an. „Aber ich vertraue dabei auf Ihre Hilfe."

„Natürlich, alles, was Sie brauchen."

„Ich brauche eine Liste aller Personen, die Zugang zum Schloss haben." Es musste jemand aus dem Schloss gewesen sein, sonst hätte der Täter die Leiche niemals in dem Ossarium verstecken können.

„Die gebe ich Ihnen", versicherte der Kaiser.

„Und ich möchte mit allen reden. Ohne Ihre Verbindung zu Karl zu erwähnen, selbstverständlich."

„Selbstverständlich." Der Kaiser nickte. „Ich will nur wissen, wer das getan hat."

Der Kaiser wirkte absolut aufrichtig. Und Mary hatte schon viele Mörder getroffen, viele Menschen, die sie angelogen hatten. Aber der Kaiser gehörte nicht zu ihnen. Er schämte sich vielleicht dafür, dass er nicht für seinen Sohn dagewesen war, aber nicht dafür, dass er existiert hatte. „Majestät, wenn es Ihnen recht ist, warte ich Herr Jungs Untersuchungen ab. Dann haben wir Klarheit darüber, ob es Karl ist und wie er zu Tode kam. In der Zeit können Sie mir die Namen aller Menschen hier im Schloss mitteilen. Und bitte auch diejenigen, die das Tor passieren dürfen und die, die zu der Zeit, in der Karl verschwand, im Schloss zu Besuch waren."

„Es ist eine schreckliche Vorstellung, dass der Mörder womöglich mit uns unter einem Dach wohnt. Dass ich ihn kenne." Der Kaiser fuhr sich durch die ordentlich zurückgekämmten Haare. „Kaum zu fassen."

„Wir wissen noch nicht sicher, ob es ein Mord war", gab Mary zu bedenken, doch sie selbst hatte keine Zweifel. Allein das Versteck im Ossarium schrie geradezu nach einem Mord.

Der Kaiser nickte nur.

„Dann lasse ich Sie jetzt wieder allein, Majestät." Mary zog sich zur Tür zurück. „Ich werde morgen wiederkommen."

Der Kaiser hob matt eine Hand, um sich von ihr zu verabschieden.

Kapitel 4

Es hatte bis weit nach Mitternacht gedauert, bis Max endlich mit seiner Arbeit im Ossarium fertig war und sie es geschafft hatten, den marmornen Sarg in sein Labor zu schaffen. Vier Wachen des Kaisers und ein Gefährt, das für die Landwirtschaft konstruiert worden war, waren dazu nötig gewesen. Den Vieren war anzusehen gewesen, wie gerne sie gewusst hätten, was sie hier transportierten, doch sie fragten nicht danach. Vermutlich hatten sie eine Anweisung des Kaisers dazu erhalten.

Mary gähnte. Sie hatte nur wenig geschlafen, stattdessen hatte sie sich den Kopf darüber zerbrochen, was mit dem Toten wohl geschehen sein mochte. Sie war früh aufgestanden, um zur Funkstation zu gehen. Im Laufe des Tages wurde es dort immer voll und sie hatte keine Lust – und auch keine Zeit – stundenlang zwischen all diesen Menschen in der Schlange zu stehen und zu warten. Um sieben öffnete die Station und dann würde sie bereits vor der Tür stehen.

Sie aß ein trockenes Brot, das sie noch in ihrer Küche gefunden hatte und trank dazu ein Glas Milch. Surrend stimmte sich ihr Auge auf die verschiedenen Entfernungen ein. Am Morgen brauchte es immer erst ein paar Messungen, um die richtigen Entfernungen so prompt einstellen zu können, wie es ein echtes Auge tat. Wie üblich kribbelten die Nerven in ihrem zerstörten Auge. Laut den Ärzten war dies normal, eine Folge davon, dass das mechanische Auge die heilen Nerven anzapfte, um ihnen Bilder zu übermitteln.

Es gab viele Tage, an denen Mary dankbar dafür war, dass der Kaiser ihr dieses Auge hatte implantieren lassen. Aber es gab andere Tage, an denen fühlte sie sich wie ein Versuchskaninchen und würde sich das Auge am liebsten herausreißen. Es gab niemanden sonst im Territorium, der diese Art von Körperteilersatz bisher erhalten hatte. Und die Ärzte besserten ständig daran herum. Jeden Monat musste sie in die Klinik in Aachen, wo die Spezialisten für mechanische Körperteile sie untersuchten, Dinge neu einstellten und Teile ersetzten. Es war mit Abstand der schlimmste Tag des Monats.

Mary trank ihre Milch aus und griff nach Jacke und Schlüsseln.

Auf der Straße vor ihrer Wohnung war kaum etwas los. Die Tage der meisten Menschen begannen gegen acht Uhr oder noch später. Mary klappte den Kragen ihrer Jacke hoch, um sich vor dem kalten Wind zu schützen, der durch die Straße pfiff, und ging die Eschenstraße hinunter bis hin zur Kreuzung mit der Alexanderstraße. In ihrem Viertel wohnten gute Menschen, hart arbeitende Menschen, hauptsächlich Fabrikarbeiter und Angestellte der Adeligen, die drüben auf der anderen Seite der Stadt wohnten. Es lebten hier auch viele ehemalige Soldaten, einige von ihnen hatten damals in Marys Einheit gedient. Sie kannte sie alle. Als sie noch Kommandierender General gewesen war, hatte sie oft abends in ihrem Zimmer gesessen und sich die Namen ihrer Soldaten mithilfe ihrer Akte eingeprägt. Es wäre für sie ein Unding gewesen, diese Menschen in den Kampf – und vielleicht auch in den Tod – zu schicken, ohne auch nur ihre Namen zu kennen. Sie hatte es immer für wichtig gehalten, zu wissen, wer für sie kämpfte. Sie wollte niemals vergessen, dass sie echte Menschen befehligte, keine gesichtslose Armee.

An der nächsten Ecke bog sie links ab. Bisher war ihr noch keine Menschenseele begegnet, nur eine Katze, die in einem umgefallenen Mülleimer nach Essensresten suchte.

Es war das erste Haus auf der linken Seite: eine breite Doppeltür, eine riesige Antenne auf dem Dach. Wie Mary erwartet hatte, war sie die Einzige. Sie zog ihre Taschenuhr heraus. Zehn vor sieben. Nicht mehr lange und die Funkstation würde öffnen.

Mary ging vor den Treppenstufen auf und ab, um sich warm zu halten. Sie vollendete gerade ihre fünfzigste Strecke, da öffnete sich die Doppeltür. Mit raschen Schritten sprang sie die Stufen hinauf. Die Wärme im Inneren des Gebäudes umfing sie.

„Sie sind aber früh dran." Der ältere Mann, der die Funkstation schon so lange führte, wie Mary denken konnte, blinzelte sie durch seine runde Brille munter an. „Ist wohl wichtig, was?"

Mary nickte.

„Na, dann sagen Sie mir mal, was ich für Sie tun kann."

Der Mann drehte sich um und bedeutete ihr mit einem Winken über die Schulter, ihm zu folgen. Das Innere der Funkstation war wenig spektakulär, der Raum war recht karg eingerichtet: Es gab drei Tische, die rechts und links an den Wänden standen, dazwischen einen Gang. Auf den Tischen standen Funkgeräte. Dicke Kabelstränge verliefen von ihnen hinauf zur Decke und verschwanden dort. Der Anstrich der Station hatte definitiv schon bessere Zeiten gesehen, das Weiß war von den vielen Zigaretten, die hier geraucht wurden, vergilbt. Auch jetzt zog der diensthabende Funker einen dieser Glimmstängel hervor und zündete ihn mit einem goldenen Feuerzeug an. Rauchkringel stiegen zur Decke.

„Also?"

„Der Empfänger ist das Polizeirevier in Straelen. Und die Nachricht ist folgende: Benötige Informationen über Karl Bach. Letzter Aufenthalt? Verwandte? Verbleib?"

Der Funker notierte sich ihre Nachricht. „War es das?"

„Das war alles", bestätigte Mary. Die Polizei in Straelen sollte lediglich verifizieren, dass Karl nicht wieder nach Hause zurückgekehrt war.

„Zwei Mark", informierte sie der Funker und streckte die linke Hand aus. Mit der rechten betätigte er einen Knopf und irgendwo in einem Hinterraum begann eine Dampfmaschine zu schnurren. Mary bezahlte ihn, gab ihm ihre Adresse und verließ die Station ohne ein Wort des Abschieds.

Abgesehen von einer zerlumpt aussehenden Frau war die Bahn leer. Mary setzte sich auf den erstbesten Platz und schloss die Augen. Bis sie umsteigen musste, dauerte es gut sechsundzwanzig Minuten. Dann zur nächsten Station laufen. Drei Minuten. Die nächste Bahn nehmen. Nochmal dreizehn Minuten. Es war viel Zeit, die sie auf dieser Strecke vergeudete. Nicht zum ersten Mal wünschte sie sich, Jungs Labor würde nicht am Arsch der Welt liegen.

Das Rattern der Bahn machte sie schläfrig und sie zwang sich, die Augen wieder zu öffnen und sich gerade hinzusetzen, damit sie ihre Haltestelle nicht verpasste. Um sich abzulenken, machte sie sich im Geiste eine Liste der Dinge, die sie heute noch erledigen musste. Da wäre zum einen der Besuch bei Max. Sie brauchte einfach mehr Informationen zu der Leiche, wenn sie den Fall lösen wollte. Allen voran musste die Frage geklärt werden, wer der Tote war und wie er gestorben war. Falls Max dann Informationen für sie hatte, wollte sie diese verwenden, um nochmal in den Palast zu fahren.

Nicht zum ersten Mal fragte sie sich, ob sie den Fall hätte ablehnen sollen. Aber hätte sie ihn überhaupt ablehnen können? Als General tat man, was der Kaiser verlangte. Allerdings war sie das seit vier Jahren nicht mehr. Vier schmerzhafte Jahre waren vergangen, in denen es ihr gelungen war, sich eine andere Karriere aufzubauen. Und nun fiel der große Schatten des Kaisers darauf. Was würde geschehen, wenn sie den Fall nicht lösen könnte? Würde der Kaiser sie in Misskredit bringen? Sie hasste diese Ungewissheit. Damals in der Armee, hatte sie immer mindestens drei Schritte vorausgedacht. Sie hatte alle möglichen Szenarien bereits vor sich gesehen. Aber jetzt war da nichts. Sie musste den Fall einfach lösen, da gab es gar keine andere Möglichkeit.

Auch nachdem sie die Bahn gewechselt hatte, kam sie gedanklich nicht vom Auftrag des Kaisers los. Sie fühlte sich einerseits geehrt, dass er sie für die beste Wahl hielt. Andererseits verfluchte sie ihn dafür. Wenn sie versagte, war ihre Karriere vermutlich ruiniert. Wieder einmal.

Mary seufzte. Diese negativen Gedanken brachten nichts, gar nichts. Sie zog die Beine an und stützte sie gegen den Vordersitz. Sie sollte nicht darüber grübeln, was womöglich geschehen könnte. Sie sollte sich lieber darüber Gedanken machen, wer dieses Skelett in das Ossarium befördert hatte. Irgendjemand hatte diesen Menschen auf dem Gewissen – und sie würde herausfinden, wer es getan hatte.

Als sie endlich vor Max' Labor stand, schwitzte Mary leicht, denn sie war den ganzen Weg von der Bahnstation bis hierher gerannt, um zumindest einen Teil der Zeit wieder wettzumachen, die sie durch die ganze Fahrerei verloren hatte. Wobei – und das musste sie sich eingestehen – die Leiche sicher keine Eile mehr verlangte. Der Zeitpunkt des Todes lag bereits so lange zurück, dass es keine frischen Fährten mehr gab.

Mit einer Faust hämmerte sie ungestüm gegen die Tür des Labors.

„Morgen", grüßte sie, sobald Max die Tür aufzog.

„Guten Morgen." Max gähnte hinter vorgehaltener Hand. Er trug noch die gleiche Kleidung wie am Vortag und ein leichter Bartschatten zierte sein Gesicht. „Waren wir verabredet?"

„Wir sind immer verabredet", gab Mary zurück und trat über die Schwelle.

„Oh, wenn das so ist. Darüber war ich noch nicht informiert." Max zuckte mit den Achseln und schloss die Tür hinter ihr. „Dann komm doch bitte rein." Spöttisch deutete er auf den Durchgang zum Labor.

Der steinerne Sarg stand in der Mitte des Raumes, eingeengt von zwei Tischplatten, die gerade noch genug Platz ließen, um den Sarg zu umrunden. Der Deckel des Sarges lag umgedreht hinter den Labortischen. Es sah fast aus, als wäre er vergessen worden.

Der Sarg selbst war leer. Die Knochen des Skeletts lagen auf mehreren Tabletts, Tellern und Matten überall im Labor verstreut.

Mary deutete auf all die herumliegenden Knochen, dann auf den Schädel, der direkt vor ihr auf der Tischplatte lag und sie mit seinen leeren Augenhöhlen anzustarren schien. „So arbeitest du also?“ Es wirkte wie das Chaos eines Kleinkindes, das all seine Spielsachen hervorgekramt hatte, um sie herumzuwerfen, und sich danach anderen Dingen zugewandt und sie schlicht vergessen hatte.

Jung ging zu dem Labortisch auf der rechten Seite und griff nach einem Brot, das dort auf einem Teller lag. Genussvoll biss er hinein und nickte nur zu ihrer Frage.

„Ist das eine von der Universität anerkannte Technik?“ Mary hob die Augenbrauen.

Max schluckte seinen Bissen hinunter und lachte. „Oh ja“, gab er zurück. Dann lehnte er sich gegen den Labortisch und musterte sie mit ernstem Gesicht. „Frag doch einfach, was du fragen willst, Mary. Du willst wissen, ob ich überhaupt weiß, was ich hier tue. Und du fragst dich, ob es ein Fehler war, mich anzuheuern. Das war es nicht. Ganz und gar nicht. Denn ich weiß sehr genau, was ich tue.“

Im Moment bezweifelte das Mary ernsthaft. Dieses Chaos hier war nicht das, was sie von anderen Laboren gewohnt war. Dort herrschte strikte Ordnung. „Aber das hier ist … unprofessionell.“ Mary deutete auf die verstreuten Skelettteile. „Wie kannst du so Ergebnisse garantieren?“

Max legte sein Brot zur Seite und kam auf sie zu. „Das hier ist kein Chaos“, sagte er langsam, nur noch rund dreißig Zentimeter von ihr entfernt. „Das ist die Art, wie ich arbeite."

Mary wollte wieder protestieren, aber er ließ sie gar nicht erst zu Wort kommen.

„Da vorne liegen alle Knochen der Arme, daneben die des Oberkörpers. Alle so angeordnet, wie sie es auch im Körper sind, nur eben auf Tabletts, damit ich sie tragen kann, ohne sie zu berühren." Er nickte hinüber zu dem Labortisch in der Mitte. „Da liegen alle Knochen der Beine und der Füße."

Mary versuchte, seinen Ausführungen zu folgen, doch außer dem Oberschenkel und dem Becken erkannte sie nur ein Wirrwarr aus gelblichen Knochen.

„Ich betrachte jeden Knochen einzeln, ausgehend von den wahrscheinlichsten Punkten für die Todesursache. Und wenn ich die Todesursache gefunden habe, geht es weiter mit allem, was auffällig ist." Max verschränkte die Arme vor der Brust und blickte sie ernst an. „Noch Fragen?"

Mary betrachtete Max und die Knochen hinter ihm. „Ist es Karl?"

„Du willst dich nicht erst bei mir entschuldigen, weil du mir vorgeworfen hast, ein verantwortungsloser Stümper zu sein?" Max zuckte nur mit den Schultern. „Na gut, dann also direkt zum Fall." Er ging hinüber zu einem Regal und zog die Fotografie hervor, die der Kaiser von Karl hatte anfertigen lassen. „Fällt dir hierauf irgendetwas auf?"

Mary nahm die Fotografie und betrachtete sie sorgfältig, konzentrierte sich auf jedes Detail des Bildes, aber sie konnte nichts Ungewöhnliches erkennen. „Ich sehe nichts. Worauf soll ich achten?“ Max musste etwas auf dem Bild gesehen haben, denn er betrachtete sie ungeduldig, voller nervöser Energie, die davon zeugte, dass er etwas Wichtiges entdeckt hatte.

„Hier.“ Er stellte sich dicht neben sie und fuhr mit dem Zeigefinger über den Abschnitt der Fotografie, der die Hände des Jungen zeigte.

Langsam kam Mary sich dumm vor. Sie sah nur ganz normale Hände. „Ich verstehe nicht, was du meinst.“ Sie rückte wieder von ihm ab und gab ihm die Fotografie zurück.

„Es braucht Übung, so etwas zu erkennen, aber ich habe das schon in drei anderen Fällen gesehen und auch über solche Fälle gelesen.“ Max hielt die Fotografie hoch, sodass Mary sie sehen konnte. „Hier, es sind seine Finger. Genauer gesagt, seine Daumen.“ Mit dem Zeigefinger fuhr er erneut über die Hände des Abgebildeten. „An dieser Stelle.“ Er tippte auf die Stelle auf dem Bild, an der die Daumen des Fotografierten zu sehen waren. „Das oberste Glied des Daumens ist ungewöhnlich kurz. Unnormal, würdest du vermutlich sagen.“

Mary zog eine Augenbraue hoch und musterte Max. Wollte er damit sagen, dass sie sich ungebildet ausdrückte? „Na und? Sein Daumen ist ein wenig zu kurz. Gibt es das nicht oft?“

„Es geht nicht darum, dass er einen kurzen Daumen hat. Seine restlichen Finger haben normale Proportionen, nur der Daumen weist ein verkürztes Fingerglied auf. Das deutet auf Brachydaktylie hin." Max' Augen leuchteten, als er das sagte.

Mary schnaubte. Max liebte es offenbar, diese wissenschaftlichen Begriffe einfließen zu lassen. „Und das ist wichtig, weil ...?" Bisher wusste sie noch immer nicht, worauf Max eigentlich hinauswollte.

„Bei der Verkürzung des Endglieds des Daumens reden wir von einer Brachydaktylie Typ D. Und wir wissen, dass sie von Eltern auf ihre Kinder vererbt wird." Triumphierend lächelte Max sie an.

„Und die Leiche hier hat ebenfalls diese verkürzten Fingerglieder?"

„Ganz genau." Max nickte. „Und der Kaiser ebenfalls."

„Das hast du gestern bemerkt?" Warum war ihr das nicht aufgefallen?

„Ich habe inzwischen einen recht guten Blick für solche Dinge." Max hob das Tablett hoch, auf dem die rechte Hand des Opfers lag. „Hier, das ist das verkürzte Glied."

Tatsächlich, jetzt, wo sie die Knochen so deutlich vor sich sah, erkannte auch sie, dass die Proportionen des Daumens ungewöhnlich waren.

„Wie häufig ist diese Brachy..."

„Brachydaktylie." Max stellte den Teller wieder zurück auf den Tisch. „Typ-D-Brachydaktylie tritt einigen Studien zufolge mit einer Häufigkeit von 0,41 bis 4 Prozent auf."

„Das ist nicht allzu häufig." Mary sah noch einmal auf die Knochen, dann auf das Foto von Karl. „Kann es sich also deiner Einschätzung nach, hier um die Überreste von Karl Bach handeln? Und kannst du auch bestätigen, dass Karl der leibliche Sohn des Kaisers war?“

„Ich bin mir da sehr sicher, ja.“ Max legte die Fotografie zurück ins Regal und fuhr dann mit der Hand über den Totenschädel. „Viele andere Merkmale im Gesicht sprechen ebenfalls dafür, dass es Karl ist, zusätzlich zu dem Alter, auf das ich das Opfer schätzen würde, und seiner ungefähren Größe.“

„Dann schreib deine Ergebnisse bitte auf, damit ich es dem Kaiser korrekt erklären kann.“ Mary konnte sich unmöglich all die Einzelheiten merken.

„Das mache ich, selbstverständlich.“ Max kaute auf seiner Lippe herum. „Und ich wollte gerne auch noch etwas sagen.“

Mary sah ihn mit zusammengezogenen Augenbrauen an. Was kam denn jetzt?

„Ich bin niemand, der einfach nur im Labor sitzen und darauf warten kann, dass jemand anderes mir Ergebnisse mitbringt. Auch wenn du es bist.“ Er schickte ein kurzes Lächeln in ihre Richtung. „Ich möchte dabei sein. Es hilft mir bei meinen Untersuchungen, wenn ich auch die anderen Informationen im Kopf habe. Wenn ich alles sehe, so unbedeutend es dir oder anderen vielleicht auch erscheint. Möglicherweise ist am Ende ein Detail entscheidend dafür, wie ich die Hinweise auf den Knochen interpretiere.“

„So wie die Brachydaktylie?“, fragte Mary langsam.

Max nickte und stieß deutlich hörbar die Luft aus. „Du verstehst das also?“

„Vielleicht. Aber nein danke." Marys Mundwinkel verzogen sich zu einem kurzen Grinsen, aber sofort wurde sie wieder ernst. Sie wollte nicht, dass Max ihr in ihre Arbeit hineingrätschte. Er hatte seinen Bereich und sie den ihren. So sollte es auch bleiben. „Einen Wissenschaftler mit mir herumzuschleppen, der allen zwischen den Füßen herumrennt, klingt für mich nicht gerade angenehm." Max hob protestierend die Hand, doch Mary ließ ihn nicht zu Wort kommen. „Ich befürchte, dass du eine Gefahr für dich selbst und auch für andere sein könntest, ganz zu schweigen davon, dass du weder für die Befragung noch für die Beobachtung von Zeugen und Verdächtigen geschult bist."

„Jetzt mach doch mal einen Moment Pause!" Max hatte nun beide Hände in die Luft erhoben. „Darf ich jetzt auch mal was sagen?"

„Natürlich. Sag was." Mary verschränkte die Arme vor der Brust. Egal, was er sagte, es blieb dabei: Sie arbeitete allein, das würde auch ein Wissenschaftler nicht ändern. Sein Platz war im Labor, nicht bei den Ermittlungen.

„Bist du in der Lage, Spuren zu sichern?", fragte Max und seine Stimme machte deutlich, dass er auf diese Frage keine Antwort erwartete. „Kennst du dich mit Knochen aus?" Er schüttelte heftig den Kopf. „Nein, beide Male nein. Ich kann vor Ort von großem Nutzen sein. Meine Wahrnehmung ist geschärft, ich weiß, worauf ich achten muss, wenn wir nach einer Mordwaffe suchen. Wenn du die Mitarbeiter im Palast befragst, werde ich mich zurückhalten, ich werde nichts sagen. Das ist deine

Aufgabe, aber wenn ich mich dort umschauen kann, bin ich mir sicher, ich kann dir helfen.“ Heftig atmend stützte Max sich auf den Labortisch und sah sie abwartend an.

Mary sagte nichts. Sie hatte noch nie bei Ermittlungen mit jemandem zusammengearbeitet. Und der Gedanke, es jetzt zu tun, gefiel ihr ganz und gar nicht. Max’ Anwesenheit würde sie einschränken, sie womöglich hemmen und von den wirklich wichtigen Dingen ablenken.

„Ich würde dir nicht im Weg stehen“, ergänzte Max, jetzt mit viel ruhigerer Stimme. „Lass mich bitte helfen.“

Mary wusste nicht, was es war, ob er möglicherweise recht hatte oder ob der flehende Blick, mit dem er sie ansah, sie dazu trieb, aber plötzlich nickte sie. „Dann komm mit.“

„Wirklich?“ Auf Max’ Gesicht breitete sich ein Grinsen aus.

Mary rollte mit den Augen. „Ich sage nur Ja, damit du endlich aufhörst, mich zu nerven, und wir uns auf den Fall konzentrieren können.“

„Ach so.“ Doch das Grinsen wich nicht von seinem Gesicht, stattdessen wurde es noch ein wenig breiter.

„Können wir jetzt weitermachen?“ Mary deutete auf die im Labor verteilten Knochen. „War das mit dem Daumen alles, was du herausgefunden hast?“

Max verschränkte die Arme vor der Brust. „Ob das alles war? Ich finde, das war schon sehr viel.“

„Also hast du nichts weiter.“ Mary wandte sich von ihm ab, um das Labor wieder zu verlassen. Es wurde Zeit, dass sie zum Palast fuhr, um sich die Liste mit den

Menschen, die Zugang zum Palast gehabt hatten, geben zu lassen. Dann könnte sie sofort mit den Befragungen beginnen.

„Ich habe eine Verletzung am Hinterkopf."

Mary blieb stehen und drehte sich langsam um. „Was?"

„Also, nicht ich, sondern Karl hier. Er hat eine Verletzung am Hinterkopf."

„Zeig mal her", befahl Mary. Warum hatte er das nicht gleich gesagt?

„Natürlich." Max griff nach dem Schädel und drehte ihn um. „Genau hier."

Das, worauf er deutete, sah aus wie eine dickere Linie, die sich horizontal über den unteren Teil des Schädels zog. „Und was genau ist das?"

„Ein stumpfes Trauma. Er wurde von etwas getroffen, das hier flach war", Max deutete auf den Teil des Schädels, der über der Linie lag. Dort zogen sich winzige Brüche wie ein Spinnennetz über den Schädel, „und was hier eine Kante hatte." Er fuhr mit dem Finger über die dickere Linie.

„Und das hat ihn getötet?" Marys Blick wurde magisch von der dickeren Linie angezogen. Was verursachte eine solche Verletzung?

„Nein, hat es nicht. Ihm wird wahnsinnig der Schädel gebrummt haben, aber getötet hat es ihn meiner Meinung nach nicht."

„Aber eine solche Verletzung ..." Mary versuchte sich vorzustellen, mit welcher Kraft ein solcher Schlag auf den Schädel gewirkt haben musste.

„Ich denke, dass er von dem Schlag ohnmächtig geworden ist, das würde ich bei einer solchen Verletzung an dieser Stelle erwarten, aber die Verletzung des Knochens ist nicht tief genug, um ihn zu töten."

„Kann es auch sein, dass diese Verletzung entstanden ist, als jemand ihn in diesen Marmorsarg geworfen hat?"

„Nein, zumindest nicht, wenn wir davon ausgehen, dass er zu dem Zeitpunkt, als er in den Marmorsarg geworfen wurde, schon tot war. Und ich bin mir sehr sicher, dass er das war. Oder würdest du einfach in einem Sarg liegen bleiben, bis du stirbst?"

„Nein", murmelte Mary.

„Ich habe auch das hier im Sarg gefunden." Max ging hinüber zu einem Labortisch und kam mit einem kleinen silbernen Tablett zurück, auf dem drei winzige gelbliche Splitter lagen. Er hielt das Tablett hoch, damit sie sich die Splitter ansehen konnte.

„Das ist sehr schön", sagte Mary und zog eine Augenbraue hoch. „Aber was genau sehe ich mir da an?"

„Das sind Knochensplitter. Ich habe sie im Sarg gefunden, direkt unter dem Schädel."

„Und sie gehören zum Opfer?", fragte Mary. „Zu der Verletzung am Kopf?"

„Genau, sie passen perfekt." Max nickte. „Und das verrät uns etwas. Und zwar, dass die Verletzung keinesfalls lange vor dem letztendlichen Tod zugefügt worden sein kann. Andernfalls wären die Splitter wohl von einem Arzt entfernt worden. Außerdem würden die Wundränder Zeichen von Heilung zeigen, wenn die Verletzung, sagen wir mal, mehrere Tage vor dem Tod entstanden wäre."

„Wir haben also einen Toten, dem kurz vor seinem Tod auf den Kopf geschlagen worden ist, und zwar mit einem Objekt, das eine flache Seite, aber auch eine deutliche Kante hat, richtig?" Mary sah Max an.

„Ganz genau."

„Und nach diesem Schlag hat das Opfer noch weitergelebt, wenn auch nur kurz, und ist dann aus unerfindlichen Gründen in diesem Marmorsarg in dem Ossarium gelandet."

„Äh, ja." Ein roter Schimmer überzog Max' Wangen. „An der tatsächlichen Todesursache arbeite ich noch."

Mary zog die Augenbrauen zusammen. „Die brauchen wir, sonst gibt es auch keinen Täter."

„Das weiß ich." Max legte die Knochensplitter wieder zur Seite. „Aber ich weiß auch, dass die Knochenreste hier etwa fünf Monate in der Gruft gelegen haben. Es gibt detaillierte Aufzeichnungen darüber, wie die Verwesung in Ossarien voranschreitet, wann das Fleisch vollständig verwest ist, wie die Knochen nach einem Monat aussehen, wie nach zwei Monaten, wie ..."

„Also fünf Monate", unterbrach ihn Mary. „Das passt zu dem Zeitpunkt, zu dem der Kaiser Karl zum letzten Mal gesehen hat."

„Ganz genau", bestätigte Max. „Und deswegen bin ich mir sehr sicher, dass es Karl ist."

„Ja, die Beweise sind recht eindeutig." Nur, wie sollte sie es dem Kaiser sagen? Wie würde er reagieren, wenn er erfuhr, dass sein Sohn tatsächlich tot war? Etwas zu vermuten und Gewissheit über etwas zu haben, waren zwei sehr verschiedene Dinge.

„Gehen wir jetzt zum Palast?", fragte Max. „Um es dem Kaiser zu sagen?"

„Das sollten wir wohl." Mary wandte sich zur Tür, blieb dann aber doch noch einmal stehen. „Aber solltest du nicht besser nach der Todesursache suchen?"

„Ach, komm schon." Max sah sie mit fassungslosem Blick und schief gelegtem Kopf an. „Ist das dein Ernst? Ich schlage mir hier die Nacht um die Ohren, liefere dir einwandfreie Ergebnisse und dann darf ich nicht mal mitkommen, wenn du dem Kaiser meine Ergebnisse präsentierst?"

Mary machte einen Schritt auf ihn zu, sodass ihre Gesichter nur noch wenige Zentimeter voneinander entfernt waren. „Du weißt aber schon noch, worum es hier geht, oder?", fragte sie ihn in bedrohlichem Tonfall. „Dass ein Mensch ermordet wurde und wir so schnell wie möglich seinen Mörder fassen wollen?"

„Das weiß ich doch ..."

„Es geht hier nicht darum, dem Kaiser zu zeigen, wie schlau du bist. Es geht nur darum, den Mörder von Karl Bach zu fassen, verstanden?"

„Ja, das ..."

Doch Mary war noch nicht fertig. „Ich kann dich nicht mitnehmen, wenn du das hier nicht ernst nimmst. Das da", sie deutete auf das Skelett, das im ganzen Labor verstreut lag, „das war ein Mensch. Ein lebendiger, atmender Mensch, bis irgendjemand dem ein Ende gesetzt hat." Sie sah Max ins Gesicht. Er wirkte betroffen.

„Du musst dir keine Sorgen machen, dass ich das vergesse", erwiderte er schließlich leise. „Ich vergesse nie, dass ich es mit Menschen zu tun habe, Menschen, denen etwas Furchtbares angetan wurde. Manchmal rede ich mit ihnen. Mit Karl hier zum Beispiel. Und dann versuche ich mir anhand dessen, was ich über sie weiß, vorzustellen, was sie antworten würden, wie sie wohl geklungen haben." Er verstummte kurz und atmete tief ein. „Ich habe die ganze Nacht an den Knochen gearbeitet, ohne Pause. Ich bin genauso daran interessiert, den Mörder zu finden, wie du. Also unterstell mir bitte nicht, dass es mir nur um mich gehen würde."

Mary schwieg. Erst jetzt fielen ihr die dunklen Ringe unter seinen Augen auf, die Haare, die unordentlich in alle Richtungen abstanden, und die Fältchen um seine Augen, die gestern noch nicht da gewesen waren.

„Gut." Mary trat einen Schritt zurück und wandte sich ab. „Lass uns gehen."

Kapitel 5

Dieses Mal mussten sie im Palast deutlich länger warten. Eine Dienerin führte sie in einen Warteraum mit zwei dick gepolsterten roten Sofas und einem Kamin, in dem ein Feuer brannte. Während Max sich auf das eine der Sofas setzte, konnte Mary den Gedanken nicht ertragen, schon wieder still zu sitzen, nicht nach der langen Bahnfahrt, die sie hinter sich hatte.

Sie ging vor dem Kamin auf und ab und hielt nur kurz an, um das Gemälde über dem Kamin zu betrachten, das den Grundriss von Wilhelmsstadt zeigte. Als sie nach einer halben Stunde noch immer niemand empfing, ging Mary zur Tür, die die Dienerin wieder hinter sich zu gezogen hatte. Sie warf einen Blick zurück. Inzwischen hatte Max die Augen geschlossen und seine Hände im Schoß verschränkt.

Vorsichtig, um kein Geräusch zu verursachen, drückte Mary die Türklinke herunter und schob die Tür ein Stück weit auf. Auf dem Flur vor dem Warteraum war niemand zu sehen und so schlüpfte sie durch den Spalt und zog die Tür sanft hinter sich ins Schloss. Von dem

Flur gingen weitere Türen ab, doch sie war nicht hier, um in den Privatangelegenheiten der kaiserlichen Familie herumzuschnüffeln, zumindest noch nicht.

Sie lief den Weg durch den Flur zurück, den die Dienerin sie vorhin entlanggeführt hatte, und fand sich in der Eingangshalle wieder. Zu ihrer Linken musste nun der Thronsaal liegen, den sie bei ihrem ersten Besuch kurz gesehen hatte. Gegenüber führte eine weitere Tür aus der Eingangshalle fort. Der einzige andere Weg, den es noch aus der Halle gab, war am Ende einer Treppe. Aber das, was Mary suchte, würde ganz sicher nicht dort oben liegen, dort, wo sich die Privaträume des Kaisers befanden. Dann schon eher im gegenüberliegenden Gang. Entschlossen durchquerte Mary die Eingangshalle und betrat erneut einen langen Flur. Dieser hier war deutlich länger als sein Gegenstück auf der anderen Seite des Palastes. Der Boden war aus Holz und an den Seiten hingen brennende Gaslaternen. Fünf Türen konnte Mary vom Eingang aus erkennen, danach machte der Flur einen Knick. Hinter diesen Türen befand sich vermutlich auch nicht das, wonach sie suchte. Mary ging den Flur entlang, innerlich angespannt, sie wollte auf keinen Fall vom Kaiser oder seinen Dienstboten entdeckt werden. Als sie um die Ecke des Flurs bog, hörte sie Geklapper und mehrere Stimmen. Hier war sie richtig. Dort, am Ende des Flurs, öffnete er sich in einen großen, mit weißen Fliesen ausgekleideten Raum. Gerüche, die Mary das Wasser im Mund zusammenlaufen ließen, drangen heraus. Mary folgte ihnen und blieb am

Eingang zum Raum stehen. Die Küche des Palastes war weit weniger groß, als Mary es erwartet hatte, gerade einmal zwei Öfen hatten an der rechten Wand nebeneinander Platz. In der Mitte gab es einen wuchtigen Tisch, auf dem allerlei Messer, Schneidebretter und Gewürze verstreut lagen. Auf der linken Seite stand ebenfalls ein Ofen, daneben ein Regal, das bis zur Decke reichte, und in dem Töpfe und Pfannen aus Kupfer gestapelt waren. An der hinteren Wand stand der größte Kühlschrank, den Mary je gesehen hatte. Er war dunkelgrau und die einzelnen Platten, aus denen er bestanden, wurden mit faustgroßen Nieten zusammengehalten. Direkt neben dem Kühlschrank zischte eine hüfthohe Dampfmaschine. Der Dampf, den sie ausstieß, wurde sogleich in ein Rohr darüber gesaugt und vermutlich nach draußen geleitet.

Mary zählte fünf Personen in dem Raum. Ein Koch, ein Beikoch, eine weibliche und eine männliche Küchenhilfe und einen Küchenjungen, der gerade den Boden fegte und das Kehrblech mit aufgefegten Kartoffelschalen und Mehlresten in den Mülleimer neben dem Kühlschrank entleerte.

Es dauerte einige Augenblicke, bis das Personal Mary bemerkte. „Hey, hier ist der Zutritt verboten!“, rief ihr einer der Köche, ein beleibter Mann mit hochrotem Gesicht, zu. Rascher, als sein Leibesumfang es hätte vermuten lassen, kam er auf Mary zu und bemühte sich, ihr die Sicht in die Küche zu versperren. „Gästen ist es nicht erlaubt, allein im Palast rumzulaufen.“ Er streckte die Hand aus und versuchte, Mary am Arm zu packen, doch sie wich seinen fleischigen Fingern mühelos aus. „Ihr da!" Der Koch sah über seine Schulter und deutete mit der Hand auf den Küchenjungen und seine Küchenhilfen. „Helft ihr mir gefälligst mal?"

Nun kamen auch die anderen und bauten sich vor Mary auf. Sie musterte sie der Reihe nach, wie sie dort standen, wütend, empört und grimmig entschlossen, diesen Eindringling aus ihrer Küche zu entfernen.

In aller Seelenruhe griff Mary in ihre Tasche und zog das Stück Papier hervor, das ihren Aufenthalt im Palast rechtfertigte. Sie hielt es hoch und deutete stumm darauf.

„Sie dürfen also hier sein", sagte der Koch langsam und sah sie sich von unten bis oben an. „Und warum, wenn ich fragen darf?"

„Ja, und was machen Sie gerade hier, in der Küche?", ergänzte die weibliche Küchenhilfe, eine junge Frau, die ihre blonden Haare zu einem hohen Pferdeschwanz zurückgebunden hatte. „Und noch dazu allein?"

„Ich bin Mary Parker", sagte Mary gelassen und steckte ihren Freibrief für den Palast zurück in die Tasche. „Ich untersuche das Verschwinden von Karl Bach." Sie hatte beschlossen, Karls Tod vorerst nicht zu erwähnen, so war es einfacher. Die Nachricht seines Todes würde nur Panik verursachen und Panik half nie dabei, Fälle zu lösen.

„Karl?" Die männliche Küchenhilfe zuckte mit den Schultern. „Nie gehört."

„Kannst du ja auch nicht“, entgegnete der Beikoch, ein untersetzter Mann in den Sechzigern. „Da warst du noch nicht hier. Der ist so vor ...“ Er legte die Stirn in Falten. „Wie lange ist das her, dass der einfach verschwunden ist?“ Er wandte sich zu dem Koch um. „Will, weißt du das noch?“

„War das nicht kurz nachdem wir das Knochenfest gefeiert hatten?“ Er blickte in die Runde. Die anderen nickten zustimmend.

„Ja, irgendwann da war das.“ Der Koch sah wieder Mary an. „Seitdem haben wir ihn nicht mehr gesehen. Hat er irgendwelche Probleme? Oder kriegen wir seinetwegen Schwierigkeiten?“ Erschrocken griff er sich an die Brust.

Mary schüttelte den Kopf. „Keine Schwierigkeiten. Aber seitdem hat ihn niemand mehr gesehen.“ Hauptsächlich, weil er seitdem tot in einem Ossarium gelegen hatte. „Ich möchte gerne herausfinden, was passiert ist.“

„Und warum?“ Der Küchenjunge kratzte sich am Ohr. „Was interessiert Sie denn Karl?“

Tja, wieso interessierte sie sich für Karl? „Der Kaiser hat eine Untersuchung in Auftrag gegeben.“

Die Angestellten blickten skeptisch. „Wieso?“

„Nun, weil nicht einfach jemand aus diesem Palast verschwinden kann. Der Kaiser möchte wissen, was mit ihm geschehen ist. Seine Angestellten sind ihm wichtig.“ Vermutlich war das ein wenig dick aufgetragen, zudem war das Verschwinden bereits Monate her, doch das Küchenpersonal nickte sich gegenseitig anerkennend zu.

„Ihr habt Karl also das letzte Mal nach dem Knochenfest gesehen?" Mary zog einen Notizblock und einen Stift aus ihrer Tasche. „Wann war das?"

„Wann das Knochenfest war? Das weiß doch jeder." Der Beikoch stemmte die Hände in die Hüfte und sah Mary herablassend an.

Mary verkniff sich das Bedürfnis, mit den Augen zu rollen, und sagte so sachlich wie möglich: „Würden Sie mir bitte genau sagen, an welchem Tag Sie Karl Bach zum letzten Mal gesehen haben?"

„Natürlich", der Küchenjunge nickte, „das war am dreizehnten Februar, am Abend des Knochenfests. Oder?" Er sah die anderen an, die zustimmend nickten. „Ist Karl was passiert? Ich mochte ihn nämlich, wissen Sie? Er war richtig nett, zu allen."

„Und der Kaiser war nett zu ihm." Der Koch schlug einen eindeutig abwertenden Tonfall an. „Zu nett."

„Was meinen Sie damit?" Hatten die Angestellten etwas von der Verwandtschaft des Kaisers mit Karl geahnt?

„Ich hab mal gesehen, wie sie sich im Garten hinter einem Baum herumgedrückt haben. Da war ich auf dem Weg nach Hause." Der Koch verschränkte die Arme vor dem Bauch. „Karl hat etwas erzählt und der Kaiser hat gelacht. Dann hat er ihm eine Hand auf die Schulter gelegt. Das war irgendwie ..."

„Das war nicht normal", ließ sich nun auch die weibliche Küchenhilfe vernehmen. „Ich hab auch gehört, dass Karl öfter mal in den Privatgemächern des Kaisers gewesen ist.“ Sie nickte gewichtig. „Da war er mit dem Kaiser allein.“

Wollten diese Leute etwa das andeuten, was Mary vermutete? „Welche Schlüsse haben Sie daraus gezogen?“

„Da lief was“, meldete sich nun die männliche Küchenhilfe zu Wort, die das Gespräch bisher schweigend verfolgt hatte. „Der Kaiser hat ihn anders behandelt als uns. Ihn bevorzugt. Ganz so als“, ein anzügliches Grinsen glitt über sein Gesicht, „kannte er Qualitäten von Karl, von denen wir anderen nichts wussten.“

„Das ist doch Quatsch.“ Entrüstet wandte sich der Küchenjunge zu dem Mann um. „Was erzählst du denn für Sachen? Karl war anständig, der macht sowas nicht.“

„Sie glauben also“, mit ruhiger sachlicher Stimme wandte Mary sich wieder an die männliche Küchenhilfe, „dass der Kaiser eine Affäre mit Karl Bach hatte?“ Sie hob ihren Notizblock vor die Brust. Der Stift schwebte über dem Papier. „Also?“

„Na ja.“ Der Mann wand sich sichtlich unter ihrem Blick. „Eine Affäre ... Ich weiß nicht, eine Affäre, das klingt so, so ...“

„Sexuell?“ Mary sah zufrieden dabei zu, wie dem Mann die Röte ins Gesicht schoss und die weibliche Küchenhilfe bestürzt keuchte. „Weiß der Kaiser, dass Sie eine Affäre vermutet haben?“, erkundigte Mary sich.

„Nein, nein, natürlich nicht.“ Der Mann hob abwehrend die Hände. „Bitte sagen Sie ihm nichts davon, bitte, sonst bin ich doch meinen Job hier los.“

Marys Mundwinkel zuckten. Die Panik in seinem Gesicht gefiel ihr. Menschen, die andere Menschen beobachteten, verurteilten und sich hinter ihrem Rücken das Maul über sie zerrissen, hatten es nicht anders verdient. „Gut, ich werde davon absehen, Ihrer Majestät mitzuteilen, woher ich dieses Gerücht habe. Aber dafür müssen Sie mir verraten, woher Sie wissen, dass Karl Bach in den Privaträumen des Kaisers gewesen ist. Haben Sie ihn selbst dort gesehen?"

„Das sagen wir Ihnen", beteuerte die männliche Küchenhilfe rasch. „Anneliese, sag es Ihr, sag, woher du das weißt." Er gab der weiblichen Küchenhilfe einen Stoß in den Rücken, sodass sie einen Schritt nach vorn stolperte.

„Also?" Mary hob die Augenbrauen und zeigte mit der Spitze ihres Stiftes auf die Angestellte.

„Ich hab es von Ferdinand", murmelte sie und senkte den Blick zu Boden.

„Und Ferdinand ist ..." Mary sah sie fragend an.

„Ferdinand ist ihr Liebster", mischte sich der Küchenjunge ein. „Sie treiben es miteinander, wenn sie glauben, dass sie keiner sieht. Auch da, wo sie es nicht sollten." Vielsagend hob er mehrmals die Augenbrauen.

„Halt den Mund!" Anneliese funkelte den Küchenjungen wütend an. Für Mary Beweis genug, dass das, was der Junge gesagt hatte, der Wahrheit entsprach.

„Sag ihr doch einfach, was sie wissen will." Die männliche Küchenhilfe nickte vielsagend zu Mary hinüber. „Ist doch egal, aber vielleicht hilft es Karl ja."

Anneliese seufzte und sah sich unbehaglich zu ihren Kollegen um. „Also, der Ferdinand arbeitet auch hier im Schloss."

So viel hatte Mary sich inzwischen selbst zusammengereimt.

„Er ist der Kammerdiener des Kaisers."

Aha, jetzt wurde es interessant. Mary beobachtete Anneliese genau dabei, als sie erzählte. Sie wirkte zwar verlegen, aber erschien ihr aufrichtig.

„Wir waren vor ein paar Monaten im Zimmer des Kaisers, um ..." Obwohl Mary es nicht für möglich gehalten hatte, wurde das Gesicht der Küchenhilfe noch roter. „Also, wir waren allein, der Kaiser hatte Ferdinand ein paar Stunden freigegeben, weil er angeblich etwas zu erledigen hatte." Anneliese fuhr sich durch die zurückgebundenen Haare. „Und als wir dann also beschäftigt waren, haben wir ein Geräusch gehört, dann Schritte auf dem Flur. Uns ist aufgegangen, dass der Kaiser zurückkommt. Aber wir konnten das Zimmer nicht mehr verlassen, sonst hätte er uns auf dem Flur gesehen."

Mary konnte sich bereits vorstellen, was nun kommen würde.

„Also haben wir uns im Schrank versteckt, und zwar gerade rechtzeitig. Als Nächstes hören wir nur noch, dass die Tür zum Zimmer aufgeht und jemand hereinkommt. Und dann hören wir den Kaiser sprechen. Er unterhielt sich mit jemandem." Bestätigend nickte Anneliese. „Sonst hätte er ja mit sich selbst geredet. Ich wollte wissen, wer das ist und hab versucht, durch die

Ritze zwischen den beiden Schranktüren zu schauen. Und erst konnte ich da gar nichts sehen."

So ungern die Küchenhilfe auch von ihrer Liebelei mit dem Kammerdiener hatte erzählen wollen, so sehr genoss sie es jetzt, die Geschichte in allen Einzelheiten zu schildern. „Ich habe mich dann ein bisschen hin und her bewegt, bis ich endlich den Gast des Kaisers im Blick hatte. Und ihr glaubt ja nicht, wie überrascht ich war, dass da Karl stand, mitten im Zimmer! Und er wirkte so, als gehörte er dorthin, als wäre er schon öfter dort gewesen."

Damit könnte Anneliese durchaus recht haben. Wie oft hatte der Kaiser sich heimlich mit Karl getroffen, obwohl er überzeugt davon war, diskret gewesen zu sein? Ganz offenbar hatte er dabei nicht mit seinen neugierigen und umtriebigen Angestellten gerechnet.

„Konnten Sie verstehen, worüber die beiden gesprochen haben?"

„Nicht alles", gab Anneliese bedauernd zu. „Aber ich habe gehört, wie der Kaiser zu Karl gesagt hat, dass er etwas für ihn hat. Eine Überraschung oder sowas. Und dann ist der Kaiser kurz verschwunden und kam wieder. Mit etwas in der Hand, das er dann Karl gezeigt hat. Darüber schien Karl sich zu freuen." Die Küchenhilfe zuckte mit den Schultern. „Aber was das war, keine Ahnung. Sie standen mit dem Rücken zum Schrank."

„Vielleicht ja Schmuck", mischte sich der Koch ein. „Seinem Liebsten schenkt man doch sicher Schmuck." Er grinste vielsagend und Mary warf ihm einen strengen

Blick zu, der damals in der Armee schon immer Wunder gewirkt hatte. Der Koch verstummte augenblicklich, das Grinsen verschwand und er sah krampfhaft in eine andere Richtung, um sie ja nicht noch einmal ansehen zu müssen. Marys Auge surrte leise, als ihr Blick wieder zu Anneliese zurückglitt. Sie hatte sich schon oft gefragt, ob das Surren nur in ihrem Kopf zu hören war, oder ob es auch andere hörten. Aber es hatte nie jemanden gegeben, den sie so etwas hätte fragen wollen. Und niemand hatte es ihr je von sich aus gesagt.

„Also, was geschah, nachdem der Kaiser Karl etwas gezeigt hatte?"

„Ich weiß nicht mehr so richtig", gab Anneliese verlegen zu. „Ich erinnere mich noch, dass sie angefangen haben, über Karls Aufgabenbereich zu sprechen. Darüber, welche Aufgaben er vom Aufseher zugeteilt bekommt. Aber ..."

„Aber ...?" Mary zog eine Augenbraue in die Höhe.

„Na ja, Ferdinand hat mich abgelenkt." Anneliese kicherte verlegen. „Und dann habe ich nicht mehr zugehört, was die beiden da Langweiliges redeten. Das können Sie doch sicherlich verstehen."

Tatsächlich konnte Mary das überhaupt nicht verstehen. Wäre sie auf ein Geheimnis des Kaisers gestoßen oder in ein geheimes Treffen hineingeplatzt, hätte sie so gut es eben ging gelauscht. Geheimnisse waren immer nützlich. Oder eben gefährlich wie in Karls Fall.

„Wissen Sie wenigstens, wie lange das Gespräch gedauert hat?"

„Eigentlich nicht. Ich weiß nur, dass ich irgendwann wieder durch den Schlitz gesehen habe, und da waren sie weg. Dann konnten wir das Zimmer endlich verlassen."

„Und dieses eine Treffen hat Sie und Ferdinand dazu veranlasst, Gerüchte darüber zu verbreiten, dass der Kaiser und Karl eine Affäre miteinander hatten?" Mary konnte ihre Abscheu kaum verbergen. Gerüchte und Verleumdungen waren etwas, das sie zutiefst verabscheute. In der Armee war sie oft Gegenstand von Gerüchten gewesen. Eine Frau an der Spitze der deutschen Armee – für die meisten konnte es nur einen Grund für diesen Aufstieg geben.

„Es war nicht nur das eine Treffen", beeilte sich Anneliese zu versichern. „Zweimal hat der Kaiser Karl auch rufen lassen, als Ferdinand Dienst hatte – ganz offiziell."

„Und er hat nie andere Angestellte zu sich rufen lassen?", hakte Mary nach.

„Doch, eigentlich schon." Anneliese legte die Stirn in Falten. „Jeder musste schon mal zum Kaiser, richtig?" Sie drehte sich um und sah die anderen Küchenangestellten an. Die nickten zustimmend.

„Ja, da musste jeder schon mal durch", bestätigte der Koch. „Bei mir ging es um ein spezielles Gericht, von dem der Kaiser gehört hatte, und das ich nun unbedingt für ihn kochen sollte. Und ein anderes Mal ging es darum, dass dem Kaiser mein Hähnchen mit Salbeikruste nicht geschmeckt hatte. Er hat mich persönlich darum gebeten, es aus meinem Menüplan zu streichen." Empört verschränkte der Koch die Arme vor der Brust.

„Also hat der Kaiser seine Angestellten öfter mal zu sich rufen lassen", fasst Mary zusammen. „Und er hatte mit ihnen allen", sie zog mit der Hand einen Kreis, „keine Affäre. Warum dann ausgerechnet mit Karl?"

„Das war einfach anders", sagte die männliche Küchenhilfe und verzog das Gesicht. „Es wirkte einfach falsch." Die anderen murmelten zustimmend und Mary seufzte genervt. Dieses Gespräch war vorbei, das Küchenpersonal hatte keine weiteren Informationen, es schien eher so, als wären sie neidisch auf Karl gewesen.

„Na gut, vielen Dank für Ihre hilfreichen Informationen", beendete Mary die Befragung, konnte sich jedoch einen leicht sarkastischen Unterton nicht verkneifen. „Sie können nun mit Ihrer Arbeit fortfahren."

Als sie auf den Flur trat, folgte ihr der Küchenjunge. „Entschuldigung?", fragte er schüchtern.

„Ja?"

„Mir ist aufgefallen, dass Sie nicht alles über Karl gehört haben."

„Wie meinst du das?"

„Naja, Anneliese hat zwar von Ferdinand erzählt, aber sie hat nichts davon gesagt, dass Karl die beiden mal überrascht hat. Hier in der Küche."

„Was ist dann passiert?" Interessiert musterte Mary den Küchenjungen, der nervös von einem Bein aufs andere trat.

„Ich kann nur sagen, was ich so gehört habe, ich war ja nicht dabei." Seine Ohren wurden rot. „Karl muss wohl empört gewesen sein. Und er wollte es melden."

„Wem?“

„Ich vermute entweder dem Seneschall oder dem Kaiser.“

„Und wie hast du davon gehört?“

Der Küchenjunge holte tief Luft. „Anneliese hat sich furchtbar darüber aufgeregt. Alle in der Küche haben davon gehört. Sie war der Überzeugung, jetzt verlieren sie und Ferdinand ihre Anstellung.“

„Hat sie gesagt, was sie dagegen unternehmen wollte?“

„Ähm ...“ Der Küchenjunge schien intensiv nachzudenken. „Naja, nein.“

„War dieser Vorfall vor oder nach dem Gerücht, dass Karl eine Affäre mit dem Kaiser hat?“ Mary musterte den Küchenjungen so eindringlich, dass er unter ihrem Blick zu schrumpfen schien.

„Ich bin mir nicht ganz sicher ... davor vielleicht?“

„Vielen Dank“, sagte Mary langsam. „Du hast mir wirklich sehr geholfen.“

Mary zog ihre Taschenuhr hervor. Sie war fast zwanzig Minuten lang fort gewesen. Rasch lief sie den Weg zurück zu Max in den Warteraum. Der schlief mit offenem Mund auf dem Sofa und schien sich seit ihrem Verschwinden keinen Zentimeter bewegt zu haben.

„Wach auf." Mary baute sich vor Max auf.

„Was?" Max sprang vom Sofa auf und stieß dabei gegen Mary, die jedoch nicht zurückwich. Unsanft fiel Max wieder zurück aufs Sofa. „Was ist denn los?" Er rieb sich die Augen und neigte sich zur Seite, um hinter Mary zu schauen. „Wo ist der Kaiser?"

„Keine Ahnung, sag du es mir."

„Hier ist er nicht." Max rutschte zur Seite und stand erneut auf, langsamer diesmal.

„Ach, nicht?"

„Und er war bisher auch nicht hier." Er gähnte herzhaft. „Aber da stellt sich mir die Frage: Wo warst du?"

„Ich habe mich mit den ..." Doch Mary kam nicht mehr dazu, Max von ihrem Gespräch mit dem Küchenpersonal zu berichten, denn die Tür öffnete sich erneut und der Kaiser kam herein. Im Gegensatz zu ihren vorherigen Treffen trug er dieses Mal seine Krone, eine Schmiedearbeit aus Kupfer, in der Zahnräder miteinander verbunden waren und die die Stärke des Deutschen Autonomen Territoriums repräsentierte: den Erfindergeist und die Mechanisierung. Diese Krone trug er, soweit Mary wusste, nur zu offiziellen Anlässen.

„Guten Tag", sagte der Kaiser kurzangebunden. „Sie sind vermutlich hier, um die Liste abzuholen, die ich Ihnen versprochen habe. Hier haben Sie sie." Er reichte Mary ein Blatt Papier, das in der rechten oberen Ecke das Siegel des Kaisers aus rotem Wachs zierte. Eine ganze Reihe Namen war darauf fein säuberlich mit schwungvoller Schrift untereinander aufgeschrieben.

„Nun muss ich mich auch schon wieder von Ihnen verabschieden. Ich muss mich um die Delegation aus Berlin kümmern. Die Hochzeitsvorbereitungen fordern schließlich trotz allem meine Aufmerksamkeit."

„Die Prinzessin heiratet den Sohn des Grafen von Berlin, richtig?", hakte Max nach und trat interessiert einen Schritt auf den Kaiser zu.

„Ganz genau, sein erstgeborener Sohn Thomas wird meine Tochter heiraten. Und das schon bald, es sei denn, ich lasse meine Gäste warten." Ungeduldig nickte der Kaiser ihnen zu und ging zurück zur Tür, als er sich noch einmal umdrehte und sagte: „Ich möchte Sie bitten, die Ermittlungen im Palast für den heutigen Tag auszusetzen. Es wäre mir nicht recht, wenn meine Gäste mitbekämen, dass etwas nicht in Ordnung ist." Ohne auf ihre Antwort zu warten, stieß der Kaiser die Tür auf und verließ das Wartezimmer.

„Wir sollen heute nicht ermitteln?" Enttäuscht sah Max Mary an.

„Nicht hier, nein." Nachdenklich hob Mary die Liste der Menschen hoch, die Zugang zum Palast gehabt hatten, als Karl verschwunden war. „Zumindest dann nicht mehr, wenn die Delegation eintrifft. Aber bis dahin sind es sicherlich noch ein paar Minuten. Und die sollten wir nutzen, meinst du nicht?"

Max wirkte erschrocken von ihrem Vorschlag. „Aber der Kaiser hat doch gesagt ..."

„Er will, dass wir das Verschwinden aufklären. Und einen ganzen Tag zu verlieren, nur weil einige Adelige irgendwann hier auftauchen werden, halte ich für kontraproduktiv.“ Mary tippte auf die Liste. „Ich sage dir etwas, wir befragen diesen Ferdinand hier, den Kammerdiener des Kaisers. Du wirst sehen, das wird interessant.“

Verwirrt sah Max sie an. „Kennst du ihn? Oder weswegen hast du ihn herausgepickt?“

„Komm einfach mit.“

Auf dem Weg zum Schlafgemach des Kaisers brachte Mary Max auf den neuesten Stand und berichtete ihm, was sie von den Angestellten der Küche erfahren hatte.

„Und du glaubst, dieser Ferdinand weiß vielleicht noch mehr, als er dieser Anneliese erzählt hat?“ Max sah sich nervös zu allen Seiten um. „Oder hat den Mord begangen?“

„Keine Ahnung, aber als Kammerdiener des Kaisers weiß er garantiert mehr als die anderen Angestellten. Er umgibt ihn Tag und Nacht und kann wahrscheinlich alle möglichen Gespräche mithören. Ich könnte mir vorstellen, dass er für den Kaiser unsichtbar ist.“

„Verdächtigst du ihn?“ Max warf ihr einen schnellen Seitenblick zu.

„Karl ermordet zu haben?“ Mary senkte ihre Stimme. „Durch den Streit mit Karl hatte er ein Motiv, aber warten wir doch die Befragung ab.“

„Gut.“ Max schwieg ein paar Sekunden. „Aber wenn du raten müsstest ...“

„Ich rate nicht, niemals. Damit folgt man nur Spuren, die zu dem passen, was man vermutet, aber nicht denen, die zum tatsächlichen Täter führen.“

„Na gut." Max wandte den Blick enttäuscht wieder zum Ende der Treppe. „Wie langweilig."

„Du kannst ja gerne raten, aber wenn du es tust, dann leise und nur für dich. Ich möchte nichts davon hören, verstanden?"

„Schön", murmelte Max. „Soll ich meinen Tipp auf ein Stück Papier schreiben, damit du nachher auch überprüfen kannst, ob ich recht hatte?" Er grinste sie an, doch Mary hob nur tadelnd eine Augenbraue.

Sie erreichten das Ende der Treppe und ein breiter Gang mit dunklem Holzfußboden und roten Webteppichen lag vor ihnen.

„Wohin jetzt?" Max sah sich suchend um, als erwartete er, Namensschilder an den Türen zu finden, die von dem Flur abgingen.

„Hier lang." Mary schritt selbstsicher voraus, sie erinnerte sich an ihren ersten Besuch in den Privaträumen des Kaisers und sie vermutete, dass alle Mitglieder der Kaiserfamilie bereits im Thronsaal waren und auf die Ankunft der Delegation warteten. Auf keinen Fall saß der Kaiser noch in seinem Schlafgemach, da war sie sich sicher. Er war vorhin bereits fertig angekleidet und bereit für das Zusammentreffen mit seinen Gästen gewesen. Also bestand keine Gefahr, ihm noch einmal hier oben zu begegnen.

Sie passierten die ersten beiden Türen, doch Mary verlangsamte ihre Schritte nicht. Dann kam sie zur dritten und letzten Tür auf der rechten Seite des Flurs. Kaum hatte sie einen Schritt vor diese Tür gesetzt, wurden sie von dem Mann aufgehalten, der davor Wache stand. Er trug eine dunkelgraue Uniform mit kupferfarbenen Streifen am Kragen. Seine dunkelblonden Haare waren kurz und wirkten wie mit einem Millimetermaß geschnitten. Es war derselbe, der bereits beim letzten Mal vor der Tür gestanden hatte.

„Sofort stehenbleiben!“ Er streckte eine Hand aus und musterte Mary und Max streng. „Sie haben hier keinen Zugang. Ich muss Sie bitten, zu gehen.“ Als sie keine Anstalten machten, seinen Anweisungen zu folgen, wurde seine Miene finster und er streckte nun auch die andere Hand aus. „Los, kommen Sie mit, ich begleite Sie nach unten.“

„Sind Sie Ferdinand Niersbrock?“ Während sie das fragte, griff Mary in ihre Tasche, zog die Genehmigung des Kaisers heraus und zeigte sie dem Kammerdiener.

Dieser beugte sich vor und ließ sich Zeit dabei, das Dokument zu begutachten. „Der bin ich“, antwortete er schließlich langsam und richtete sich wieder auf. „Und?“

„Ich bin Mary Parker, das ist mein Mitarbeiter Maximilian Jung.“ Max streckte seine Hand aus, die der Kammerdiener jedoch nicht ergriff.

„Was wollen Sie von mir?“ Ferdinand verschränkte die Arme hinter dem Rücken und blickte sie herablassend an.

„Ich glaube, das sollten wir wohl besser nicht auf dem Flur besprechen.“ Mary deutete auf die Tür zum Schlafgemach des Kaisers.

„Das da“, Ferdinand deutete auf die Tür, „sind die Privaträume des Kaisers. Dort hat niemand außer ihm und mir Zutritt, verstanden?“

„Kein Grund, unfreundlich zu werden“, meinte Max und wandte sich an Mary. „Oder?“

„Eigentlich nicht. Aber wenn er meint, dann besprechen wir seine Affäre mit Anneliese eben hier auf dem Flur, wo uns jeder zuhören kann. Ich bin sicher, die Geschichte mit dem Schrank des Kaisers stößt auf ziemliche Begeisterung.“

„Was soll denn das?“, zischte Ferdinand, als Mary sich demonstrativ auf dem Flur umsah. „Müssen Sie das so herausposaunen?“

„Also wollen Sie das lieber doch nicht hier draußen besprechen?“

Der Kammerdiener schien kurz das Für und Wider abzuwägen, dann schüttelte er den Kopf.

„Nein, das will ich natürlich lieber nicht.“ Er öffnete die Tür zum Schlafgemach und ließ Mary und Max eingetreten. Dann schloss er die Tür rasch wieder hinter ihnen.

Während Max sich noch im Zimmer umsah, beschloss Mary, geradewegs auf das Thema zuzusteuern, das sie hergeführt hatte. „Wir sind wegen Karl Bach hier.“

„Karl?“ Ferdinand runzelte die Stirn. „Aber der ist doch schon seit Ewigkeiten fort. Ich habe ihn nicht mehr gesehen, bestimmt seit sechs Monaten.“

„Das ist richtig, außer, dass es fünf Monate sind“, bestätigte ihm Mary. „Er wird vermisst.“

„Vermisst? Sie meinen, er ist gar nicht wieder dorthin zurückgegangen, wo er hergekommen ist?" Er sagte es mit solcher Verachtung, als wäre Karl geradewegs aus einem Sumpf gekrochen.

„Das bedeutet allgemein ‚vermisst', ja", bemerkte Max spitz und Mary warf ihm einen warnenden Blick zu. Er hatte ihr versichert, er käme nur mit, um zu beobachten und Spuren zu suchen, mehr nicht. Max hob entschuldigend die Hände und sah sich weiter im Zimmer um.

„Glauben Sie, ihm ist etwas zugestoßen?", hakte Ferdinand nach. „Dass ihm jemand etwas angetan hat?"

„Hätte denn dazu jemand einen Grund gehabt? Sie vielleicht?" Mary deutete auf Ferdinands Brust. „Soviel ich weiß, vermuteten Sie, der Kaiser hätte eine Affäre mit Herrn Bach gehabt. Das haben Sie doch überall herumerzählt, nicht wahr?" Mary beobachtete, wie ein verwirrter Ausdruck Ferdinands Gesicht überzog.

„Ja, die Beweise dafür waren aber auch offensichtlich", verteidigte er sich und seine Wangen wurden rot. „Diese heimlichen Treffen die ganze Zeit. Und dieser Blick, immer wenn der Kaiser von ihm gesprochen hat. So ... liebevoll." Ferdinand schüttelte den Kopf. „Aber deswegen habe ich doch nichts mit seinem Verschwinden zu tun."

„Und Sie haben dieses Gerücht nicht vielleicht verbreitet als Rache dafür, dass Karl Sie und Anneliese melden wollte? Weil er sie zusammen erwischt hatte?", fragte Mary in einem unschuldigen Tonfall.

„Als Rache?“ Vollkommen überrumpelt schüttelte Ferdinand den Kopf. „Als Rache doch nicht.“

„Sondern?“

„Vielleicht als kleine Warnung. Damit er schlechter dasteht“, stammelte Ferdinand. „Wissen Sie, er ...“ Er holte tief Luft. „Alle fanden ihn immer so toll. So nett. So hilfsbereit. Aber das stimmte nicht. Er war ein Pedant, der Fünfe nicht mal gerade sein lassen konnte. Anneliese und ich haben doch niemandem etwas getan.“

„Hat er Sie denn gemeldet?“ Bisher hatte Mary von niemandem gehört, dass eine solche Meldung tatsächlich eingegangen war.

„Naja ... nein. Wie Sie sehen können, bin ich noch hier.“

Mary schwieg ein paar Sekunden. „Wann war dieser Vorfall, wann hat Karl Sie beide gesehen?“

„Das war ...“ Ferdinand schien nachzudenken. „Das war Ende Januar, Anfang Februar, wieso?“

„Also kam es Ihnen ganz gelegen, dass Karl verschwunden ist, bevor er jemandem etwas erzählen konnte?“

„Nein!“, rief Ferdinand. „Oh Gott, natürlich nicht.“

„Nicht? So waren Sie doch sicher, dass der Kaiser nichts erfährt.“

„Ich hatte das doch mit Karl geklärt.“ Verteidigend hob Ferdinand die Hände. „Er hat gesagt, er behält es für sich.“

„Obwohl Sie diese Gerüchte gestreut haben?“

„Davon wusste er glaube ich gar nichts“, erwiderte Ferdinand. „Er hat nichts davon gesagt. Ich habe ihm nur erklärt, was es für uns bedeuten würde, wenn er uns meldet."

„Und dann?"

„Dann hat er gesagt, er würde es dieses Mal für sich behalten, unter der Bedingung, dass wir uns in Zukunft so verhalten, wie es im Palast angemessen ist."

„Und Sie haben ihm geglaubt?"

„Es blieb mir doch nichts anderes übrig, oder? Außerdem ist nichts geschehen, also hat er es doch für sich behalten."

„Sie hatten also kein Problem mit Karl?"

„Nein, wir hatten alles geklärt. Er war nicht unbedingt ein Mensch, mit dem ich meine freie Zeit verbringen wollte, aber wir waren höflich zueinander."

„Gab es denn jemanden, dem es anders ergangen ist? Jemanden, der ein Problem mit Karl Bach gehabt hat?"

„Naja ..."

Mary zog ihren Notizblock hervor. „Ja? Wer war es?"

„Na ja, ich weiß nicht, ob ich überhaupt davon reden sollte", druckste Ferdinand herum. „Er ist ja gar nicht mehr hier, wissen Sie?"

„Nicht mehr hier? Was soll das heißen?" Mary dachte, dass sich jeder Fall so viel einfacher lösen ließe, wenn die Verdächtigen einfach reden würden, anstatt sich jedes Detail aus der Nase ziehen zu lassen.

„Er wurde entlassen."

„Ich brauche die ganze Geschichte, von vorne bitte."

„Sein Name ist Franz Schmied. Er war der Gärtnerlehrling, bis vor ungefähr fünf oder sechs Monaten."

„Und was ist damals passiert?“ Marys Herz schlug schneller.

„Er mochte Karl nicht, das hat man gemerkt, aber die beiden sind sich aus dem Weg gegangen. Aber dann irgendwann hat Franz draußen auf dem Weg auf Karl gewartet, als der nach Hause gehen wollte. Die beiden haben miteinander geredet, dann hat Karl hat ihn wohl einfach stehenlassen. Zumindest ist Franz ihm hinterhergelaufen.“ Ferdinand sah zum Fenster hinüber. „Er hat Karl an der Schulter gepackt und zu sich herumgerissen. Natürlich hat Karl sich gewehrt und da hat Franz ihm eine verpasst. Direkt aufs Auge.“

„Er hat ihn geschlagen? Worum ging es bei dieser Sache?“

„Das weiß ich nicht so genau. Franz hat hinterher, als er wieder ins Schloss gekommen ist, nur immer wieder etwas davon gemurmelt, dass er es selbst gesehen hat. Aber was das war ...“ Ferdinand zuckte mit den Schultern. „Keine Ahnung. Der Aufseher hat ihn auf der Stelle entlassen, ich habe ihn nach diesem Vorfall nie wieder gesehen.“

„Würden Sie also sagen, dass dieser Franz Schmied seine Anstellung wegen Karl verloren hat?“ Mary notierte sich den Namen auf ihrem Notizblock.

„Na ja, ich würde sagen, nein. Aber aus Franz’ Sicht ganz sicher. Die beiden hatten einen Streit. Dann darf Karl seine Stellung behalten und er wird entlassen.“ Ferdinand sah aus dem Fenster. „Ich bin sicher, er ist noch immer wütend auf Karl.“

„Gab es sonst noch jemanden, mit dem Karl Probleme gehabt hat? Einen anderen Angestellten? Ein Mitglied der Kaiserfamilie?"

Ferdinand schüttelte vehement den Kopf. „Nein, ich denke nicht. Alle anderen mochten Karl, er war wirklich fleißig und bemüht. Und inzwischen tut es mir wirklich leid, dass ich diese Sachen über ihn erzählt habe." Der Kammerdiener hatte immerhin den Anstand, ehrlich beschämt auszusehen. „Das war der falsche Weg."

„Gut, danke. Das war dann alles." Mary schob ihren Notizblock zurück in ihre Jackentasche. Zusammen mit Max wandte sie sich von Ferdinand ab.

„Was ist denn nun mit Karl passiert?", rief der Kammerdiener ihnen nach, als sie gerade die Tür öffneten. „Warum kommen Sie gerade jetzt nach so langer Zeit mit Ihren Fragen?"

„Es ist nur eine Routineüberprüfung", erwiderte Mary, verließ das Zimmer und zog Max mit sich, bevor dieser noch etwas sagen konnte.

Kapitel 6

„Was machen wir jetzt?“ Max sah Mary fragend an.

„Jetzt gehen wir etwas essen. Ich habe Hunger.“ Mary blickte sich zu beiden Seiten auf der Straße vor dem Palast um.

„Essen?“, wiederholte Max ungläubig. „Aber wir haben noch so viel zu tun. Da gibt es diesen Franz und die ganzen anderen Leute auf dieser Liste, die der Kaiser uns gegeben hat. Und die Leiche im Labor ...“

„Dazu kommen wir noch, aber erstmal müssen wir etwas essen. Hast du dich heute schon im Spiegel angesehen?“ Stirnrunzelnd musterte Mary ihren Kollegen, der inzwischen aussah, als würde er jeden Moment in Ohnmacht fallen.

„Nein, aber ich vermute, ich sehe blendend aus, so wie sonst auch.“ Max wandte sich ihr mit einem strahlenden Lächeln zu, das die Müdigkeit aus seinem Gesicht vertrieb.

„So ähnlich“, erwiderte Mary. „Aber trotzdem solltest auch du was essen. Es denkt sich besser, wenn man genug Energie hat.“

„Schön“, stimmte Max zu. „Wo?“

„Ist mir gleich. Wie wäre es, wenn du das Restaurant aussuchst? Es ist zu weit, um zum Essen nach Hause zu fahren.“ Und außerdem herrschte in ihrer Vorratskammer gähnende Leere.

„Wie wäre es mit dem? Artemis?“ Max deutete auf ein Restaurant links von ihnen. Die Fassade bestand aus miteinander verschweißten Bronzeplatten, die auf geschickte Art und Weise in der Mitte den Namen des Restaurants bildeten. Vor dem Eingang stand eine mannshohe Weinflasche aus Metall.

„Liegt es an dem Wein?“ Mary zog eine Augenbraue in die Höhe. „Ich weiß nicht, ob ich das während der Ermittlungen gutheißen kann.“

„Sehr witzig“, gab Max zurück. „Nein, ich dachte einfach, wir nehmen das nächstgelegene. Je länger wir überlegen, desto weniger Zeit bleibt uns für den Fall.“

„Na gut, wenn du es sagst.“ Eine so pragmatische Ansicht hatte sie von Max gar nicht erwartet.

Noch vor dem Eingang kam ihnen ein Kellner entgegen.

„Für zwei?“, fragte er Mary mit hinter dem Rücken verschränkten Armen.

Mary nickte.

„Da habe ich eine besonders gemütliche Ecke für Sie.“ Der Kellner wagte es doch tatsächlich, ihr zuzuzwinkern.

Angewidert schüttelte Mary den Kopf. „Nein, sparen Sie sich das. Uns reicht ein ungemütlicher Tisch irgendwo am Rand, wenn es geht.“

Irritiert nahm der Kellner ihren Wunsch zur Kenntnis und eilte ihnen voraus ins Innere, wobei Mary meinte, ihn etwas von „unhöflich" murmeln zu hören. Max lief stumm hinterher. Dann blieb der Kellner an einem Tisch ganz am anderen Ende des Restaurants stehen, der weit entfernt von allen anderen Gästen war. „Danke", sagte Mary mit einem freundlichen Grinsen.

Als sie sich gesetzt hatten, reichte der Kellner ihnen beiden die Speisekarten.

„Ganz nett", bemerkte Max, nachdem der Kellner gegangen war, und nun sah sich auch Mary im Restaurant um. Die Wände waren mit hellgrauen Tapeten behängt, die Einrichtung des Lokals war in warmen Rot- und Brauntönen gehalten. Hier und dort standen elegante technische Spielereien wie ein sich langsam drehender Globus und eine sich bewegende Statue eines Soldaten.

„Ja, ganz nett", wiederholte Mary. Ihr war es im Grunde egal, wie das Lokal aussah. Hauptsache war, dass es etwas Genießbares zu essen gab und sie danach rasch mit dem Fall weitermachen konnten.

Als der Kellner wiederkam und ihnen Wasser eingoss, bestellte Mary eine Zwiebelsuppe, während Max sich für Bratkartoffeln mit Speck und Ei entschied.

„Was hältst du von Ferdinand?", fragte Max, sobald der Kellner wieder aus ihrem Sichtfeld verschwunden war. „Das, was er erzählt hat ..."

„Das, was er erzählt hat, war ganz schön dämlich", erwiderte Mary ruhig. „Er hätte ein Motiv, Karl zu töten, keine Frage. Aber glaubst du, er hätte das wirklich hinbekommen?“

„So, wie du das sagst, glaubst du es wohl nicht.“

„Ich kann es mir nicht vorstellen. Er wirkt wie jemand, der schnell die Nerven verliert. Nicht wie ein kaltblütiger Mörder.“

„Aber du könntest dich auch täuschen“, sagte Max.

„Aber ich könnte mich auch täuschen, ja“, sagte Mary ruhig und sah Max einfach nur an. Sie hatte sich bisher selten getäuscht.

„Also, was machen wir gleich zuerst?“, fragte Max nach einer Weile. „Zuerst dieser Franz?“

„Ja, wir sollten ihn befragen.“

„Wie bekommen wir seine Adresse heraus?“ Max breitete die Stoffserviette auf seinem Schoß aus. „Oder kennst du die auch schon?“

„Nein, ich kenne sie nicht.“ Mary griff nach dem Wasserglas. „Aber das ist einfach: Wir gehen zum Bürgeramt. Die haben Akten über jeden, der in Wilhelmsstadt lebt und gelebt hat. Falls er also nicht fortgezogen ist, müssten sie seine aktuelle Anschrift dort kennen.“

„So einfach ist das?“ Max blickte besorgt drein.

„Wenn man davon weiß, dann ist es einfach, ja.“ Sie hatte das schon dutzende Male gemacht, um die Adressen von Opfern, Verdächtigen oder Vermissten ausfindig zu machen. Die Anschrift eines Menschen war kein Geheimnis.

„Also gehen wir zum Bürgeramt, dann zu diesem Franz“, fasste Max zusammen. „Und dann?“

„Und dann ...“ Mary lehnte sich auf ihrem Stuhl zurück. „Dann darfst du wieder zu deinem Skelett zurück. Mehr können wir heute nicht tun, nicht solange der hohe Besuch im Palast weilt.“

„Ich hoffe, ich finde dann endlich die Todesursache.“ Max fuhr sich durch die kurzen Haare. „Es macht mich wahnsinnig, dass ich nicht weiß, wie er gestorben ist. Ich wünschte, ich könnte an etwas anderes denken, aber selbst hier gehe ich die ganze Zeit in Gedanken die Knochen durch und versuche, irgendetwas Ungewöhnliches daran zu erkennen.“

„Ich bin mir sicher, du findest die Todesursache“, sagte Mary ruhig, als der Kellner mit ihrem bestellten Essen an den Tisch trat. Dessen Augen weiteten sich und er sah Mary fassungslos an.

„Das ist dann wohl mein Essen.“ Mary nahm dem schockstarren Kellner die Zwiebelsuppe ab und reichte Max seine Bratkartoffeln. „Danke, wir brauchen im Moment nichts mehr.“ Der Kellner brauchte einige Sekunden, bis er auf ihre unausgesprochene Aufforderung reagierte, sich vom Tisch zu entfernen.

„Ja, dann guten Appetit“, wünschte Max und Mary nickte ihm zu, während sie ihre Zwiebelsuppe kostete. Sie war gut, heiß und würzig, genau, wie es ihr gefiel.

Eine Weile aßen sie schweigend und Mary begann, sich ein wenig zu entspannen.

„Ich hoffe, du findest das nicht unhöflich“, sagte Max plötzlich und Mary sah von ihrem Teller auf, „aber ich frage mich das schon die ganze Zeit. Dein Name ...“ Er schob eine Bratkartoffel auf seinem Teller hin und her. „Du hast einen englischen Namen. Aber du warst in der deutschen Armee."

Mary zog die Augenbrauen hoch.

„Was ich mich frage ... Wie kommt es, dass du hier im Deutschen Autonomen Territorium bist? Mit einem englischen Namen ..."

Mary griff nach ihrer Serviette und tupfte sich die Mundwinkel ab. Sie sprach nicht gern über ihre Herkunft. „Ich denke nicht, dass das für den Fall relevant ist."

„Nein, natürlich nicht", bestätigte Max ihr. „Aber für mich ist es das. Ich möchte gerne wissen, wer du bist. Ich bin ein neugieriger Mensch. Das musst du doch mittlerweile gemerkt haben." Mit einem Lächeln hob er die Hände. „Wenn ich etwas nicht weiß, dann frage ich oder lese es in Büchern nach. Aber über dich gibt es nichts in den Büchern. Oder, na ja, nur über deine Zeit in der Armee. Und dort auch nur die wichtigen Kämpfe, mehr nicht." Max sah sie auffordernd an und schob sich dann eine Bratkartoffel in den Mund.

„Nichts über mein Privatleben, meinst du?" Mary gefiel die Richtung nicht, in die das Gespräch ging. Max und sie waren Kollegen auf Zeit – es gab keinen Grund, warum er etwas über sie erfahren sollte.

„Nein, nichts darüber, was für ein Mensch du bist."

„Ich bin ein Mensch, der Menschen überführt, die etwas Falsches getan haben." Mary griff nach ihrem Löffel und nahm einen weiteren Schluck von der Zwiebelsuppe.

„Ich verstehe, ich verstehe." Max' Lächeln verblasste. „Du willst mir nichts erzählen, schon klar. Du denkst vielleicht, du kannst mir nicht vertrauen, aber ich werde dir noch beweisen, dass das nicht stimmt." Er streckte seine Hand aus, als wollte er ihre nehmen, legte sie aber nur auf dem Tisch ab. „Ich werde dir erstmal etwas über mich erzählen, das ist nur gerecht."

Mary schüttelte den Kopf. „Ich habe dich nichts gefragt."

„Das brauchst du auch nicht. Ich erzähle dir auch so etwas." Max' Lächeln kehrte zaghaft zurück. „Mal sehen, was könnte dich interessieren?" Er musterte sie mit zusammengekniffenen Augen und Mary hatte das unangenehme Gefühl, er könnte geradewegs in sie hineinsehen. Dann wurde er wieder ernst. „Als ich vierzehn war, ist meine ältere Schwester ermordet worden. Der Täter war ein Alkoholiker, der sie überfallen hat und ihr Geld wollte. Als er merkte, dass sie keines bei sich hatte, hat er immer wieder auf sie eingeschlagen."

Mary beobachtete ihn genau, während er ihr diese Geschichte erzählte. Sie bemerkte die Trauer, die dabei in seinen Augen stand, den Abscheu. Es musste furchtbar hart für ihn gewesen sein, seine Schwester zu verlieren.

„Er wurde am nächsten Tag gefasst", fuhr Max fort. „Aber das war mir damals egal. Ich konnte nur daran denken, dass mir das meine Schwester auch nicht mehr zurückbringen würde. Tagelang habe ich mich damals in meinem Zimmer eingeschlossen und wollte mit niemandem reden, auch nicht mit meinen Eltern." Er seufzte bei der Erinnerung daran. „Heute bin ich froh, dass sie diesen Menschen gefasst haben, und er niemand anderem mehr etwas antun konnte."

„Es tut mir wirklich sehr leid, dass deiner Schwester das zugestoßen ist", sagte Mary. Der Verlust eines geliebten Menschen war zweifellos ein schwerer Schlag, das wusste sie nur zu gut. „Ist sie der Grund für deine Berufswahl?"

„Nein", antwortete Max prompt und schüttelte den Kopf. „Nein, dabei ging es nicht um sie. Der Grund dafür waren wohl die Ossarier."

„Die Ossarier?" Ungläubig musterte Mary ihn. Sie war davon überzeugt gewesen, dass er mit diesen Menschen nichts zu tun hatte. Er war ein Wissenschaftler, er konnte doch unmöglich an das glauben, was diese Spinner für die Wahrheit hielten?

„Keine Sorge", beschwichtigte Max sie. „Ich bin kein Anhänger. Aber mein Onkel war einer. Er hat mich früher manchmal in Messen mitgenommen. Ich glaube, er hatte die Hoffnung, dass ich aus unserer Familie am einfachsten zu bekehren sein würde."

„Und was geschah in diesen Messen?" Noch nie hatte sie einer religiösen Veranstaltung der Ossarier beigewohnt. Alles, was sie über diesen Glauben wusste, stammte vom Gerede anderer Leute, aus der Armee oder von den Straßen, oder aber aus Artikeln in der Zeitung. Sie hatte sich bisher nie intensiv damit auseinandergesetzt, warum auch?

„Rituale, Gebete, alles fokussiert sich auf Gebeine, denen die Ossarier bestimmte Kräfte zuschreiben. Es geht darum, dass die Knochen noch immer mit dem Geist der verstorbenen Person verbunden sind. Und die Ossarier glauben, sie könnten die Kraft dieses Geistes für ihre Zwecke nutzen. Je mächtiger die Person im Leben war, desto mächtiger ist sie auch im Tod. So die Theorie." Lässig spießte Max ein großes Stück Speck auf und schob es sich in den Mund.

„Hast du mal einen Geist gesehen?" Mary fiel es schwer, bei diesem Thema ernst zu bleiben. Dazu war es einfach zu verrückt.

„Geister gibt es nicht", antwortete Max ernsthaft. „Ich habe meine eigene Theorie, warum diese Leute glauben, Geister zu sehen. Aber echte Geister ... nein."

Es war beruhigend zu hören, dass Max nicht zu den Ossariern gehörte, auch wenn er in seiner Kindheit an den Glauben herangeführt worden war.

„Eine Theorie?" Was mochte er sich wohl ausgedacht haben?

„In der Tat." Max goss sich noch etwas Wasser aus dem Krug auf dem Tisch ein. „Dieser Glaube ist erst aufgekommen, nachdem die Mauer gebaut und das Territorium damit isoliert wurde."

Mary nickte. Stimmt, vorher hatte es die Ossarier nicht gegeben.

„Er entspringt dem christlichen Glauben, in dem Reliquien verehrt wurden, meist Knochen von Heiligen." Er machte eine kurze Pause. „Ich glaube, dass es durch die Mechanisierung des Landes zu einer Luftverschmutzung gekommen ist."

„Ach wirklich?" Ironisch deutete Mary auf die Maske, die um ihren Hals hing, und die sie vor dem Schmutz in der Luft schützen sollte. „Ist mir gar nicht aufgefallen."

„Ich war noch nicht fertig", sagte Max ruhig. „Diese Verschmutzung, dazu der Dampf, der überall aufsteigt, beides kann dazu führen, dass die Menschen Dinge sehen, die gar nicht da sind. Ihre Gehirne interpretieren in das Gesehene etwas hinein. Sie sehen Geister." Er zuckte mit den Schultern. „Man sieht das, was man sehen will. Hinzu kommen die Schadstoffe, die durch die Fabriken in der Luft herumschwirren. Sie machen einen nicht gerade klarer im Kopf."

Mary ließ das, was Max gesagt hatte, auf sich wirken. War es so einfach? Schemen im Dampf und giftige Stoffe in der Luft?

„Viele Menschen haben das Gleiche gesehen, irgendeiner hat dann vermutlich verkündet, dass es sich dabei um Geister handelt. So entwickelte sich nach und nach der Glauben der Ossarier bis zu dem Punkt, an dem wir uns jetzt befinden."

„Das ist interessant", gab Mary zu, „aber das erklärt noch nicht, warum du durch die Ossarier zu diesem Beruf gekommen bist."

Max lachte leise auf. „Wusste ich es doch, dass es dich interessiert."

Mary wollte protestieren, wollte sagen, dass es ihr gleich war und es sie nur störte, dass er seine Geschichte nicht zu einem logischen Ende gebracht hatte, aber er ließ sie nicht zu Wort kommen.

„In diesen Messen gibt es immer Knochen. Manchmal vollständige Skelette, manchmal nur einzelne Knochen, manchmal sogar nur Knochenfragmente. Aber der Glaube daran, dass der Geist eines Menschen an seinen Knochen haftet, ist der Mittelpunkt der ossarischen Messen."

„Und?"

„Die Messen waren langweilig", sagte Max wie selbstverständlich. „Obwohl ich noch recht jung war, hielt ich sie für absoluten Blödsinn. Ich hatte in jeder Messe das Gefühl, dass der Priester die Menschen belog, um sie an seinen Glauben zu binden. Und statt ihm zuzuhören, habe ich mir immer nur die Knochen angesehen. Nach und nach habe ich Unterschiede zwischen den einzelnen Skeletten bemerkt. An dem einen Sonntag hatte der Schädel sehr ausgeprägte Überaugenwülste, an dem anderen gab es Risse auf dem Femur. Und an dem Punkt ging mir auf, dass diese blanken Knochen irgendwann mal ein Mensch gewesen sind und dass die Unterschiede, die ich bemerkte, daher kommen, dass die Menschen alle unterschiedlich sind. Also habe ich versucht herauszufinden, warum die Knochen so verschieden aussehen. Und so bin ich hier gelandet."

„Fasziniert von Knochen also?", hakte Mary skeptisch nach.

„So könnte man es wohl sagen", gab Max zu. „Aber nicht auf die gleiche Art, auf die Ossarier von Knochen fasziniert sind."

„Natürlich nicht." Mary nickte und dachte über das nach, was Max ihr gerade erzählt hatte.

„Jetzt kommen wir wieder zu meiner Frage und damit zu dir." Max sah sie mit einem frechen Grinsen an.

„Nein." Mary löffelte den letzten Rest aus ihrem Teller. „Kommen wir nicht."

„Oh doch." Max beugte sich ein wenig vor. „Ich habe dir das verraten, was du wissen wolltest, jetzt bist du dran."

Mary konnte sich nicht erklären, woran es lag, vielleicht an seinem freundlichen Lächeln, vielleicht daran, dass er ihr so persönliche Dinge erzählt hatte, aber plötzlich hatte sie das Bedürfnis, ihm seinen Wunsch zu gewähren. Konnte es schaden, wenn er etwas über ihre Familie erfuhr?

„Mein Vater war Engländer", sagte sie langsam. „Meine Mutter war Deutsche." Ende. Damit hatte sie Max' Frage doch beantwortet, oder nicht?

„Und?" Max sah sie enttäuscht an. „Das war's?" Er beugte sich noch weiter über den Tisch. „Warum sprichst du von ihnen in der Vergangenheit?"

Mary sah ihn schweigend an. Normalerweise reichte ihr Blick aus, um anderen deutlich zu machen, dass eine Grenze erreicht war. Doch offenbar nicht bei Max, denn er wich weder zurück, noch ließ er sie aus den Augen. Mary seufzte. „Können wir nicht einfach bezahlen und wieder an die Arbeit gehen?"

„Das machen wir." Max nickte und zog seine Geldbörse hervor. „Aber erst beantwortest du mir diese letzte Frage. Danach bist du erlöst. Zumindest für heute." Er lächelte sie an.

„Na schön." Mary überlegte. Wie viel sollte sie ihm erzählen? „Die Eltern meines Vaters kamen aus England hierher und wegen der Mauer mussten sie bleiben. Mein Vater war bei der Armee." Sie stockte. „Von einem Einsatz ist er nicht mehr wiedergekommen. Da war ich elf."

„Dein Vater ist im Kampf gefallen? Das tut mir leid." Max Anteilnahme wirkte echt.

Mary schüttelte den Kopf. „Nein, ist er nicht." Max sah sie verwirrt an und so setzte sie hinzu. „Er hat einen Einsatz dazu genutzt, sich aus dem Staub zu machen. Er ist desertiert."

„Oh." Offenkundig suchte Max nach Worten, um auf ihre Enthüllung zu reagieren.

„Es war kein großer Verlust", bereitete Mary seinem Versuch ein Ende. „Wer so etwas tut, ist ein Feigling. Meine Mutter ist kurze Zeit später gestorben. Ich glaube, die Anfeindungen und die Blicke der anderen haben ihr zu sehr zugesetzt."

Max biss sich auf die Lippe. „Ich wusste nicht, dass deine Familie so ... kompliziert ist. Sonst hätte ich es nie angesprochen."

„Doch, hättest du", sagte Mary tonlos. „Du bist neugierig. Und du bist nicht der Erste." Jahrelang hatten Journalisten versucht, für Zeitungsartikel etwas aus ihr herauszubekommen, das nichts mit ihrer Karriere in der Armee zu tun hatte. Und alle waren kläglich gescheitert.

„Ja, vermutlich hätte ich das", gab Max zu. „Aber es tut mir wirklich leid."

„Es ist nicht wichtig", entgegnete Mary. „Es ist Vergangenheit. Seitdem ist viel passiert."

„Das, was mit einem Menschen geschieht, ist immer wichtig. Sonst hätte ich keine Arbeit."

Mary sah Max fest an. „Könntest du das, was mir passiert ist, in meinen Knochen sehen?" Sie stützte ihre Ellenbogen auf den Tisch. „Die Panik, als mein Vater verschwand? Den Schmerz, als meine Mutter starb?" Sie erwartete keine Antwort und schüttelte nur den Kopf. „Das, was damals geschehen ist, ist heute nicht mehr wichtig. Was heute wichtig ist, ist dieser Fall." Mit diesen Worten lehnte sie sich wieder zurück und hoffte, dass das Kapitel *Kindheitserinnerungen* nun beendet war.

„Nachdem dein Vater fort war und ganz sicher noch mehr, nachdem deine Mutter tot war, würde ich vermuten, dass es bei dir zu einer Mangelernährung kam", begann Max mit sanfter Stimme. „Das ist etwas, das ich in deinen Knochen sehen könnte."

Mary schluckte. Für ein paar wenige Sekunden war sie wieder elf Jahre alt und ganz allein. Wochenlang hatte sie noch nach dem Tod ihrer Mutter allein in ihrem Elternhaus gewohnt. Sie hatte auf der Straße um Essen gebettelt, bevor irgendwann die Schwestern vom Waisenhaus vorbeigekommen waren und sie mitgenommen hatten.

„Lass uns bezahlen." Sie hob die Hand, um dem Kellner zu winken, der auch prompt an ihren Tisch eilte.

Während Max bezahlte, beobachtete Mary ihn sehr genau. Er war zwar jünger als sie, doch er legte im Umgang mit anderen Menschen, wie auch mit dem Kellner jetzt, eine geradezu beeindruckende Souveränität an den Tag, an der es ihr immer gemangelt hatte. Mit einem kleinen Scherz verabschiedete Max sich schließlich vom Kellner und erhob sich, tat einen Schritt in ihre Richtung, machte dann aber Halt und wartete, bis sie ihren Stuhl selbst zurückgeschoben und sich erhoben hatte.

Vor dem Restaurant übernahm Mary die Führung. Bis zum Bürgeramt war es nicht weit, lediglich zwei Straßen und so gingen sie zu Fuß. Schon nach wenigen Minuten tauchte das beeindruckende Gebäude vor ihnen auf. Die Fassade aus dunkelbraunen Backsteinen ragte drei Stockwerke in die Höhe, ganz oben verziert mit Türmen und Zinnen. Als sie das Gebäude betraten, herrschte im Inneren ein Stimmengewirr, das zu einer Art Summen verschmolz.

„Ist es hier immer so voll?", fragte Max, als sie sich gerade an einer Menschenschlange vorbeidrückten, die vor dem Schalter für die Automobilanmeldung stand.

„Ja", gab Mary zurück. Bisher war es bei jedem ihrer Besuche überfüllt gewesen.

Sie verließen die Eingangshalle mit ihren Schaltern für die Anmeldung von dampfbetriebenen Geräten und betraten den Raum dahinter. Hier gab es nur eine hölzerne Theke, hinter der ein gelangweilt wirkender Mann stand, und im Hintergrund eine endlose Regalreihe mit Aktenordnern.

„Guten Tag“, begrüßte Mary den Mann, während hinter ihr ein steter Strom aus Menschen aus der Eingangshalle vorbeieilte, um in das nächste Zimmer zu kommen, in dem es um Angelegenheiten der Armee ging.

„Tag“, entgegnete der Mann, blickte aber weiterhin gelangweilt an ihr vorbei.

„Ich brauche die Adresse von einem Franz Schmied.“

„Gebühr“, schnarrte der Mann und Mary legte eine Mark auf die Theke. „Einen Moment.“

Ohne Eile trat der Mann an das Regal in der Reihe, das mit dem Buchstaben *S* beschriftet war und zog nach einem kleinen Moment des Suchens einen Ordner hervor. Er blätterte darin herum, vor und zurück, bevor er den Ordner schließlich zurückstellte und wieder zu ihnen an die Theke trat.

„Stegstraße dreiundzwanzig“, bellte er, dann glitt sein Blick wieder von Mary und hinüber zu der Mauer hinter ihr, die er schon zuvor angestarrt hatte.

„Stegstraße dreiundzwanzig, vielen herzlichen Dank“, sagte Mary und sie verließen das Bürgeramt, um auf dem Weg zu Schmieds Haus noch einmal bei der Funkstation vorbeizuschauen. Tatsächlich lag dort bereits eine Antwort aus dem Polizeirevier in Straelen vor. Diese war wenig überraschend: Sie hatten von Karl in den letzten Monaten nichts gehört und nichts gesehen.

Die Stegstraße und damit ihr nächstes Ziel lag leider auf der anderen Seite der Stadt, weswegen sie mit der Bahn fahren mussten. Als sie endlich ankamen, war es schon nach Mittag.

„Dreiundzwanzig hat er gesagt, richtig?“ Max beschirmte mit einer Hand seine Augen und sah sich nach den Hausnummern um. Die Häuser in dieser Straße waren klein, eher winzige Würfel als richtige Häuser.

„Da vorne ist es.“ Mary deutete auf ein heruntergekommenes Haus, dessen Backsteinmauer ausgeblichen und rissig wirkte. Die kleine Rasenfläche vor dem Haus war stellenweise gelb und mit Unkraut übersät. Mary ging voraus und betrat den schmalen Steinweg, der von der Straße zur Haustür führte, und klopfte. Als sich im Inneren nichts regte, klopfte sie erneut, diesmal energischer. Nun hörte sie aus dem Inneren des Hauses ein Geräusch. Und tatsächlich – nach wenigen Sekunden wurde die Tür aufgerissen. Ein hagerer junger Mann, vielleicht in Max’ Alter, stand dort im Türrahmen, der Oberkörper war unbekleidet, der Rest lediglich von einer ergrauten Unterhose bedeckt, die mehr preisgab, als sie verbarg.

„Franz Schmied?“, fragte Mary, während der Mann sich am Bauch kratzte und ausgiebig gähnte.

„Der bin ich.“ Der Mann gähnte erneut. „Und ihr seid?“ Er musterte Mary von oben bis unten, bis sein Blick an ihrem mechanischen Auge hängenblieb. „Du bist diese Frau aus der Armee.“ Er zeigte auf sie, dann sah er an ihr vorbei zu Max. „Und dich kenn ich nicht.“

„Mary Parker, ich bin Privatermittlerin."

„Und ich bin Max Jung, forensischer Anthropologe und Biologe." Max hob grüßend die Hand.

„Wir sind im Auftrag des Kaisers hier", fuhr Mary fort und bemerkte die Änderung, die in Schmieds Gesicht stattfand, sobald sie den Kaiser erwähnte.

„Aha, und?" Schmied verschränkte die Arme vor der Brust und blickte sie betont gelangweilt an.

„Vielleicht haben Sie es gehört, Karl Bach, ein Angestellter des Palasts, ist vor ungefähr fünf Monaten verschwunden."

„Ja, hab davon gehört", gab Schmied gelangweilt zurück. „Hat mich aber nicht interessiert."

„Und warum nicht?" Mary achtete genau auf Schmieds Mimik. Doch er wirkte einfach nur müde und desinteressiert.

„Darum nicht." Er zuckte mit den Achseln und seine Unterhose rutschte bedrohlich einige Zentimeter tiefer. „Ich arbeite nicht mehr im Palast."

„Und zwar seit fünf Monaten", ergänzte Mary und wartete einen Augenblick, ob Schmied den Zusammenhang selbst herstellte.

„Ja, kann sein. War eine beschissene Zeit seitdem." Schmied grunzte. „Da weiß ich nicht so genau, wann das gewesen ist. Aber fünf Monate kann hinkommen."

Mary wartete noch ein wenig, doch offenbar wollte der Groschen bei ihm nicht fallen. „Karl ist vor fünf Monaten verschwunden, kurz nachdem Sie beide einen Streit miteinander hatten, woraufhin der Kaiser Sie gefeuert hat.“ Mary deutete mit dem Zeigefinger auf ihn. „Sie. Und nicht Karl.“

„Ja, das war richtig mies“, bestätigte Schmied und nickte, „und ein Missverständnis.“

„Ihre Faust in Karls Gesicht war ein Missverständnis?“ Mary blickte Schmied ungläubig an.

„Ganz genau.“ Schmied breitete die Arme aus. „Ich hab ihm nur gesagt, was ich gesehen habe. Und ich hab ihm gesagt, ich würde das den anderen erzählen. Dann hat er mich gestoßen.“ Schmied holte tief Luft. „Und sowas lasse ich mir nicht bieten, verstanden?“

„Er hat sie fortgestoßen und sie haben ihn dafür geschlagen?“

„Er hat mich provoziert“, gab Schmied aufgebracht zurück. „Ich meine: Niemand schubst mich herum, niemand!“ Er atmete heftig.

„Er hat sie also provoziert“, fasste Mary zusammen. „Und würden Sie mir vielleicht auch verraten, worum es ging? Was haben Sie gesehen?“

„Kriege ich jetzt schon wieder Ärger für diesen Mist?“ Genervt verdrehte Schmied die Augen. „Da mache ich nicht mehr mit, auf gar keinen Fall!“

„Worum ging es?“, beharrte Mary und trat weiter auf Schmied zu, bis sie nur noch eine Armlänge voneinander entfernt waren. „Was haben Sie Karl gesagt?“

Schmied wich nach hinten zurück und Mary folgte ihm hinein in den schäbigen Flur, an dessen Wänden sich die Tapete bereits aufrollte. Sie spürte, wie Max ihr hinter ihrem Rücken folgte. „Was war es?“

„Sie sollten besser antworten“, mischte Max sich ein und Mary verkrampfte sich innerlich. Sie hatte ihm doch gesagt, dass er das Reden gefälligst ihr überlassen sollte. „Mit Mary haben sich schon so einige angelegt. Und das ist nicht gut ausgegangen.“

Was redete der Kerl denn da nur? Er kannte sie doch kaum.

Schmieds Blick glitt von Max zu ihr und sie schob ihre Jacke ein wenig zur Seite, sodass ihre Pistole sichtbar wurde. Sie bemerkte, wie Schmied hastig schluckte.

„Es ging um ein Mädchen“, verriet er schließlich.

„Ein Mädchen?“ Bisher hatte niemand erwähnt, dass Karl Bach eine Freundin gehabt hatte.

„Oh ja. Ich habe die beiden zusammen gesehen.“ Mit einem breiten Grinsen auf dem Gesicht nickte Schmied. Offenbar hatte er die Waffe in ihrem Holster bereits wieder vergessen. „Und das, was ich da gesehen habe ...“ Er schüttelte den Kopf. „Das hätten einige Leute sicher nicht verstanden. Ganz und gar nicht.“ Er senkte die Stimme. „Sie ist nämlich verlobt.“

„Verlobt?“

„So ist es. Und das habe ich Karl auch gesagt. Ich habe ihm zu verstehen gegeben, dass man so etwas nicht macht und er es beenden soll.“ Eifrig gestikulierte Schmied mit den Händen. „Aber er hat mir nur gesagt, dass ich da etwas falsch verstanden habe und es nicht so ist, wie ich denke. Aber das kann er seiner Oma erzählen. Ich weiß, was ich gesehen habe.“ Stolz warf sich Schmied in die Brust.

„Wer?“

„Wer was?“ Verwirrt sah Schmied sie an.

„Wer war das Mädchen?“, fragte Max an Marys Stelle.

„Ach ja. Die Prinzessin.“ Langsam und genüsslich gab Schmied seine Information preis.

„Prinzessin Amalie?“, hakte Mary nach.

„Genau die.“ Schmied grinste anzüglich. „Sie und Karl Bach verband offenbar eine ganz besondere Beziehung.“

Prinzessin Amalie. Die Prinzessin, die mit dem Sohn des Grafen von Berlin verlobt war. Eben jenem Grafen, der momentan zu Gast im Schloss war, um alles für die Hochzeit zu besprechen. Und die Prinzessin, die die Halbschwester von Karl Bach gewesen war. „Und es war ganz sicher die Prinzessin?“, hakte Mary noch einmal nach. „Wo haben Sie die beiden gesehen? Und wie weit waren Sie von ihr entfernt?“

„Draußen im Park. Und es waren vielleicht zwanzig Meter. Ich versichere Ihnen: Meine Augen funktionieren hervorragend.“ Schmied griff nach der Haustür. „War es das jetzt? Sie haben mich beim Schlafen gestört.“ Er gähnte demonstrativ.

„Eins noch“, hielt Mary ihn zurück. „Wobei haben Sie die beiden genau gesehen?“

Wieder kroch ein breites Grinsen auf Schmieds Gesicht. „Wie gesagt, ich habe sie im Park gesehen, hinter dem Palast. Dort gibt es viele lauschige Ecken.“ Wie zum Beispiel das Ossarium, dachte Mary unwillkürlich.

„Sie saßen auf einer Bank. Sie hatte ihren Kopf auf seine Schulter gelegt. Er hat etwas gesagt und sie hat gelacht. Dann hat er sich zu ihr hinunter gebeugt. Und der Rest ist ja wohl klar."

„Was war dieser Rest?", fragte Max, obwohl Mary bereits wusste, was Schmied sagen wollte.

„Sie haben sich geküsst?", fragte sie ihn und Schmied nickte eifrig.

„Denke schon."

„Sie denken es oder sie haben es gesehen?", hakte Mary nach.

„Ich... Sie saßen mit dem Rücken zu mir, ich konnte ihre Gesichter nicht sehen. Aber was sollen sie sonst gemacht haben, hm?"

Mary musterte ihn mit zusammengekniffenen Augen. „Haben Sie Karl Bach nochmal gesehen, nachdem Sie den Palast verlassen mussten?"

„Nee, wie denn auch?" Schmied schüttelte den Kopf. „Ich kam ja nicht mehr rein. Und die meisten Angestellten wohnen da. Also ist Karl auch nicht rausgekommen. Oder zumindest habe ich ihn dabei nicht gesehen." Er zuckte mit den Schultern. „Er war mir aber auch egal. Ich hab erst überlegt, die Geschichte an die Presse zu verkaufen. Schließlich bin ich ja jetzt arbeitslos." Er kratzte sich am Kinn. „Aber so einer bin ich nicht. Ich bin integer, wissen Sie?"

Mary wagte zu bezweifeln, dass er überhaupt wusste, wie man das Wort buchstabierte, doch sie nickte zustimmend. „Ja, das sieht man auf den ersten Blick."

„Also, war's das jetzt?"

„Ja, das war es." Mary nickte und prompt knallte Schmied die Türe so fest zu, dass der Türrahmen schepperte.

„Denkst du, er hat es getan?", fragte Max, als sie wieder auf der Straße standen.

„Nein", gab Mary zurück und sah sich suchend in beide Richtungen um. Wohin jetzt?

„Wieso nicht?" Max hob die Hand und zählte an den Fingern ab. „Er hat ein passendes Motiv, er hatte Zugang zum Palast. Und sympathisch ist er auch nicht gerade."

„Nicht jeder, der dir unsympathisch ist, ist ein Mörder." Mary entschied sich dafür, dass es das Beste war, ins Labor zurückzukehren, und setzte sich in Richtung Bahnstation in Bewegung. „Sonst wäre ich ein Serienmörder."

Max lachte und schüttelte den Kopf. „Ach, Unsinn."

„Und außerdem ist Schmied ein Idiot", fuhr Mary fort. „Ich kann mir nicht vorstellen, dass er die Leiche in einem Ossarium verstecken würde. Er wirkt eher wie ein Großmaul. Er redet zwar viel, aber ob er wirklich etwas tut ..." Sie hob eine Hand. „Ich denke nicht."

„Na gut", gab Max zweifelnd zurück. „Du bist der Boss."

Er lief neben ihr her und sah sich in der heruntergekommenen Straße um. „Wohin rennen wir eigentlich so schnell?"

„Zur Station."

„Und wohin wollen wir fahren?" Max war inzwischen leicht außer Atem. „Ich kann mich nicht daran erinnern, dass wir besprochen haben, womit wir jetzt weitermachen."

„Haben wir nicht", antwortete Mary. „Und brauchen wir auch nicht. Es gibt hier draußen keine Spur mehr, die wir untersuchen können. Alle Spuren, die wir noch haben, führen in den Palast."

„Und in den dürfen wir heute nicht mehr rein", ergänzte Max und nickte. „Ich verstehe. Wir fahren also wieder ins Labor."

Endlich hatten sie die Station erreicht und gerade, als sie die Treppe hinabgestiegen waren, fuhr auch schon die Bahn ein.

„Das nenne ich mal Glück", kommentierte Max.

Die Bahn fuhr zwischen den Stationen Stegstraße und Oktoberweg hin und her, der nur eine Straße von Max' Labor auf der Septemberstraße entfernt war. Beides waren eher Viertel der Unterschicht und der unteren Mittelschicht und so sah man der Bahn an, dass die

Stadt ihr nicht allzu viel Aufmerksamkeit zukommen ließ. Das Messing der Außenhülle der Bahn war von einem Schmutzfilm aus Ruß und anderem Dreck überzogen, die Verzierungen darauf waren kaum noch zu erkennen. Und auch im Inneren sah es nicht besser aus: Das braune Leder der Sitze war an vielen Stellen aufgesprungen, gerissen oder so abgeschabt, dass man die Polsterung darunter sehen konnte. Mit dem Fuß schob Mary den Überrest eines halbgegessenen Apfels zur Seite, bevor sie sich vorsichtig auf einen der Sitze setzte.

„Darf ich?" Max deutete auf den Sitz neben ihr und sah sie fragend an.

„Setz du dich ans Fenster." Mary stand wieder auf, um Max vorbeizulassen, während sie seine irritierten Blicke zu ignorieren versuchte. Sollte er sie doch für seltsam halten. Schließlich war sie das ja irgendwie auch. Aber sie konnte sich nicht ans Fenster setzen, das war ein strategisch schlechter Platz. Zwar hatte man eine bessere Sicht auf der einen Seite der Bahn, doch man konnte am Fenster leichter Ziel eines Angriffs werden. Zudem waren am Fenster die Fluchtmöglichkeiten bei einem Unfall geringer und man konnte die Menschen, die ebenfalls in die Bahn einstiegen, schlechter im Auge behalten.

An der nächsten Station stieg ein gutes Dutzend Leute ein und die Bahn füllte sich merklich. Unruhig rutschte Mary auf ihrem Sitz ein Stück weiter in Richtung Gang.

„Sag mal", begann Max plötzlich und sie wandte sich ihm zu, statt die anderen Bahnreisenden zu beobachten. „Wieso kommst du eigentlich mit zum Labor? Versteh mich nicht falsch, ich finde es sehr nett, dass du möchtest, dass ich heil dort ankomme, aber ich bin schon ein großer Junge, weißt du?" Er lächelte sie freundlich an. „Du musst das nicht tun."

„Das weiß ich." Mary schwieg kurz, um einem Mann dabei zuzusehen, wie er sich mühsam in die Bahn quälte und sich dann auf den erstbesten Sitz fallenließ. „Ich will mir deine Arbeit anschauen."

„Du möchtest mich überwachen." Falten bildeten sich auf Max' Stirn.

„Nicht überwachen. Ich will sehen, woher du die Ergebnisse bekommst. Und ich möchte ..." Sie wollte gerne mit ihm besprechen, wie man die Ergebnisse interpretieren konnte. Einen Dialog führen. Aber das würde sie ihm nicht sagen. „Nichts. Ich möchte einfach dabei sein."

„Du traust mir immer noch nicht zu, dass ich das kann", schloss Max bitter und verschränkte die Arme vor der Brust und lehnte sich in seinen Sitz zurück, möglichst weit von Mary entfernt.

Mary hatte keine große Lust, ihm seine Erkenntnis wieder auszureden, und im gleichen Moment ertönte auch schon die Klingel in der Bahn, das Signal dafür, dass sie die nächste Bahnstation erreicht hatten. „Oktoberstraße", tönte es knisternd aus dem verborgenen Übertragungssystem.

Mary stand auf und ging zum Ausgang. Ob Max hinter ihr her ging oder nicht – darauf achtete sie nicht weiter. Er hatte es ja selbst gesagt: Er war schon ein großer Junge.

In der Bahnstation hatte sich eine Menschentraube vor der Treppe gebildet. Ein Halbkreis aus Menschen, die etwas an der Wand betrachteten und dabei den Aufgang blockierten. Mary schob sich durch die ersten beiden Reihen und konnte den Orgelspieler sehen, der dort mit seinem Instrument stand. Es war ein handliches Modell von nur etwa einem Meter Breite, das auf einem silbernen Untersatz mit Rollen stand. Die einzelnen Pfeifen waren ebenfalls silbern und mit kupferfarbenen Motiven und Noten verziert. Doch die handwerkliche Kunst war nicht das, weswegen die Menschen sich versammelt hatten. Aus den Pfeifen quollen bei jedem Ton dichte Dampfwolken, vermutlich das Produkt einer kleinen Dampfmaschine, die in dem Untersatz verborgen war. Aus der einen Pfeife quollen dabei rote Schwaden, aus der anderen grüne, aus wieder einer anderen blaue und so schwebte um den Kopf des Orgelspielers eine bunte Wolke. Die Menschen rundherum staunten und klatschten bewundernd in die Hände, wenn der Orgelspieler wieder eine besonders rasche Abfolge von Tönen spielte.

Mary schob weitere Menschen zur Seite, um sich den Weg aus der Station heraus zu bahnen. Musik war nichts für sie, und schon gar nicht, wenn sie von solchem Unfug verwässert wurde. Als sie die Treppenstufen hinaufstieg, wurden die Töne der Orgel leiser, ebenso wie das Gelächter und der Applaus der Menschenmenge. Am Ende der Treppe blieb Mary kurz stehen, um tief einzuatmen. Die vielen Menschen ... Noch immer fiel ihr das Atmen in einer solche Masse schwer. Nicht zum ersten Mal verfluchte sie den Einsatz an der Seite des Kaisers für diese Schwäche. Zuvor hatte ihr nichts Probleme bereitet.

„Hier draußen ist es viel schöner als in dieser stickigen Bahn, was?" Max trat neben sie und Mary fragte sich, wie viel er mitbekommen hatte. „Manchmal bin ich richtig froh, zu Fuß zu gehen, statt mit dem Automobil zu fahren."

Mary nickte nur. Sie war nie in einem Automobil gefahren, die Kriegsgeräte zählten nicht. Aber Max hatte vermutlich mehr als genug Erfahrung für sie beide mit diesen Maschinen.

„Ich bin schon gespannt, was ich noch herausfinden kann." Beschwingt lief Max voran.

„Hoffentlich die Todesursache", murmelte Mary und folgte ihm.

„Das habe ich gehört", rief Max ihr über die Schulter zu.

Mary konnte nicht anders, ihre Mundwinkel zuckten. „Das solltest du ja auch", gab sie zurück und beschleunigte ihre Schritte, bis sie wieder neben ihm war.

„Ich bin mir sicher, ich finde die Ursache", sagte Max nun leiser. „Ich muss mir die Knochen einfach nur nochmal ansehen."

Mary sagte nichts dazu. Wenn er die Todesursache nicht fand, konnten sie nicht beweisen, dass Karl Bach ermordet worden war. Und damit gab es keinen Täter, den sie suchen konnten.

Als sie am Labor ankamen, schloss Max die Tür auf und hielt sie dann geöffnet, um Mary als Erste eintreten zu lassen. Mary zögerte und trat dann vor ihm in den düsteren Flur. Max schloss die Tür und es wurde vollständig dunkel.

Nach wenigen Augenblicken konnte Mary auf ihrem einen Auge wieder etwas sehen: Das mechanische Auge hatte sich auf die Dunkelheit eingestellt und alles leuchtete nun in schwachen Grautönen. Automatisch griff Mary nach dem Lichtschalter,

dann flammte die elektrische Lampe an der Decke des Flurs auf.

„Du hast den Lichtschalter aber schnell gefunden", staunte Max. „Man könnte fast meinen, du kannst im Dunkeln sehen." Er grinste.

Mary schluckte und sagte nichts dazu. Außer den Ärzten wusste niemand, was das Auge wirklich konnte. Und sie wollte es dabei belassen. Die Menschen hielten sie auch so schon für seltsam genug und sie wollte nicht, dass Max davon wusste.

„Du kannst deine Jacke hier hinhängen." Max deutete auf eine Garderobe, die wenig mehr war als ein Brett mit drei Kleiderhaken. Mary nickte und knöpfte langsam ihre Jacke auf, während Max an ihr vorbei in das eigentliche Labor eilte. War es ein Fehler, dass sie Max bei seiner Arbeit sehen wollte? Das tat sie sonst nie, mit den anderen Laboren hatte sie lediglich ein kurzes Gespräch oder ein ebenso kurzer Brief verbunden. Die Ergebnisse der Untersuchungen wurden mitgeteilt, nichts weiter. Doch dieser Fall hier war auch anders als die Fälle, die sie sonst bearbeitete. Mit Leichen hatte sie es selten zu tun und diese hier war zudem schon mehrere Monate alt, eine erkaltende Spur. Es war, als wäre Max eine Art Absicherung, eine Verstärkung ihrer Fähigkeiten.

Sie betrat den Laborraum und blieb am Türrahmen mit verschränkten Armen stehen. Max trug noch immer seine Jacke und hatte sich über den Schädel des Toten gebeugt. Mary beobachtete ihn dabei, wie er mit den Fingern vorsichtig über den Schädel strich, erst über die Oberseite, dann über die Knochen unter den leeren Augenhöhlen. Eine Gänsehaut kroch Marys Arme hinauf.

„Willst du die ganze Zeit dort stehen und mich anstarren?", fragte Max plötzlich, ohne den Blick zu heben.

„Vielleicht." Mary wusste nicht, was sie sonst tun sollte. Das hier war sein Gebiet, sie war nur ein Eindringling. Und obwohl sie es war, die darauf bestanden hatte, hier zu sein, fühlte sie sich jetzt doch fehl am Platz.

„Komm näher." Max ging in die Knie, um dem Schädel, der auf dem Tisch stand, direkt in die – nicht mehr vorhandenen – Augen zu blicken.

Zögerlich betrat Mary das Labor. Sie versuchte, es sich nicht anmerken zu lassen, aber all diese Gerätschaften und eigentlich das ganze Gebiet, auf dem Max arbeitete, verunsicherten sie. „Was machst du da?"

Max hatte nach einer Brille gegriffen, deren Brillengläser zu weit vorne saßen und auch zu dick waren. Er streifte sie sich über und sah sie an. Seine Augen wirkten durch sie riesig. „Ich glaube, ich habe was entdeckt."

„An den Augen? Irgendjemand hat ihn durch seine Augen getötet?" Ungläubig sah Mary Max dabei zu, wie er sich vorbeugte und den Knochen unter dem rechten Auge betrachtete.

„Nein, nein." Max deutete auf etwas, das Mary aus ihrer Entfernung erst nicht erkennen konnte. Doch dann summte ihr mechanisches Auge und stellte sich auf das ein, worauf Max zeigte. Winzige Risse im Knochen, so fein wie Haare. „Es ist nicht die Todesursache, aber ich dachte, ich schaue mir erstmal das an, von dem uns Herr Schmied vorhin erzählt hat."

„Die kommen von dem Schlag, den er Karl verpasst hat?" Mary betrachtete die zwei feinen Linien, die sich vom Auge aus durch den Knochen ihren Weg nach unten bahnten.

„Du kannst sie sehen?" Max nahm die Brille ab und sah sie ungläubig an.

„Äh, ja." Unangenehm berührt richtete Mary sich kerzengerade auf. Unwillentlich hatte sie ihm gerade doch verraten, dass etwas an ihr nicht normal war. „Aber nicht so deutlich. Vielleicht sollte ich auch mal durch das Ding schauen." Sie deutete auf die Brille in seiner Hand.

„Du brauchst mich nicht anzulügen", entgegnete Max langsam und stand auf, um sie anzusehen. „Es ist dein Auge. Das mechanische, meine ich. Du kannst damit weit entfernte Dinge vergrößern? Wie ein Fernglas?"

Mary presste die Zähne fest aufeinander, sodass sie knirschten. Das ging ihn nichts an. Ihr Auge, ihre Verletzungen, das war allein ihre Sache.

„Ich verstehe", sagte Max plötzlich und kniff die Lippen zusammen. Er hob beide Hände in die Luft und schwenkte dabei die Brille herum. „Aber du solltest wissen, dass du dich vor mir nicht verstellen musst.“

Mary sah ihn nur an, solange, bis Max die Arme wieder sinken ließ und sich zurück zum Schädel umdrehte. „Diese Frakturen kommen von dem Schlag, von dem Herr Schmied uns erzählt hat. Was das angeht, hat er uns die Wahrheit gesagt.“

„Und es gibt keine anderen Verletzungen? Weitere Schläge vielleicht?“ Mary betrachtete den Schädel, doch sie konnte keine weiteren Risse in den Knochen erkennen.

„Nein. Ich denke, er hat ihn wirklich nur einmal geschlagen“, erwiderte Max.

„Das heißt also, Karl hat einen Schlag abbekommen, danach wurde Schmied entlassen und Karl blieb im Palast. Vielleicht hat er sein Auge irgendwo versorgen lassen. Und dann, nur kurze Zeit später, hat ihn jemand auf unbekannte Weise umgebracht und im Ossarium versteckt.“

„Ich würde sagen, Karl hatte eine Pechsträhne“, kommentierte Max.

„Zumindest was das angeht“, sagte Mary und sah Max an. „Aber anscheinend nicht in der Liebe.“

„Nicht?“ Max zog eine Augenbraue hoch. „Wenn das stimmt, was Herr Schmied uns erzählt hat, dann war er in seine Halbschwester verliebt. Von allen Menschen, in die er sich hätte verlieben können, erwischt er ausgerechnet seine Halbschwester? Wenn das mal nicht auch Pech ist.“

„Er wusste es", gab Mary zu bedenken. „Noch bevor er in den Palast kam, wusste er, dass Prinzessin Amalie seine Halbschwester war. Ich kann mir nur schwer vorstellen, dass er mit ihr tatsächlich eine heimliche Liebesbeziehung gehabt haben soll."

„Das wirkt tatsächlich ein wenig seltsam", gab Max zu. „Aber unmöglich ist es nicht."

„Nach allem, was wir bisher gehört haben, war Karl Bach ein anständiger und fleißiger junger Mann. Eine solche Beziehung passt nicht zu so einem Kerl." Mary schüttelte den Kopf. „Ich habe das Gefühl, dass daran etwas faul ist. Vielleicht hat Schmied die Prinzessin verwechselt."

Max machte eine wegwerfende Handbewegung. „Das kann ich mir nicht vorstellen. Wie viele Frauen am Hof sehen denn wie Prinzessin Amalie aus?"

„Das sollten wir herausfinden. Auch wenn Schmied behauptet hat, dass mit seinen Augen alles in Ordnung ist, muss das noch lange nicht wahr sein."

„Stimmt natürlich." Max wandte sich wieder dem Skelett zu. „Und jetzt brauchen wir die Todesursache." Er biss sich auf die Lippe. „Das könnte wieder eine lange Nacht werden."

„Du glaubst, du brauchst die ganze Nacht dafür?", fragte Mary und ließ ihren Blick über die vielen einzelnen Knochen gleiten, die im Raum verstreut lagen.

„Wer weiß. Vielleicht habe ich auch Glück."

Mary beobachtete ihn dabei, wie er zu den Tabletts trat, auf denen die Knochen des Brustkorbs aufgereiht lagen. „Was meinst du?“, fragte er an sie gewandt, „Ist eine Stichwunde wahrscheinlich?“

Mary wiegte den Kopf hin und her. „Es ist möglich“, sagte sie schließlich. „Das würde aber bedeuten, dass irgendwo eine Menge Blut gewesen sein muss, richtig?“

„Wenn die Waffe nach dem Stich wieder herausgezogen worden ist, dann ganz sicher“, sagte Max und ließ seinen Blick über die Rippenknochen gleiten. „Aber wenn der Täter sie erst steckengelassen hätte, dann wohl nicht.“

Max‘ Finger strichen über die Innenseiten aller Rippen.

Mary beobachtete ihn mit angewiderter Faszination dabei. Diese Knochen waren einmal das Innere eines Menschen gewesen. Irgendwo darunter hatten seine Organe gelegen, sein Herz, seine Nieren, seine Leber ...

„Ich fühle nichts“, sagte Max schließlich und ließ wieder von den Rippen ab. „Keine aufgeraute Oberfläche, keine Kerbe. Kein Hinweis darauf, dass ihn etwas an seinem Oberkörper getroffen hat. Aber bevor ich das abschließend sagen kann, muss ich noch die Wirbel prüfen. Und ich möchte mir die Rippen nochmal unter dem Binokular ansehen – sicher ist sicher.“

Mary sah ihm dabei zu, wie er die Knochen zu dem Binokular auf dem Tisch in der hinteren Ecke des Raums trug. Es wirkte ein wenig wie ein Feldstecher: Zwei Röhren, in die man hineinschauen musste, darunter das, was man näher betrachten wollte.

„Wie lange wird das dauern?“, fragte sie und trat unruhig von einem Bein aufs andere. Hier zu stehen und nichts tun zu können, gefiel ihr ganz und gar nicht.

„Ich arbeite so schnell wie ich kann, das verspreche ich dir“, erwiderte Max, der bereits auf dem Stuhl saß, in das Binokular hineinblickte und den Knochen unterhalb der Röhren millimeterweise weiterschob.

„Dauert mir trotzdem zu lange“, murmelte Mary und setzte sich auf den einzigen anderen Stuhl im Raum. Kaum, dass sie saß, spürte sie die nervöse Energie, die ihren Körper immer dann befiel, wenn sie durch etwas davon abgehalten wurde, ihre Arbeit zu tun. Unruhig begann sie damit, den Stuhl immer wieder auf die Hinterbeine zu kippen und vorschnellen zu lassen.

„Kannst du damit aufhören?“, fragte Max schließlich, ohne die Augen vom Binokular zu nehmen. „Dadurch geht es auch nicht schneller.“

Mary verdrehte die Augen, unterließ aber, mit dem Stuhl herumzuspielen und sah sich stattdessen im Labor um. Es gab viele Geräte, manche wirkten wie Waagen, bei anderen hätte sie nicht einmal raten können, wozu sie dienten. Sie alle sahen neu aus.

„Deine Eltern haben dir das Labor bezahlt, oder?“ Mary sah, wie sich Max’ Rücken versteifte.

„Das geht dich wirklich nichts an“, erwiderte er nach ein paar Sekunden abweisend, ohne sie anzusehen.

„Du wolltest doch reden“, gab Mary zurück. „Jetzt frage ich dich etwas und du willst nicht antworten?“

„Ganz genau.“ Max tauschte den einen Rippenknochen gegen den nächsten aus und schob ihn unter das Mikroskop.

„Und warum?“

„Weil deine Frage und meine Antwort darauf keinen Unterschied machen“, sagte er und sein Tonfall ließ keinen Zweifel daran aufkommen, dass das Gespräch für ihn beendet war. „Wie wäre es, wenn du mich einfach meine Arbeit machen lässt? Ich kann mich nicht konzentrieren, wenn du mit mir redest oder mich die ganze Zeit so anstarrst.“

„Wie starre ich denn?“ Mary legte den Kopf schief und beobachtete Max.

Max seufzte. „Hör mal, Mary, ich weiß, du willst diesen Fall lösen. Und du befürchtest, ich bin dieser Arbeit nicht gewachsen, aber ich schwöre es dir: Ich kann das. Also lass mich das hier einfach fertig machen, in Ordnung?“

„Schön.“ Mary hob beide Hände, obwohl Max sie nicht sehen konnte. „Schön, ich bin ganz still. Und ich starre auch nicht mehr.“ Demonstrativ stand sie vom Stuhl auf und wandte Max den Rücken zu. Sie hatte bisher den Eindruck gehabt, dass Max sich gerne mitteilte, nur schien sein reiches Elternhaus ein Thema zu sein, das er lieber ausklammern wollte. Zwar hätte Mary ihren Verdacht gern bestätigt gewusst, aber wenn er lieber seine Ruhe wollte, dann konnte er sie haben. „Wo ist das Bad?“

„Im Flur die Treppe hoch und oben gleich links.“ Max deutete mit der Hand auf die Tür, den Blick fest auf den Knochen gerichtet, den er gerade unter dem Binokular betrachtete.

„Ich bin gleich wieder da.“ Mehr aus Langeweile als aus einem anderen Grund verließ Mary das Labor. Im

Flur gab es im Erdgeschoss nur noch eine weitere Tür, die Treppe führte in das erste und auch letzte Stockwerk. Während Mary die Treppe hinaufstieg, ballte und lockerte sie ihre linke Hand. Die Narben darauf spannten von Zeit zu Zeit, wenn sie sich nicht genug bewegte, und begannen zu schmerzen. Auf dem obersten Treppenabsatz blieb sie stehen. Links war das Badezimmer, wie Max gesagt hatte. Doch hier oben gab es noch zwei weitere Türen. Hinter einer von ihnen vermutete sie Max' Schlafzimmer, hinter der anderen vielleicht einen Lagerraum oder ein kleines Arbeitszimmer.

Noch während Mary auf die Tür des Badezimmers zuging, wurde ihr Blick immer wieder von den anderen beiden Türen angezogen. Max war unten, er würde nicht hier raufkommen. Sie war ganz allein. Erforderte dieser Fall es nicht, dass sie denjenigen, mit dem sie arbeitete, ganz genau überprüfte? Was, wenn Max nicht derjenige war, der er vorgab zu sein? Mary schüttelte den Kopf. Es waren genau diese Gedanken, die sie nicht zulassen durfte. Diese Gedanken hatte sie oft und unbegründet, das war ihr schon seit Jahren klar. Und trotzdem, sie waren ein Überlebensinstinkt, auch wenn sie sich nicht gehörten. Die Menschen sahen es nicht gern, wenn andere in ihren persönlichen Sachen herumstöberten. Und sie selbst würde es hassen, wenn das jemand mit ihren Sachen tun würde.

Obwohl ihr Körper sie in die andere Richtung drängen wollte, schob Mary die Tür zum Badezimmer auf und trat ein. Es war alt, aber sauber. Die schwarz-weißen Fliesen des Bodens setzten sich über die Wände bis zur Decke hin fort. Die Armaturen der Badewanne und des Waschbeckens wirkten trüb, so als hätte sie jemand geputzt, der nicht genau gewusst hatte, was er tat. Doch der Boden und die Toilette selbst waren makellos sauber. Auf der Ablage über dem Waschbecken lagen ein Rasierpinsel und ein silberfarbener Rasierhobel mit dem eingravierten Monogramm M.J.

Mary benutzte die Toilette und wusch sich danach die Hände ausgiebig am Waschbecken. Um die Müdigkeit abzuschütteln, die mittlerweile in ihr emporkroch, tauchte sie ihr Gesicht einige Male ins kühle Wasser. Das Handtuch roch nach Seife und frischen Blütenblättern. Wenn sie hätte raten müssen, dann hätte sie gesagt, dieses Handtuch stammte direkt aus Max' Elternhaus. Aber Raten lag ihr nicht.

Zurück auf dem Flur überfiel sie wieder der unwiderstehliche Drang, die anderen beiden Zimmertüren zu öffnen. Nicht zu wissen, was sich dahinter verbarg, erschien ihr mit einem Mal unerträglich. Ganz langsam, als ob sie sich anschlich, näherte sie sich der ersten Tür und öffnete sie mit sanftem Druck auf die Klinke. Ohne ein Geräusch glitt sie nach hinten und gab den Blick auf einen abgedunkelten Raum frei. Mary tastete nach dem Lichtschalter und eine nackte Glühbirne flammte an der Decke auf. Sie warf ihr grelles Licht auf einen unordentlichen Schreibtisch, daneben mehrere Regale und auf die Unmengen an wissenschaftlichen Fachbüchern darin. Das hier war also Max' Arbeitszimmer.

Ohne Spuren zu hinterlassen, zog sich Mary wieder auf den Flur zurück und sie verschloss die Tür. Danach ging sie zur Treppe, ihre Hand lag auf dem Treppengeländer. Doch ihre Füße wollten die Treppenstufen nicht hinabgehen. Wie angewurzelt stand sie dort, bis sie schließlich dem Drängen in ihrem Inneren nachgab und zur zweiten Tür ging. Es war so, wie sie es vermutet hatte: Hinter ihr verbarg sich das Schlafzimmer. Im Gegensatz zum Arbeitszimmer hatte sich Max hier mehr Mühe mit der Einrichtung gegeben. Alle Möbel waren dunkelbraun und passten perfekt zusammen. Sie waren schlicht, aber sicher teuer gewesen. Das Bett war gemacht, die gelbe Bettwäsche darauf festgezogen und in die Seiten des Bettes gesteckt. Über dem Bett hing ein Ölgemälde, das einen Wald zeigte. Auf der Fensterbank standen mehrere bewegliche Miniaturmodelle des menschlichen Skeletts, daneben lag aufgeschlagen ein dickes Buch. Im Regal neben dem Bett standen noch weitere Bücher, dieses Mal jedoch keine wissenschaftlichen, sondern Romane. Abenteuer, wenn Mary sich nicht täuschte. Sie selbst las selten, meist fehlte ihr die Ruhe dazu, ein Buch auch bis zum Ende zu lesen.

Auf dem Nachttisch stand ein halbvolles Glas mit Wasser. Es gab keinen Kleiderschrank, nur eine Stange, auf der zwei Hosen, zwei Hemden und zwei Unterhemden hingen. Mary machte einen Schritt in das Zimmer hinein. Es wirkte friedlich und freundlich, es verriet nichts über Max, das sie nicht schon gewusst hatte. Sie beugte sich hinunter, um die Schublade des Nachttischs zu öffnen, doch sie hielt inne. Das hier war nicht richtig. Sie konnte nicht in seinen privaten Besitztümern herumschnüffeln, wie es ihr passte. Er war kein Verdächtiger, er war ihr Kollege. Marys Kopf wurde heiß. Sie schämte sich dafür, das Zimmer überhaupt betreten zu haben. So schnell es ging, machte sie kehrt und schloss die Tür hinter sich. Im Flur atmete sie erst ein paar Mal tief durch. Wenn sie wollte, dass die Zusammenarbeit mit Max reibungslos lief und sie auch in Zukunft mit ihm zu arbeiten wollte, durfte sie ihn nicht allzu sehr verärgern. Und das Eindringen in seine Privatsphäre würde er vermutlich nicht gut aufnehmen.

Mit festen Schritten ging Mary die Stufen ins Erdgeschoss hinab. Sie würde Max von nun an vertrauen. Er hatte nichts getan, was ihr Vertrauen in ihn nicht rechtfertigte. Bisher hatte er sich bei seiner Arbeit und auch bei seinem Besuch im Palast fast vorbildlich verhalten.

„Und, wie gefällt dir mein Schlafzimmer?", begrüßte Max sie, ohne vom Binokular aufzusehen, als sie das Labor wieder betrat.

„Was?" Verwirrt blieb Mary stehen.

„Glaubst du, ich weiß nicht, was du dort oben gemacht hast?" Max lehnte sich grinsend in seinem Stuhl zurück. „Hast du wenigstens etwas Interessantes gefunden?"

Marys Gesicht brannte. „Es tut mir leid, ich hätte nicht ..."

„Es macht nichts. Ich habe nichts zu verbergen. Und ich habe gewusst, dass du mich früher oder später überprüfen würdest. So bist du nun mal." Max zuckte mit den Schultern. In seinem Gesicht konnte Mary nichts von der Wut sehen, die sie erwartet hatte. Offenbar nahm er es ihr wirklich nicht übel.

„Trotzdem hätte ich das nicht tun sollen." Für einen Moment breitete sich Stille zwischen ihnen aus und Max wandte sich wieder dem Knochen unter dem Binokular zu. „Mein Auge schmerzt manchmal", brach Mary schließlich die Stille, auch wenn sie nicht genau wusste, warum sie Max das erzählte.

Er wandte sich ihr interessiert zu. „Sollten die Ärzte das nicht verhindern? Die Nerven sollen dadurch doch vermutlich stabil gehalten werden, richtig?"

„Vermutlich." Mary schnaubte. „Es ist auch nicht so eine Art von Schmerz, es ist wie ..." Ihr fehlten die Worte, um es richtig zu beschreiben. „Dieser Schmerz ist in meinem Kopf. Als wäre es für mein Gehirn zu anstrengend, mit diesem Ding zu arbeiten."

„Vielleicht ist es das auch", erwiderte Max ernst. „Es ist ein massiver Eingriff in den Körper. Gut möglich, dass er damit überfordert ist." Einen Moment musterte er sie nur. „Und du kannst damit wirklich weiter entfernte Dinge erkennen?", fragte er schließlich mit kaum verhohlener Neugier.

„Ja, wenn ich mich darauf konzentriere", antwortete Mary. „Aber der Unterschied zwischen dem und dem normalen Auge ... mir wird schlecht, wenn ich das zu lange mache."

„Verständlich."

„Manchmal hasse ich das Ding“, gestand Mary. „Und an manchen Tagen bin ich so dankbar dafür, dass ich es kaum in Worte fassen kann.“

„Es muss schwer sein.“ Max lächelte sie an und Mary nickte ihm zu.

„Verrat mir eins“, bat sie ihn nach einigen Augenblicken, in denen sie mit sich gerungen hatte, diese Frage zu stellen. „Kannst du es hören? Das Surren?“

„Welches Surren?“

„Wenn sich mein Auge verstellt, höre ich ein Surren. Und ich bin mir nicht sicher, ob es nur in meinem Kopf ist, oder ...“

„Ich kann es nicht hören, zumindest ist es mir bisher nicht aufgefallen.“

„Dann ist es wohl nur in meinem Kopf. Danke.“ Mit einem Seufzen setzte Mary sich wieder auf den Stuhl. „Mach bitte einfach weiter deine Arbeit. Ich werde hier sitzen und ... still sein. Und auch nicht mehr starren.“

„Na gut.“ Grinsend wandte Max sich wieder dem Knochen zu und Mary atmete erleichtert aus.

Kapitel 7

Mary erwachte mit einem Ruck und wusste zunächst nicht, wo sie war. Ihr Nacken schmerzte und sie saß aufrecht, statt in ihrem Bett zu liegen. Der Stuhl war hart und alle Knochen in ihrem Körper protestierten, als sie aufstand.

„Ich hab sie endlich!"

Noch bevor Mary sich überhaupt hatte strecken können, stand Max auch schon vor ihr, einen winzigen Knochen in der Hand schwenkend und mit einem triumphierenden Grinsen im Gesicht.

„Was?" Jetzt wusste sie auch wieder, was sie aufgeweckt hatte. Ein Schrei, ein Ausruf. Und offenbar war er von Max gekommen.

„Ich habe die Todesursache!" Er wedelte mit dem Knochen vor ihrer Nase herum und Mary schob ihn am Arm ein Stück weit von sich weg und streckte den Rücken durch, der heftig knackte.

Erst dann fragte sie: „Und was ist das da?" Sie deutete auf den Knochen, der die Form eines *U*s hatte, abgesehen von dem winzigen Zacken, der links und rechts an diesem Bogen hervorstand.

„Das ist das Zungenbein des Opfers“, erwiderte Max in einem Tonfall, als könnte es sich um nichts anderes in der Welt handeln. „Und es ist gebrochen.“

„Gebrochen?“ Mary wälzte das Wort in ihrem Kopf hin und her. Das hatte sie schon mal gehört. „Also ist Karl erwürgt worden?“

„Ah, ja.“ Max machte ein Gesicht, als hätte sie ihm die Überraschung verdorben. „Die Risse waren winzig, deswegen habe ich sie beim ersten Mal auch nicht gesehen, erst jetzt, als ich jeden Knochen ganz genau unter dem Binokular untersucht habe.“

„Und die Risse können nicht nach dem Tod entstanden sein?“, fragte Mary. „Vielleicht beim unsanften Transport ins Ossarium?“

„Ich wüsste nicht wie“, gab Max zurück.

„Wo genau sitzt das Zungenbein?“, fragte Mary und betrachtete noch einmal den hufeisenförmigen Knochen.

„Hier.“ Max hob den Kopf und deutete auf einen Bereich seines Halses direkt unter dem weichen Teil seines Unterkiefers. „Fühl mal.“ Er griff nach ihrer Hand und legte sie auf seine Kehle. Dann ließ er ihre Finger über die Haut seines Halses gleiten. Erst spürte sie nur die Wärme seiner Haut und die Bartstoppeln, dann ertastete sie etwas Schmales, Hartes.

„Hast du es?“, fragte Max und Mary zog ihre Hand rasch wieder zurück.

„Ja, da.“ Mary überlegte kurz. Jemand hatte Karl Bach also erwürgt. Doch wer? „Wieviel Kraft braucht man, um diesen Knochen zu brechen?“

„Nicht so viel, wie du vielleicht denkst", antwortete Max. „Es könnte auch eine Frau gewesen sein. Du musst bedenken, dass Karl diese Kopfverletzung hatte. Ich halte es für wahrscheinlich, dass er sich nicht mehr wehren konnte."

Mary nickte langsam. „Wir wissen jetzt also, dass die Tat kein Blut hinterlassen hat. Das ist nicht gut für uns."

„Aber wir wissen, dass seine Kopfverletzung recht blutig gewesen sein muss. Vielleicht war derjenige, der ihm die zugefügt hat, auch derjenige, der ihn am Ende erwürgt hat."

„Wir sollten also zuerst den Ort finden, an dem ihm auf den Kopf geschlagen worden ist", schloss Mary.

„Es sei denn, der Täter meldet sich morgen freiwillig." Max grinste. „Das würde die ganze Sache abkürzen."

„Meiner Erfahrung nach passiert das recht selten", gab Mary trocken zurück.

„Man wird ja wohl noch hoffen dürfen", sagte Max und legte das Zungenbein zurück auf eins der Tabletts.

Erst jetzt fiel Mary auf, dass es vor den Fenstern bereits verdächtig hell war. „Wie spät ist es?" Noch während sie das fragte, tastete sie nach der Taschenuhr in ihrer Tasche, doch dann fiel ihr ein, dass sie ihre Jacke nicht trug. Die hing an der Garderobe im Flur.

„Ungefähr neun Uhr", gab Max ihr die Antwort.

„Ich habe so lange geschlafen?" Entsetzt dachte Mary an all die Stunden, die sie mit Schlaf verschwendet hatte, statt sich den Kopf über den Mörder von Karl Bach zu zerbrechen.

„Du hättest ohnehin nichts tun können", sagte Max beruhigend und kam wieder auf sie zu. „Alles, was ich getan habe, war, jeden Knochen einzeln unter dem Binokular anzuschauen, es gibt nichts, was du verpasst hast."

„Ich hätte mir Strategien für heute zurechtlegen müssen", fuhr Mary ihn an. „Die Befragungen planen." Sie zog die Liste der Personen mit Zugang zum Palast aus ihrer Hosentasche. „Hier, ich hätte mir die alle anschauen müssen." Wütend auf sich selbst klatschte sie die Liste auf den Labortisch.

„Mary, ganz ruhig", sagte Max in einem nervtötend ruhigen Tonfall. „Wir kriegen das alles hin."

Mary schnaubte nur.

„Wir haben die Todesursache und wir haben eine Verletzung am Kopf. Damit sind wir schon viel weiter als am Anfang. Und dann gibt es da auch noch die Sache mit der Prinzessin."

„Befragungen erfordern Vorbereitung", beharrte Mary. „Und dafür haben wir keine Zeit mehr. Wir sollten gleich zum Palast fahren. Verdammt!"

„Und wenn wir das in der Bahn machen?", fragte Max und deutete auf die Liste. „Das ist Zeit, in der wir sowieso nichts anderes tun können."

Sein Vorschlag war vernünftig, doch Mary war noch nicht bereit, sich wieder zu beruhigen. „Du hättest mich wecken sollen", zischte sie Max an und stopfte die Liste zurück in die Tasche.

„Wollte ich aber nicht", gab Max ungerührt zurück. „Zum einen brauchtest du den Schlaf. Und zum anderen habe ich so verhindert, dass du mich mit deiner Ungeduld ablenkst."

Mary knurrte genervt. „Können wir dann jetzt los?"

„Jetzt sofort?" Max wirkte nicht begeistert von ihrem Vorschlag. „Wir haben noch nicht mal gefrühstückt. Und gewaschen oder rasiert habe ich mich auch nicht. Wenn ich so im Palast auftauche, halten die mich noch für einen Rumtreiber."

„Du kannst ja hierbleiben", entgegnete Mary und kniff die Augen zusammen. „Das würde mir nichts ausmachen."

„Netter Versuch." Max schüttelte entschlossen den Kopf. „Gib mir fünf Minuten." Ohne auf ihre Antwort zu warten, verließ er das Labor und Mary hörte ihn die Stufen zum Obergeschoss hinaufsteigen.

Exakt fünf Minuten später stand Max wieder vor ihr. Glattrasiert, mit einem sauberen weißen Hemd, darüber eine braune Weste mit dezenten Längsstreifen, und einer frischen braunen Hose.

„Können wir jetzt los?", fragte Mary unwillig. Warum nur hatte sie zugestimmt, Max in die Ermittlungen einzubeziehen? Allein wäre sie viel schneller.

„Wir können", erwiderte Max fröhlich. „Aber nur unter einer Bedingung: Wir halten auf dem Weg an einer

Bäckerei. Sonst bin ich nämlich verhungert, bis wir im Palast angekommen sind."

„Wenn es sein muss", murmelte Mary, doch auch ihr Magen knurrte und im Grunde hatte sie nichts dagegen, einen kleinen Happen auf dem Weg zu kaufen.

Als sie endlich am Palast ankamen, war es bereits kurz vor elf. Zwei Bahnen waren aufgrund eines Vorfalls in einem der Tunnel ausgefallen. Mary vermutete dahinter einen Ambuladeur. Meist waren sie der Grund für Bahnausfälle. Entweder, sie gerieten selbst auf die Gleise und wurden von der Bahn erfasst – was glücklicherweise nur recht selten vorkam – oder aber, sie verfolgten einen Flüchtigen und dieser lief auf die Gleise. Und von diesen Flüchtigen gab es genug im Territorium. Es waren Menschen, die das Land verlassen wollten, meist, weil sie für ihr Leben im Deutschen Autonomen Territorium keine Perspektive mehr sahen oder sie von ihren Verwandten in anderen Ländern abgeschnitten waren. Viele der Flüchtigen lebten in Elendsvierteln, aus denen es meist kein Entkommen mehr gab. Da der Weg über die Mauer keine Option war, versuchten die meisten es unter ihr hindurch. Sie suchten sich einen der verlassenen Eisenbahntunnel und bauten ihn weiter aus in der Hoffnung, sich so unter der Mauer hindurchzugraben. Aber soweit es Mary bekannt war, hatte es bisher niemand auf die andere Seite der Mauer geschafft.

Auf dem Weg zum Palast war Max kaum zu bremsen. „Mit wem fangen wir an? Mit dem Kaiser? Mit der Prinzessin? Kann ich mir das Ossarium nochmal anschauen? Vielleicht sollten wir auch zuerst mit dem Priester reden, der Karl gefunden hat.“

So ging es weiter, den ganzen Weg die Einfahrt des Palastes hinauf und auch noch bis in die Eingangshalle, in der ein Angestellter Max’ Redefluss endlich bremste.

„Der Kaiser erwartet sie schon in seinem Arbeitszimmer.“ Der livrierte Angestellte deutete eine Verbeugung an und wies mit der Hand in den linken Gang, der am Thronsaal und am Wartezimmer für Gäste vorbeiführte. Vor einer dicken Holztür blieb der Angestellte stehen, klopfte an und nahm eine steife Haltung ein.

„Herein“, erklang eine Stimme aus dem Inneren.

Der Diener öffnete die Tür und wies sie mit einer auffordernden Handbewegung an, einzutreten. Danach verbeugte er sich und schloss die Tür wieder hinter ihnen.

Im Inneren des Zimmers, das größer war als Marys gesamte Wohnung, saß der Kaiser an einem wuchtigen Schreibtisch aus Messing. Hinter ihm ragten zwei Regale mit Büchern auf, daneben ein kleineres, in dem vergilbte Papierrollen lagen, vermutlich Landkarten. Auf der linken Seite des Zimmers, direkt vor dem Fenster, stand ein großer Tisch. Seine Oberfläche war das perfekte Abbild des Territoriums mit all seinen Erhebungen, Städten und Straßen.

„Guten Morgen, Majestät." Max trat vor und der Kaiser stand hinter seinem Schreibtisch auf, ging um ihn herum und schüttelte Max die Hand.

Während die beiden sich begrüßten, machte Mary einige Schritte auf den Tisch mit dem Relief zu, um einen genaueren Blick darauf werfen zu können. Zu erkennen war auch Wilhelmsstadt an der westlichen Grenze des Reiches. Sogar ein winziges Modell des Palastes gab es. Sie beugte sich vor. Die Arbeit aus Metall war beachtlich, der Palast war so detailreich gearbeitet, dass er dem tatsächlichen Anblick desgleichen von außen, den sie wenige Minuten zuvor noch selbst vor Augen gehabt hatte, bis ins Kleinste glich.

„Bewundern Sie meine Karte?" Unbemerkt war der Kaiser an ihre Seite getreten und betrachtete nun mit stolzer Miene den Tisch.

„Beeindruckend", sagte Mary, richtete sich rasch wieder auf und verschränkte die Hände hinter ihrem Rücken. „Wirklich beeindruckend."

„Sie haben noch nicht alles gesehen", sagte der Kaiser geheimnisvoll und fuhr mit der Hand über die rechte Kante des Tisches. Ein Surren und Klicken ertönte, die Tischplatte mit der Karte des Deutschen Autonomen Territoriums hob sich einige Zentimeter und rotierte um die eigene Achse. Als sie wieder zum Stehen kam, war die vorherige Karte verschwunden und durch eine neue ersetzt worden. Diese zeigte noch immer das Territorium aber nicht mehr ausschließlich. Rundherum waren nun auch die Länder zu sehen, die direkt angrenzten. Mary erkannte Frankreich und die Niederlande im Westen, das waren die Länder, in denen sie selbst schon gewesen war. Dort hatte sie Krieg geführt. Sie bemerkte etwa daumengroße Figuren aus Silber, Miniaturen von Soldaten in voller Rüstung. Sie standen an einer Stelle, die etwa die Mitte von Frankreich darstellen musste.

„Was halten Sie davon?“, wollte der Kaiser wissen und hob eine der Figuren hoch, um sie an einer anderen Stelle auf der Karte zu platzieren.

„Einzigartig“, staunte Max und beugte sich nun ebenfalls über die Karte. „Diese Details ... einfach unglaublich.“

„Faszinierend, nicht wahr? Nicht ohne Stolz kann ich behaupten, dass das alles hier meine Idee war.“ Der Kaiser nickte.

„Aber wir sind leider nicht hergekommen, damit Sie uns diese Karte zeigen können, sondern weil wir wichtige Neuigkeiten haben.“ Mary schlug wieder einen geschäftsmäßigeren Ton an. Sie wollte dem Kaiser endlich sagen, was sie alles herausgefunden hatten.

„Natürlich nicht.“ Der Kaiser deutete auf eine Gruppe aus fünf cognacfarbenen Sesseln auf der anderen Seite des Raums. „Setzen wir uns doch.“

Während Max und der Kaiser sich in den Sesseln niederließen, stellte Mary sich vor den Kamin, in dem ein niedriges Feuer brannte, und von wo aus sie sowohl den Kaiser als auch Max ansehen konnte. „Wir haben einige neue Erkenntnisse bezüglich des Falls, die wir Ihnen mitteilen wollten.“ Die Augen des Kaisers weiteten sich.

Mary nickte Max zu, der sich räusperte. Nun war er an der Reihe.

„Also, wir wissen inzwischen Folgendes.“ Max rutschte an die Kante seines Sessels. „Bei der Leiche, die im Ossarium gefunden wurde, handelt es sich mit sehr hoher Wahrscheinlichkeit um Karl Bach. Der wichtigste Hinweis war hier die erbliche Verkürzung des Daumens, wie auch Sie sie haben. Diese ist relativ selten und daher ein gutes Indiz. Der Tod trat vor ungefähr fünf Monaten ein, durch Strangulation.“

Mary bemerkte den verwirrten Blick des Kaisers und ergänzte: „Er wurde erwürgt.“

Max nickte und fuhr fort: „Vor seinem Tod erlitt er eine Verletzung am Hinterkopf, aber bisher kennen wir die Waffe nicht, die diese verursacht hat.“

„Karl wurde geschlagen und dann erwürgt?“ Die Stimme des Kaisers war nur noch ein leises Flüstern. „Und dann hat man ihn ins Ossarium geschleift und dort versteckt?“ Er vergrub sein Gesicht in den Händen.

„Bisher wissen wir nicht, wo der Tatort war“, fuhr Max fort. „Der Schlag und die letztendliche Ermordung könnten an verschiedenen Orten stattgefunden haben. Ebenso wissen wir nicht, ob die Ermordung nicht vielleicht direkt im Ossarium stattgefunden hat.“

Mary sah ihn streng an und schüttelte den Kopf. Es war nicht nötig, den Kaiser über jede Einzelheit des Mordes an seinem Sohn zu informieren.

Max verstummte und lehnte sich in seinem Sessel zurück.

Mary wartete, bis der Kaiser seinen Kopf wieder hob, und fragte ihn dann: „Ist Ihnen vor fünf Monaten jemand aufgefallen? Gab es jemanden, der sich anders verhalten hat als sonst?“

„Keine Ahnung.“ Hilflos zuckte der Kaiser mit den Schultern. „Das ist schon so lange her.“ Er schüttelte den Kopf. „Zuerst dachte ich, Karl wäre wirklich an der Mauer.“ Er sah hinab auf seine Hände. „Dann nach ein paar Wochen, als ich nichts mehr von ihm gehört habe, habe ich angefangen, mir Sorgen zu machen, aber ich wusste nicht, was ich tun sollte.“ Er seufzte. „Also nein, mir ist niemand aufgefallen.“

„Machen Sie sich keine Vorwürfe deswegen“, sagte Mary ruhig.

„Das sagen Sie so leicht“, murmelte der Kaiser.

„Deswegen müssen wir mit den anderen auf der Liste sprechen. Vielleicht erinnert sich noch jemand an etwas, jede Kleinigkeit könnte wichtig sein.“

„Natürlich.“ Der Kaiser nickte und drückte sich mühsam aus dem Sessel hoch. „Sie können gleich anfangen. Unser Besuch aus Berlin ist zwar noch im Palast, aber sie reisen bald ab.“

„Mit ihrem Sohn?“ Thomas, der Sohn des Grafen von Berlin, stand ebenfalls auf der Liste derjenigen, die zu Karls Todeszeitpunkt im Schloss gewesen waren.

„Nein, Thomas wird bis zur Hochzeit in drei Wochen hier bleiben.“ Der Kaiser ging zur Tür hinüber. „Ich möchte ihm und Amalie so viel Zeit miteinander ermöglichen, wie es eben geht.“

Bevor seine Tochter an jemanden verheiratet wurde, der ihrem Vater politisch nützlich war, dachte Mary bitter. Sie wusste, wie das funktionierte. Frauen, gerade diejenigen aus adeligen Familien, hatten bei der Wahl ihrer Ehemänner selten ein Mitspracherecht. In diesem Fall konnte sie tatsächlich froh sein, dass ihre Eltern nicht mehr am Leben waren. Denn, wer weiß? Vielleicht wäre sie jetzt verheiratet und Mutter von fünf Kindern. Und vielleicht – oder eher wahrscheinlich – wäre sie nie in die Armee eingetreten.

„Wir werden Sie darüber unterrichten, wie es mit unseren Nachforschungen vorangeht", sagte Mary beim Abschied.

Mit einem Nicken nahm er ihre Worte zur Kenntnis und ein Diener schloss die Tür zu seinem Büro hinter ihnen.

„Und wo fangen wir jetzt an?" Max starrte die Tür an, die gerade ins Schloss gefallen war, bevor er sich Mary zuwandte. „Oder sollte ich fragen: Mit wem?"

Mary zog die inzwischen etwas verknitterte Liste aus ihrer Tasche. So viele Namen. Insgesamt einundvierzig, die der Kaiser aufgeschrieben hatte. Ganz oben hatte er sogar sich selbst notiert.

„Ich glaube ihn können wir erstmal außen vor lassen", sagte Max, der ihr über die Schulter sah, und tippte auf den Namen des Kaisers. „Er kommt mir ehrlich betroffen von dem Verlust seines Sohnes vor. Ich glaube einfach nicht, dass sich ein Mensch so verstellen kann."

„Du würdest dich wundern", murmelte Mary, während sie mit zusammengekniffenen Augen die restlichen Namen überflog. In ihren drei Jahren als Privatermittlerin hatte sie schon allerhand erlebt. Auch eine Mutter, die ihre zwei Kinder getötet und danach streif und fest behauptet hatte, nichts damit zu tun gehabt zu haben. „Aber ich denke auch, wir sollten uns anderen Verdächtigen widmen." Ihr Blick blieb an einer Gruppe von Namen hängen. „Was hältst du von denen hier?"

Max beugte sich weiter vor. „Den Gärtnern?" Seine Stimme klang erstaunt. „Also ich hätte erstmal mit der Familie des Kaisers angefangen."

„Der Graf ist noch immer da", sagte Mary und steckte die Liste wieder ein. „Ich will warten, bis er fort ist. Wenn wir in seinem Beisein Fragen stellen, wirbelt das nur unnötig Staub auf." Seitdem sie die Suche nach Verbrechern, Verdächtigen und Hinweisen zu ihrem Beruf gemacht hatte, war sie es gewohnt, im Verborgenen zu agieren, sich versteckt zu halten. Große Auftritte und viel Tamtam, das war etwas für die Polizei, für diejenigen, die offiziell das Gesetz vertraten. Sie dagegen tanzte mehr oder weniger um das Gesetz herum. Privatermittler wurden zwar geduldet, aber beliebt waren sie bei der Polizei nicht unbedingt.

„Na gut, also die Gärtner." Max sah sich suchend in dem Gang um. „Wo geht es hier nochmal nach draußen?"

Auch Mary war sich nicht mehr sicher, auf welchem Wege sie auf die Rückseite des Palastes kamen, wo der Wald und der größte Teil des kaiserlichen Gartens lagen. „Keine Ahnung. Aber kleiner Vorschlag: Wir gehen vorne raus, vielleicht finden wir da schon einen der Gärtner."

„Und wenn nicht?"

„Dann gehen wir einfach so lange um den Palast herum, bis wir einem begegnen." Entschlossen machte Mary sich auf den Weg den langen Gang zurück bis in die Eingangshalle. Draußen erklärte sie den Wachen, was sie vorhatte, bevor diese noch auf die Idee kamen, ihnen zu folgen oder sie gar festzunehmen, weil sie im Garten herumstreunten.

Außer den Wachen war niemand zu sehen und so schlug Mary den Weg quer über den Rasen ein. Mit raschen Schritten folgte Max ihr.

„Kommst du dir nicht auch komisch vor?"

„Wieso?"

„Weil wir hier so querfeldein über den kaiserlichen Rasen laufen." Max deutete auf seine Füße und schien zu versuchen, besonders vorsichtig aufzutreten.

„Glaubst du der kaiserliche Rasen ist anders als der, den deine Eltern zu Hause haben?" Unwirsch zeigte Mary auf die Wiese. „Ich versichere dir, die Grashalme hier sind nicht anders als die in jedem anderen Garten im ganzen Territorium."

„Aber wofür gibt es denn Wege?", wandte Max ein. „Vielleicht sollten wir lieber einen von denen benutzen." Er deutete auf mehrere Wege aus Steinplatten, die sich in dekorativen Kurven durch den Garten schlängelten.

Mary schnaubte nur und hielt weiterhin geradewegs auf die Rückseite des Palastes zu. Sie würde ganz sicher nicht irgendwelchen Zierwegen folgen, die sie womöglich erst in Stunden an ihr Ziel brächten.

Kurz nachdem die ersten Bäume des Waldes in Sicht kamen, entdeckte Mary endlich einen anderen Menschen. Die grüne Uniform und vor allem die Heckenschere in seiner Hand ließen wenig Zweifel daran, dass er einer der Gärtner war.

„Hallo." Mary deutete auf ihn und hob dann die Hand.

„Ja?" Misstrauisch blickte der Mann sie an. Er war etwa Ende fünfzig, sein Haar war von weißen Strähnen durchzogen. Die Haut auf seinen Händen war dunkelbraun und wirkte ledrig. Auf dem Kopf trug er einen breitkrempigen Strohhut. „Ich glaub nicht, dass Sie hier sein dürfen." Sein Blick schweifte über sie hinweg, vermutlich suchte er eine Wache, der er sie melden konnte.

„Genau genommen, sollen wir sogar hier sein." Mary trat näher und hielt dem Mann das offizielle Schriftstück des Kaisers entgegen.

Während der Mann las, hielt er seine Heckenschere abwehrend vor seine Brust. „Hm, ja", ließ er schließlich verlauten. „Sieht echt aus."

„Ist es auch." Mary steckte das Papier wieder ein.

Der Mann schob seinen Hut ein Stück weit in den Nacken, sodass er Mary darunter anblinzeln konnte. „Und was wollen Sie?"

„Wir müssen Ihnen ein paar Fragen stellen", begann Mary langsam und sah sich in dem Abschnitt des Gartens um. Dann blickte sie zu dem Busch in Form von zwei gedrehten Säulen hinauf, den der Mann gerade beschnitten hatte. „Ist das nicht schwierig?“ Sie deutete auf das Kunstwerk aus Blättern.

„Allerdings.“ Nun deutlich munterer ließ der Gärtner die Schere zu Boden sinken und stützte sich auf ihre Griffe. „Aber sind Sie doch nicht hier, um meine Arbeit zu bewundern und etwas über Pflegeschnitte zu lernen?“

„Wie ist Ihr Name?“ Mary zog die Liste mit den Namen aus ihrer Tasche.

„Eduard Durand“, erwiderte der Mann und sah von Max zu Mary.

„Franzose?“, fragte Max.

„Und?“ Misstrauisch legte der Mann die Stirn in Falten. „Was tut das zur Sache?“

Mary ging nicht auf seine Frage ein. „Wer außer Ihnen arbeitet noch hier draußen?“

Der Gärtner kratzte sich am Kinn. „Kriegen wir irgendwie Ärger?“

„Haben Sie denn etwas getan, für das Sie Ärger verdienen?“ Mary zog eine Augenbraue in die Höhe.

Der Gärtner schüttelte hastig den Kopf. „Nicht, dass ich wüsste.“

„Also?“ Ungeduldig verlagerte Mary ihr Gewicht aufs rechte Bein. „Haben Sie Namen für uns?“

„Außer mir gibt es noch zwei andere Gärtner“, sagte Durand langsam und sein Blick schweifte über den Rasen, als suchte er seine Kollegen. „Alexander Schneider und Franziskus Möhne.“

Auch diese beiden Namen standen auf der Liste des Kaisers. Also hatten sie schon im Palast gearbeitet, als Karl verschwunden war.

„Erinnern Sie sich an Karl Bach?“

Im Gesicht des Gärtners machte sich Verwirrung breit. „Karl?“ Seine Augen huschten hin und her. „Nein, der Name sagt mir nichts.“

„Er hat bis vor etwa einem halben Jahr im Palast gearbeitet.“ Mary ließ nicht locker. „Uns ist gesagt worden, dass er überall dort eingesetzt worden ist, wo man ihn brauchte. Also vielleicht auch im Garten? Hier bei Ihnen?“

Noch immer wirkte Durand irritiert. Er fuhr sich mit der Zungenspitze über die Lippen. „Ein junger Kerl?“, fragte er dann nachdenklich. „Dunkelblonde Haare?“

„Ja“, erwiderte Mary, obwohl diese vage Beschreibung sicherlich auf gut die Hälfte aller jungen Männer zutreffen mochte.

„Ja, den habe ich gesehen.“ Durand nickte. „Aber nur einmal und das ist auch schon lange her.“

„Was genau hat Karl bei Ihnen gemacht?“

„Vor sechs oder sieben Monaten war hier Not am Mann, die anderen beiden waren krank und ich war ganz allein.“ Durand stützte sich schwer auf seine Heckenschere. „Er wurde mir zugeteilt. Und da er keinen blassen Schimmer von der Gartenarbeit hatte, habe ich ihn die leichten Sachen machen lassen. Die, bei denen er nichts kaputt machen konnte. Er hat Dünger geschleppt und die Pflanzen gegossen. Er war drei Tage da, dann waren wir wieder vollzählig. Mehr weiß ich nicht über ihn. Das war das einzige Mal, das ich mit ihm zu tun hatte." Der Mann richtete sich auf. „Ist was mit ihm? Hat er was gemacht?"

Die Neugier in seinem Gesicht stieß Mary ab. Sie hasste es, wenn die Leute neugierig wurden, denn Neugier war immer wieder der Beginn von Tratsch. Und den konnten sie bei diesem Fall nicht gebrauchen.

„Nein", erwiderte sie und bemühte sich um eine freundliche Miene. „Nur Routinefragen. Wir helfen dem Kaiser, die Abläufe hier im Schloss zu optimieren. Und dazu gehört natürlich auch der Garten." Gewichtig nickte sie.

Erleichterung machte sich auf dem Gesicht des Gärtners breit. „Ach so, das ist gut."

„Sagen Sie: Sind Sie auch derjenige, der sich um den Wald kümmert?" Mary deutete in die Richtung, in der sie das Ossarium vermutete.

„Nein." Durand wies hinauf zu dem in Form geschnittenen Baum. „Das hier ist meine Aufgabe, hier vorne alles." Er holte weit mit einem Arm aus. „Das da hinten, das macht Franziskus."

Wenn er nicht für den Wald zuständig war, hatte er vermutlich auch nichts von der Leiche im Ossarium mitbekommen.

„Wo finden wir ihn?"

„Franziskus arbeitet heute." Mit der freien Hand zog Durand eine Taschenuhr hervor. „Um diese Zeit kümmert er sich normalerweise um die Setzlinge im Treibhaus."

„Und wo finden wir das?“ Bisher hatten sie noch kein Treibhaus auf dem Palastgelände gesehen.

„Sie gehen hier weiter.“ Durand deutete dorthin, wo hinter dem Palast die ersten Bäume des Waldes sichtbar wurden. „Und einfach immer am Waldrand entlang. Dann sollten sie das Treibhaus sehen.“

„Gut.“ Mary ließ Max und den Gärtner stehen und machte sich in die angegebene Richtung auf.

„Wir danken Ihnen vielmals“, hörte sie Max hinter ihrem Rücken zum Gärtner sagen, bevor er mit raschen Schritten wieder an ihre Seite eilte.

„Und was ist jetzt mit mir?“, rief ihnen der Gärtner beunruhigt hinterher. „Wird etwas an meiner Arbeit verändert?“

Mary antwortete ihm nicht. Für das Chaos, das ihre Ermittlungen schlussendlich verursachten, war der Kaiser zuständig, nicht sie.

Max jedoch drehte sich kurz um und rief zurück: „Bei Ihnen scheint alles perfekt zu laufen, keine Sorge!“

Mary schüttelte den Kopf. Es gab nun wirklich keinen Grund, sich von jedem mit so viel Aufhebens zu verabschieden. Wenn ein Gespräch vorbei war, dann war es vorbei, Ende.

„Meinst du, dieser Franziskus hat etwas gesehen?“, fragte Max leise, als er wieder neben ihr herging. „Es wäre schon ein großer Zufall, wenn er mitbekommen hätte, wie die Leiche ins Ossarium gebracht wurde.“

„Auch ein Zufall würde uns weiterhelfen“, sagte Mary kurz angebunden.

„Das weiß ich", gab Max zurück. „Ich befürchte nur, er wird uns nichts sagen können."

„So etwas nennt man Ermittlungen." Mary blieb stehen und sah Max ernst an. „Die meiste Zeit läuft man hin und her und erreicht dabei gar nichts. Aber irgendwann findet man mal einen Hinweis, auch wenn man ihn unter all dem nutzlosen Zeug erst einmal hervorkramen muss. So läuft das." Herablassend sah sie ihn an. „Wenn dir das zu viel Arbeit ist, dann kannst du gerne zurück ins Labor gehen. Ich schaffe das hier problemlos allein."

„Quatsch." Max begann zu lachen. „Glaubst du ernsthaft, ich habe Angst vor zu viel Arbeit?" Er schüttelte den Kopf. „So ein Quatsch", wiederholte er, ernsthafter diesmal. „Ich befürchte nur, dass wir unsere Zeit verschwenden, nichts weiter."

„Wir setzen an dem Punkt an, den ich für am sinnvollsten erachte. Ich habe die Leitung in diesem Fall", erklärte Mary, ein wenig verstimmt, da Max sie ausgelacht hatte. „Wir wissen nur, wo Karls Leiche nach seinem Tod aufbewahrt wurde. Das war nun mal im Ossarium. Und wer könnte den Täter dort gesehen haben, hm?" Sie machte eine kurze Pause. „Die Gärtner, genau." Damit war für sie dieses Gespräch beendet und sie hielt weiter auf den Waldrand zu.

„Schön." Max folgte ihr mit kurzem Abstand.

Während sie lief, dachte Mary an die Liste von Namen, die förmlich in ihrer Tasche brannte. Sie musste noch alle darauf befragen, am besten jetzt und sofort. Stattdessen stiefelte sie hier quer durch den riesigen kaiserlichen Garten. So würden sie es heute unmöglich schaffen, alle auf der Liste zu befragen. Und sie konnte sich ja auch nicht bis nachts im Palast herumtreiben und Fragen stellen, das würden sicher weder der Kaiser noch die Angestellten gerne sehen. Aber nach den Gärtnern wollte sie auf jeden Fall noch mit der kaiserlichen Familie sprechen, mit Prinzessin Amalie und ihrer Mutter, Kaiserin Viktoria. Ihr ging nicht mehr aus dem Kopf, was dieser Franz Schmied über Karl und die Prinzessin gesagt hatte. Was er glaubte, gesehen zu haben. Denn das konnte unmöglich stimmen, richtig? Aber es gab nur einen Menschen, der ihnen noch erzählen konnte, was wirklich geschehen war. Prinzessin Amalie. Ihre Aussage würde Franz Schmieds Aussage entweder bestätigen und sie hätten eine neue Spur oder sie würde sie entkräften und damit hatte sich diese Spur erledigt und sie könnten sich auf andere Richtungen der Ermittlungen konzentrieren.

Doch was wäre, wenn es keine Spuren mehr gab? Wenn die Ermittlungen im Sand verliefen? Der Gedanke war Mary beinahe unerträglich. Und dazu würde es ganz sicher auch nicht kommen. Bisher hatte sie Aufträge immer zur Zufriedenheit ihrer Auftraggeber erfüllt. Dieses Mal würde es genauso sein. Sie wusste, was sie tat, und sie hatte ein gutes Gespür, das sie bisher noch nie im Stich gelassen hatte.

„Da ist es“, sagte Max auf einmal in ihre Gedanken hinein und deutete weiter den Waldrand entlang. Viel war von hier aus noch nicht zu sehen, nur schemenhafte Reflexionen, die sie blendeten, doch das musste das Treibhaus sein, von dem Durand gesprochen hatte. Als sie näher herangingen, wurde mehr davon sichtbar.

„Wahnsinn", ließ sich Max vernehmen und auch Mary hatte Mühe, ihre Bewunderung für das wunderschöne – und äußerst verschwenderische – Gebäude zu verbergen. Den Mittelpunkt bildete eine Kuppel mit vielleicht dreißig Meter Durchmesser. Zwischen den einzelnen Glasplatten zogen sich Kupferstreben, von denen jede mit stilisierten Blumendarstellungen verziert war. Neben der Kuppel schloss sich auf jeder Seite ein rechteckiger Bau an. Diese Teile des Treibhauses waren auf der Oberseite abgerundet. Im Inneren konnte Mary das Grün von Pflanzen bereits hindurchschimmern sehen.

„Hier sind wir richtig", kommentierte Max und deutete auf den Eingang, der in der runden Kuppel eingelassen war.

„Das Gefühl habe ich auch", murmelte Mary und zog die Tür auf, die sich unter lautem Quietschen aus dem Türrahmen löste und aufschwang. „Und damit sind wir auch schon angemeldet." Und wirklich – keine zehn Sekunden, nachdem sie die Tür geöffnet hatte, erschien ein Mann aus einem der Seitenflügel. Er war vermutlich Anfang dreißig und von Kopf bis Fuß gebräunt. Aus seiner grünen Latzhose ragten aus einer Tasche einige Zweige mit winzigen grünen Blättern.

„Was machen Sie hier?", rief er. „Sie dürfen hier nicht rein." Kurz vor ihnen blieb er stehen. „Wer sind Sie überhaupt?" Misstrauisch musterte er erst Max, dann wanderte sein Blick zu Mary und verweilte eine ganze Weile auf den Narben in ihrem Gesicht und ihrem mechanischen Auge.

„Sie sind Mary Parker", stellte der Gärtner schließlich fest. Er fuhr sich durch die halblangen blonden Haare. „Ich habe von Ihnen gelesen. Sie haben doch dem Kaiser das Leben gerettet."

„Ja. Und Sie sind Franziskus Möhne?"

Der Mann nickte und tastete sie noch einmal mit seinem Blick ab. „So viel ich gehört habe, sind Sie jetzt Privatermittlerin."

„Wo hört man denn sowas?", fragte Mary wie nebenbei. Neben ihr machte Max einige weitere Schritte ins Treibhaus hinein. Momentan standen sie in einer Art winzigen Vorraum, der ebenfalls komplett verglast war, und den Eingangsbereich von der eigentlichen Anlage für die Pflanzen trennte. Max beugte sich vor und blickte durch eine der Glasplatten in die Anlage hinein.

„Tja." Der Gärtner zuckte mit den Achseln und setzte ein strahlendes Lächeln auf, durch das seine weißen Zähen sichtbar wurden. „Ich bin jemand, der viel hört. Sind Sie wegen einer Ermittlung hier?"

Mary versuchte, nicht allzu angewidert von den Annährungsversuchen des Mannes zu wirken und reichte ihm das Schreiben des Kaisers, das Möhne nur kurz überflog. „Und was haben Sie so über Karl Bach gehört?"

„Karl Bach? Wer soll das sein?" Die Stirn des Gärtners legte sich in Falten, als dachte er angestrengt nach.

wie es aussah, eine Tätigkeit, der er eher selten nachging.

„Karl Bach hat im Palast gearbeitet. Unseren Informationen zufolge wurde er überall eingesetzt, wo Not am Mann war. Vielleicht ja auch bei Ihnen?“

„Hier gibt es keine Not“, gab Möhne ungerührt zurück. „Die Arbeit hier schaffe ich allein und das immerhin schon seit sechs Jahren. Ich brauche keine Hilfe.“

„Sie sind nie krank?“

„Nur selten“, erwiderte Möhne. „Und meine Arbeit hier läuft nicht weg. Zwei, drei Tage komme ich ohne Vertretung aus.“

„Klingt ja nach einer sehr komplexen Arbeit“, sagte Mary mit einem provokanten Unterton, auf den Möhne auch gleich ansprang.

„Und ob das hier komplex ist.“ Er deutete auf die Glasscheibe hinter ihm. „Ich habe hier dreiundfünfzig verschiedene Baumarten, die alle als Setzlinge vorliegen müssen, und das immer. Dazu kommen noch die Blütenpflanzen für die Beete, davon habe ich hier dreißig verschiedene. Jede Farbe muss jederzeit ausgetauscht werden können, wenn es der Kaiser wünscht.“ Er schnaufte angestrengt. „Und dann erst die Orchideen!“ Er deutete auf den rechten Flügel des Treibhauses. „Der Kaiser verwahrt hier seine äußerst wertvolle Orchideensammlung. Orchideen in allen Farben und Formen. Und ich“, er deutete mit dem Daumen auf seine Brust, „ich allein bin dafür zuständig, diese Pflanzen zu pflegen und sie zu kreuzen. Wissen Sie, wie viele Neuzüchtungen der

Kaiser mir verdankt?" Er sah erst Mary an, dann wandte er sich zu Max um. „Hm?"

„Vielleicht zehn?", riet Max, während er zu der Tür hinüberschlenderte, hinter der sich angeblich diese wertvollen Blumen verbargen.

„Zehn?" Empört verzog Möhne das Gesicht. „Pah! Ganze hundertachtunddreißig Neuzüchtungen habe ich geschaffen."

„Beachtlich", sagte Max und spähte durch die Glastür. „Wie wäre es, wenn Sie uns die mal zeigen?"

„Mit größtem Vergnügen." Möhne ging zur Tür und zog sie auf. „Nach Ihnen."

Mary bewunderte Max' Manöver. Die Eitelkeit dieses Mannes auszunutzen und ihm zu schmeicheln, sodass er unvorsichtig wurde ... Ein guter Zug.

„So, das sind sie." Im Glasanbau breitete Möhne die Arme aus und deutete das langgestreckte Treibhaus hinunter. Mary atmete tief durch. Sie hatte das Gefühl, dass die Luft mit einem Mal an ihr klebte. Sie fühlte sich feucht und warm an, so ganz anders als noch im Vorraum. Das Innere des Treibhauses war lichtdurchflutet, in vier Reihen hingen Bretter zwischen Metallpfosten. Auf jedem dieser Bretter standen eine, zwei, manchmal auch drei kniehohe Pflanzen. Sie alle hatten dunkelgrüne Blätter, doch der Rest unterschied sich zum Teil deutlich voneinander. Einige hatten so viele Blüten, dass kaum etwas anderes der Pflanze sichtbar war, ein paar hatten winzig kleine Blüten, die auf einem Stiel aufgereiht saßen, wiederum andere besaßen einzelne große

Blüten. Die Farben reichten von weiß über rosa bis hin zu gelb. Auf den obersten Brettern standen Pflanzen, deren Blätter und Blütenstände herabhingen und somit einen Teil der darunter stehenden Pflanzen verdeckten.

Max machte einige Schritte zwischen die Regalreihen. Sein Kopf ruckte hierhin und dorthin, als er versuchte, sich alle Pflanzen gleichzeitig anzuschauen.

„Das hier", er deutete auf eine Pflanze mit einzelnen dünnen Blütenblättern, die sternförmig von der Mitte ausgingen. Die Blüten waren weiß mit gelben Streifen. „Das ist doch eine Orchidee aus Borneo, richtig?" Er beugte sich weiter vor. „Eine Wildform?"

„Ganz richtig", lobte Möhne. „Da habe ich wohl einen Kenner hier, was?"

Max winkte ab. „Nicht so richtig. Nur einen Interessenten für die Pflanzen, die es außerhalb vom Territorium gibt."

„Ja, es gibt hier einige Pflanzen, die schon seit Jahrzehnten im Besitz der kaiserlichen Familie sind. Ich bemühe mich darum, sie nachzuzüchten und am Leben zu erhalten."

„Ist das eine Bewässerungsanlage?" Mit großen Augen sah Max zur Decke auf, an der Mary nun auch langgestreckte Metallvorrichtungen entdeckte, die kleine Löcher aufwiesen.

„Allerdings." Möhne blickte stolz und deutete dann auf eine Konsole, die mit Hebeln und Knöpfen ausgestattet war. „Die Bewässerung der Orchideen ist recht kompliziert. Und diese Anlage ist perfekt für ihre Luftwurzeln." Er betätigte einen Hebel und drückte einen der Knöpfe. Sofort erklang ein Zischen und die Metallteile an der Decke drehten sich immer schneller, während sie einen feinen Nieselregen versprühten. Nach wenigen Sekunden schaltete Möhne die Anlage wieder aus. „Dazu haben wir auch noch überall beheizbare Beete und diese neuen metallischen Regenwürmer, die die Erde auflockern."

„Metallische Regenwürmer?" Davon hatte Mary noch nie etwas gehört.

„Ja, die gehören zu dem Neuesten, was man bekommen kann. Man setzt sie einfach auf die Beete und sie graben sich hindurch, absolut unermüdlich und lockern so die Erde mit ihren Gängen. Man kann sie auch mit Dünger befüllen, dann düngen sie die Beete gleichzeitig."

Nun trat Möhne an ein Regal auf der rechten Seite, auf dem zehn gleich aussehende Pflanzen standen. Sie alle rankten das Regal herab, ihre ovalen Blätter bedeckten das Holz fast vollständig. Im Gewirr der Blätter entdeckte Mary üppig gelbe Blüten und einige grüne Schoten, die ein wenig aussahen wie Erbsen oder Bohnen. „Schauen Sie mal, hier." Mary und Max gingen näher heran. „Riechen Sie." Ermutigend hielt Möhne eine Blüte in die Höhe. Mary zögerte, doch Max beugte sich sogleich herab und roch daran.

„Das riecht herrlich. Hier, Mary, das musst du unbedingt riechen."

„Na gut." Unwillig beugte sich auch Mary herab und sog die Luft in ihre Nase. Es roch wirklich unglaublich.

Irgendwie warm und buttrig, gleichzeitig süß und üppig. Mary richtete sich wieder auf. „Riecht gut."

„Gut?" Möhne schüttelte den Kopf. „Das ist Vanille, die riecht nicht nur gut."

„Vanilla planifolia", stieß Max plötzlich aus.

„Was?" Hatte er irgendeine Art von Anfall?

„Die Pflanze. Vanilla planifolia, richtig?" Max ging wieder näher an die Orchidee heran. „Ich wusste nicht, dass es im Territorium ein Exemplar davon gibt."

„Nicht nur eines." Mit stolzgeschwellter Brust deutete Möhne auf die zehn Pflanzen, die in dem Regal standen. „Mir ist es gelungen, sie zu züchten und zu vermehren."

„Unglaublich." Max betrachtete die Pflanze mit den gelben Blüten mit solcher Intensität, als wollte er in ihr Innerstes sehen.

„Ja, Pflanzen, spannend", kommentierte Mary, die angesichts dieses unnützen Gesprächsthemas ungeduldig wurde. „Ich muss Ihnen aber leider sagen, dass wir nicht von der Universität kommen, um einen wissenschaftlichen Bericht über diese Vanille-Pflanzen zu verfassen."

„Was?" Möhne sah von der Orchidee auf und blickte sie verwirrt an.

„Karl Bach." Sie deutete auf die Wände des Treibhauses. „Sie sagten, er sei bei der Arbeit nie für Sie eingesprungen, richtig?"

Möhne nickte. „Ich kenne den Kerl nicht, glaube ich zumindest. Wie sagten Sie, sieht er aus?"

Mary zog die Fotografie von Karl hervor, die der Kaiser ihr anvertraut hatte. „Das hier ist er."

Möhne ließ sich Zeit dabei, das Bild zu betrachten, dann sagte er: „Eingesprungen ist er nie für mich, das stimmt. Aber ich hab ihn öfter hier im Garten gesehen, manchmal auch im Wald."

Marys Herz schlug schneller. Der Wald? Was hatte Karl dort gewollt? „War er allein?"

„Manchmal ja. Dann hat er auf dem Boden irgendwas gesucht, hat mit der Nase förmlich an der Erde geklebt."

„Und wenn er das nicht getan hat?"

„Dann war die Prinzessin bei ihm." Möhne deutete aus dem Treibhaus heraus in Richtung Palast. Dort gab es prächtige Blumenbeete, noch mehr Zierwege und dazwischen immer wieder Bänke. „Erst sind sie immer da vorne spazieren gegangen, haben sich die Rosen angeschaut, wie es aussah. Irgendwann saßen sie dann auf der Bank und unterhielten sich. Und an einem Abend habe ich sie gesehen, als sie am Waldrand entlanggegangen sind. Genau da." Er zeigte nach rechts, in die Richtung, aus der sie vorhin auf das Treibhaus zugegangen waren. „Ich dachte, er wäre irgendein Adeliger, einer der Bekannten des Kaisers." Neugierig sah er Mary an.

„An welchem Abend haben Sie sie am Wald gesehen?" Könnte es womöglich der Abend gewesen sein ...

„Das ist schon länger her, vielleicht sieben Monate? Oder acht?"

„Könnten es fünf sein?" Vielleicht hatte Herr Möhne ja ein schlechtes Zeitgefühl.

„Hm, denke schon." Er tippte sich mit dem Finger ans Kinn.

„War es der Abend, an dem das Knochenfest gefeiert wurde?" Max hatte sich endlich von den Vanille-Pflanzen abgewandt.

„Nein."

Fast hätte Mary geseufzt. Wäre ja auch zu schön gewesen, wenn Möhnes Beobachtung etwas mit Karls Tod zu tun gehabt hätte.

„Das weiß ich noch, weil ich am Knochenfest frei hatte. Das kann nicht der Abend gewesen sein, an dem ich sie gesehen habe, das war vorher, ganz sicher." Zufrieden mit sich selbst nickte Möhne. „Sagen Sie mal ... Hat der Kerl was ausgefressen? Gesehen habe ich den nämlich schon lange nicht mehr."

„Er wird vermisst."

„Vermisst wie in ... niemand hat ihn mehr gesehen?" Die Rädchen in Möhnes Gehirn drehten sich offenbar recht langsam.

„Ganz genau", antwortete Mary. „Wissen Sie vielleicht sonst noch etwas über ihn?"

„Nein." Möhne schüttelte den Kopf und fuhr sich mit einer Hand durchs Haar. „Nein, ich kannte ihn auch wirklich gar nicht. Nur gesehen habe ich ihn, wie ich Ihnen schon gesagt habe."

Mary ließ einige Augenblicke verstreichen, bevor sie fragte: „Das Ossarium liegt doch auch in Ihrer Zuständigkeit, richtig?"

„Ja." Misstrauisch sah Möhne sie an.

„Ist Ihnen dort in den letzten Monaten mal jemand oder etwas Ungewöhnliches aufgefallen?“ Mary deutete durch die Fensterscheibe nach draußen. „Jemand, der dort vielleicht nicht hingehörte?“

„Jemand wie dieser Karl Bach?“ Möhne dachte angestrengt nach. „Nein, ich erinnere mich an niemanden. Überhaupt ist dort selten jemand. Und den Bereich kontrolliere ich auch nicht so häufig.“

„Warum nicht?“, fragte Max.

„Dort stehen Eichen, ein paar Tannen. Nichts, was nach ständiger Pflege verlangt. Alle paar Wochen schaue ich dort nach dem Rechten, entferne abgestorbene Äste, sowas eben. Und normalerweise treffe ich dabei niemanden.“

„Aber es kommt vor“, schloss Mary.

„Na ja, schon. Priester Johannes kontrolliert die Ossarien. Da ist es doch logisch, dass ich ihn ab und zu dort antreffe.“ Möhne fuhr mit dem Finger über die Blüte einer Vanille-Pflanze. „Aber sonst war dort niemand.“

Mary sah hinüber zu Max, um zu sehen, ob er noch weitere Fragen hatte, doch er schüttelte verhalten den Kopf. „Ich danke Ihnen für Ihre Kooperation“, wandte Mary sich wieder an Möhne und nickte ihm zu. „Wir müssen dann jetzt auch weiter.“

Es war bereits Nachmittag, als sie erschöpft in die Eingangshalle des Palastes zurückkehrten. Die Suche nach dem dritten und letzten Gärtner hatte sie viel Zeit gekostet, und dann hatte er nicht einmal den kleinsten Hinweis für sie gehabt, denn er war Karl angeblich nie begegnet. Danach hatten sie einen Kammerdiener nach dem anderen befragt, anschließend die Berater des Kaisers und die Diener, die im Palast putzten, das Essen auftrugen und den Tee servierten. Einen Namen nach dem anderen hatte Mary auf ihrer Liste abgehakt und sie waren Karls Mörder bisher noch keinen Schritt nähergekommen. Die meisten hatten Karl nicht gekannt, und wenn sie ihn doch gekannt hatten, wussten sie nichts über sein Verschwinden oder seine angebliche Beziehung zur Prinzessin.

„Und jetzt?" Max wischte sich eine Schweißperle von der Schläfe und sah sie an. „Gehen wir? Oder willst du noch weitermachen?"

Mary sah auf ihre Liste hinab. Sie hatten das meiste Personal bereits befragt, es fehlten nur noch diejenigen, die nicht jeden Tag im Palast anzutreffen waren, wie die Lieferanten für die Lebensmittel.

Abgesehen von ihnen stand nur noch die Befragung der kaiserlichen Familie bevor. „Ich vermute, der Graf ist inzwischen abgereist." Mary deutete in Richtung Thronsaal. „Ich würde vorschlagen, wir suchen den Kaiser und bitten ihn um eine Unterredung mit seiner Frau, seiner Tochter und seinem zukünftigen Schwiegersohn. Was meinst du?"

Max nickte begeistert und seine Augen funkelten. Mary begann zu befürchten, er könnte ein wenig zu viel Begeisterung für die Befragung der kaiserlichen Familie aufbringen.

„Ich vermute, wir finden ihn in seinem Arbeitszimmer." Max nickte in die Richtung, in der sich das Zimmer befand. „Oder was meinst du?"

„Lass uns einfach nachsehen."

Tatsächlich befand sich der Kaiser in seinem Arbeitszimmer, wo er tief über Papiere gebeugt am Schreibtisch saß.

„Ah, da sind Sie beide ja wieder." Rasch erhob sich der Kaiser und schob die Papiere zu einem Stapel zusammen. „Waren Sie erfolgreich?"

Mary schüttelte den Kopf. „Kann man so nicht unbedingt sagen", gab sie zu. „Wir haben die meisten Angestellten befragt, keiner hatte einen wichtigen Hinweis auf die Geschehnisse vor Karls Tod. Es scheint, als hätte ihn an dem Abend niemand mehr gesehen. Und als hätte ihn niemand richtig gekannt."

„Ja, Karl war sehr schüchtern." Der Kaiser lächelte verklärt. „Sich mit anderen Menschen anzufreunden, fiel ihm schwer, immer schon hatte er gesagt, auch als Kind." Er nickte in Gedanken versunken.

„Majestät?“ Mary versuchte, ihn wieder ins Hier und Jetzt zurückzuholen. „Wir müssen noch mit Ihrer Familie sprechen.“

Unbehaglich seufzte der Kaiser. „Nun, es scheint unumgänglich zu sein, nicht wahr?“

„Das ist es.“ Dem Kaiser widerstrebte es, dass sie mit seiner Familie sprechen wollten, das war Mary klar. So war das eben, wenn man Geheimnisse hatte: Man hatte ständig Angst, sie würden herauskommen. „Vielleicht hat einer von ihnen Informationen über Karl. Vielleicht hat jemand etwas beobachtet.“ Vielleicht war jemand sein Mörder.

„Natürlich.“ Der Kaiser stützte sich mit einer Hand auf seinen Schreibtisch. „Natürlich.“ Dann klopfte er auf das Holz der Tischplatte und richtete sich auf. „Folgen Sie mir bitte, ich werde Sie in den Teesalon führen, dort können Sie meine Familie befragen.“

Den Teesalon, natürlich. Mary war noch nie in einem solchen Zimmer gewesen, ja, hatte noch nicht einmal gewusst, dass so etwas existierte. Aber reiche Menschen brauchten wohl für alles ein Zimmer.

Der Salon lag noch ein Stück weiter den Gang hinunter. Der Kaiser öffnete ihnen die Tür und ließ sie dann allein, um den Rest der kaiserlichen Familie zu verständigen und zu ihnen zu schicken.

Als sich die Tür hinter ihm schloss, sah Mary sich im Raum um. Es war ein gemütliches Zimmer mit hoher Decke und gelben Tapeten an den Wänden. In der Raummitte standen zierliche Stühle rund um einen ovalen, auf Hochglanz polierten Tisch. Über diesem hing ein elektrischer Leuchter aus vielen einzelnen Edelsteinen, der das Licht brach, und an allen Wänden helle Lichtpunkte erstrahlen ließ.

In der hinteren Wand war ein Kamin aus braunen Steinen eingelassen, davor standen zwei weinrote Sessel. Mary machte einige Schritte in den Raum hinein und blickte aus dem Fenster. Von hier aus hatte sie Sicht auf den Teil des Gartens, der mit Beeten und zierlichen kleinen Büschen bestückt war, sowie auf den Teich, der über einen Steg verfügte.

„Auf wen bist du am meisten gespannt?"

„Hm?" Mary drehte sich zu Max um, der mit einem Kerzenleuchter vom Tisch spielte und sie neugierig ansah.

„Von der Familie." Max stellte den Leuchter wieder ab. „Vielleicht auf die Kaiserin? Oder doch eher auf die Prinzessin?"

„Weder noch." Mary ging durch den Raum zum Kamin und musterte die handgroßen Zahnräder aus Gold, die darauf standen. Vermutlich waren sie mehr wert als alles in ihrer eigenen Wohnung zusammen.

„Gar nicht neugierig?" Max lehnte sich gegen den Tisch. „Das glaube ich dir nicht."

„Glaub es ruhig. Diese Menschen, die wir befragen müssen, sind Tatverdächtige, vielleicht sogar Mörder. Und wenn nicht das, dann sind sie vielleicht wichtige Zeugen. Falls du zu aufgeregt bist, weil sie Adelige sind ..." Mary seufzte. „Vielleicht wäre es besser, wenn du draußen wartest. Du scheinst hier nicht die richtigen Prioritäten zu setzen."

„Ich habe die gleichen Prioritäten wie du." Mit wenigen Schritten war Max bei ihr. „Und ich nehme diesen Fall absolut ernst." Mit brennender Intensität in seinem Blick sah er ihr in die Augen. „Aber", er trat wieder einen Schritt zurück. „Nur weil man etwas ernst nimmt, muss man nicht jeglichen Spaß an der Sache verlieren. Wir sind hier, um einen Mörder zu finden, richtig?"

Mary nickte. Natürlich, worauf wollte er hinaus?

„Das werden wir auch", sagte Max voller Überzeugung. „Aber gleichzeitig können wir doch gespannt darauf sein, wen wir treffen. Und uns darüber freuen, zum ersten Mal im Leben eine Vanilla planifolia gesehen zu haben."

Mary zuckte mit den Schultern. „Gut. Ich denke, das können wir." Zumindest er konnte es. Ihr hingegen fiel es schwer, neben dem, was für den Fall relevant war, überhaupt noch irgendetwas anderes zu sehen. „Wenn du dich dann trotzdem konzentrieren kannst. Auf die wirklich wichtigen Dinge meine ich." Streng sah sie ihn an.

„Das kann ich. Gar kein Problem", bestätigte Max überzeugt. „Ich bin sehr intelligent. Ich kann gleichzeitig den Hinweisen zum Fall nachgehen und diesen Kerzenhalter da bewundern, der eindeutig nicht aus dem Territorium stammt." Er zeigte auf ein Regal neben der Tür, dessen Regalbretter mit Kunstobjekten bestückt waren.

Als Mary seinem Blick folgte, öffnete sich die Tür zum Teesalon und eine Dienerin, die sie bereits vor einigen Stunden befragt hatten, kam mit einem Tablett herein, auf dem mehrere Teetassen, eine Teekanne, ein Schälchen voll Zucker und eine kleine Kanne standen, die vermutlich mit Milch gefüllt war. Ohne etwas zu sagen, stellte die junge Frau alles nacheinander auf dem Tisch ab und goss ihnen beiden dann Tee ein.

Misstrauisch beäugte Mary ihren Tee, während Max seine Tasse bereits an die Lippen hob und einen Schluck nahm. „Der ist wirklich gut." Interessiert warf er einen Blick ins Innere der Tasse und zog anerkennend die Augenbrauen in die Höhe. „Probier doch mal."

„Nein, danke." Mary schob die Tasse ein Stück von sich weg. „Warme Getränke sind mir suspekt."

„Ernsthaft?" Max lachte. „Na, da verpasst du was. Tee, Kaffee, Kakao ..."

„Ich weiß, welche Heißgetränke es gibt, vielen Dank", gab Mary lakonisch zurück. „Ich mag sie nur nicht. Vor allem nicht Kaffee. Warum trinkt man etwas, das bitter schmeckt?"

„Weil er eine ungemein belebende Wirkung hat."

Mary zuckte zusammen. Unbemerkt hatte eine weitere Person den Raum betreten und stand nun mit züchtig vor dem Schoß gefalteten Händen im Eingang.

„Majestät." Max sprang auf, um sich vor der Frau des Kaisers zu verbeugen. Mary hingegen blieb sitzen. Sie war der Kaiserin schon begegnet, statt einer Verbeugung nickte sie ihr lediglich zu. „Darf ich?" Max deutete auf einen der Stühle am Tisch und die Kaiserin nickte würdevoll. „Vielen Dank."

Max zog einen der Stühle hervor, wartete, bis die Kaiserin sich gesetzt hatte, und schob ihn dann sanft wieder zurecht.

Die Kaiserin lehnte sich im Stuhl zurück und bettete die Händen in ihren Schoß. Sie war eine schöne Frau im mittleren Alter, vielleicht Mitte bis Ende vierzig. In ihrem ehemals goldblonden Haar entdeckte Mary ein paar graue Strähnen, die jedoch eine fachkundige Hand so geschickt in die Hocksteckfrisur eingeflochten hatte, dass sie praktisch unsichtbar wurden. Auf ihrem Haar steckte ein Diadem aus Rotgold, das mit durchscheinenden Edelsteinen besetzt war, vermutlich Diamanten. Ihr prächtiges Kleid, das aus mehreren Lagen blauen und grünen Brokatstoffs bestand, bauschte sich um ihre Hüfte, eingezwängt durch den Stuhl, auf dem sie saß.

„Guten Tag, General Parker." Ihre Augen – so blau und so kalt wie der Ozean – schienen Marys Gesicht abzutasten und kurz auf der Narbe zu verweilen, deren Entstehung sie selbst beigewohnt hatte. „Auch wenn ich es bereits getan habe, möchte ich Ihnen erneut für die Rettung meines Mannes danken", sagte die Kaiserin und neigte den Kopf bewundernd in Marys Richtung. „Ihr Mut hat uns alle vor einem schrecklichen Chaos bewahrt. Und mich davor, zur Witwe zu werden."

Und auch davor, plötzlich machtlos dazustehen, dachte Mary mit einem Anflug von Bitterkeit, denn die Kaiserin konnte nicht allein regieren.

„Ich habe nur getan, was meine Aufgabe war", gab Mary knapp zurück. Sie wollte nicht mehr an jenen schrecklichen Tag denken, der sie ihrem Auge und ihrer militärischen Karriere beraubt hatte. Auch wenn dieser Fall alles wieder aufwühlte, so wollte sie nicht mehr darüber sprechen als unbedingt notwendig.

„Natürlich." Die Kaiserin nickte würdevoll. „Doch nicht viele hätten so gehandelt, ob Aufgabe oder nicht, General Parker. Nehmen Sie meinen Dank einfach an." Ihre Mundwinkel verzogen sich in Andeutung eines Lächelns, doch ihre Augen blieben kalt.

„Dann vielen Dank", erwiderte Mary steif. Ihr wäre es deutlich lieber, wenn sie nun endlich zum Fall zurückkehren könnten. „Und auch vielen Dank dafür, dass Sie sich die Zeit nehmen, mit uns zu reden."

„Ja, mein Mann hat mich bereits über den Fall in Kenntnis gesetzt, um den es hier geht. Sie stellen Nachforschungen über Karl Bach an?"

Wie viel mochte der Kaiser seiner Frau tatsächlich erzählt haben? Mary beschloss, sich allgemein auszudrücken, um nicht versehentlich zu viel auszuplaudern. „Richtig, Karl Bach." Sie machte eine kurze Pause, in der sie die Reaktion der Kaiserin ganz genau beobachtete. Doch bei Karls Namen zuckte sie nicht einmal mit der Wimper. „Wie Sie vermutlich bereits wissen, wurde seine Leiche im Ossarium im Wald gefunden."

„In einem der Ossarien", verbesserte die Kaiserin sie. „Wir haben insgesamt sechs."

„Sechs?" Max zog die Augenbrauen in die Höhe. „Das ist eine beachtliche Anzahl, bitte, sagen Sie mir doch, wozu all diese Ossarien dienen."

Mary warf ihm einen warnenden Blick zu. SKeine Einmischungen, das hatten sie doch vereinbart.

„Nun“, die Kaiserin griff nach der Teekanne und goss sich mit einer eleganten Handbewegung etwas von dem Tee ein, „ich nehme an, Sie sind mit den Grundsätzen des Glaubens vertraut?“ Über den Rand ihrer Tasse hinweg musterte sie Max.

„Das bin ich, ja.“ Max nickte bekräftigend, während Mary froh war, dass die Kaiserin nicht auch nach ihrem Wissensstand bezüglich der Ossarier fragte.

„Dann wissen Sie ja, dass Knochen für die heiligen Messen unerlässlich sind.“

Max nickte wieder.

„Hier im Palast findet drei Mal am Tag eine solche Messe statt: morgens, mittags und abends.“ Die Kaiserin nahm einen Schluck und stellte die Tasse wieder vor sich ab. „Bei jeder Messe werden neue Knochen verwendet, da Priester Johannes und auch ich der Meinung sind, dass die Energie eines Knochens nach einer Messe verbraucht und er damit sozusagen wertlos ist. Zudem hat es sich als effektiver herausgestellt, die Knochen mehrerer verschiedener Menschen zu verwenden. Es scheint die einzelnen Energien zu verstärken und daraus etwas Neues zu erschaffen.“ In der Stimme der Kaiserin schwangen Eifer und Begeisterung so deutlich mit, dass es Mary kalt den Rücken herunterlief.

„Sie verwenden demnach in jeder Messe die Knochen verschiedener Menschen?“, erkundigte sich Max, als wäre dieses Thema das normalste der Welt.

„Das sehen Sie richtig", bestätigte die Kaiserin ihm und lächelte ihn wohlwollend an.

„Und woher stammen diese Menschen ursprünglich?", hakte Max nach und Mary wollte ihn schon bremsen, doch sie war zu langsam und so fragte Max weiter: „So viele Leichen ... die müssen schließlich irgendwoher kommen."

„Oh ja, die kommen irgendwoher", gab die Kaiserin pikiert zurück. „Das hat alles seine Richtigkeit, Herr ..."

„Jung", warf Max ein.

„Herr Jung. Viele Verstorbene haben sich freiwillig zur Verfügung gestellt, weil es eine außerordentliche Ehre ist, als Reliquie für die heilige Messe des Kaisers zu dienen."

Mary fragte sich, wer so etwas wollen würde. Wer wollte schon, dass nach seinem Tod irgendein seltsamer Priester kam, den Körper in eine steinerne Gruft zwängte, nur damit Monate später die Knochen auseinandergerissen wurden und als Gebrauchsgegenstand einer seltsamen Zeremonie endeten?

„Und dann gibt es da natürlich noch diejenigen, die wir kaufen."

„Kaufen?" Mary erkundigte Mary sich in der Hoffnung, die Kaiserin ein wenig aus der Reserve zu locken und sie mehr über ihr Lieblingsthema erzählen zu lassen. „Man kann Verstorbene kaufen?"

„Selbstverständlich", gab die Kaiserin in einem Tonfall zurück, der deutlich machte, dass sie Mary für schrecklich ungebildet hielt. „Der Universität werden zu ebendiesem Zweck Körper verkauft. Ein paar Mal im

Monat gibt es eine Auktion, auf der die Toten dann zum Verkauf angeboten werden." Sie schüttelte ungläubig den Kopf, als könnte sie nicht fassen, dass Mary das nicht gewusst hatte. Doch Mary wollte die Meinung der Kaiserin diesbezüglich nicht ändern. Ihr war es lieber, wenn die Verdächtigen sie unterschätzten.

„Ich würde gerne wieder zurück zum Fall kommen, wenn es Ihnen recht ist", sagte Mary, als sie sah, dass Max den Mund bereits für eine weitere Frage geöffnet hatte.

„Natürlich." Die Kaiserin neigte ihren Kopf in Marys Richtung.

„Kannten Sie Karl Bach?"

„Ob ich Karl kannte?" Die Kaiserin stieß ein freudloses Lachen aus. „Wie könnte ich den Bastard meines Mannes nicht kennen, wenn er doch direkt vor meiner Nase arbeitet?" Sie schnaubte wenig damenhaft, dann bemühte sie sich sichtlich darum, wieder ihre Fassung zurückzugewinnen und faltete ihre Hände erneut vor ihrem Schoß.

Mary sah die Kaiserin mit großen Augen an. Sie hatte von der Affäre des Kaisers und dem daraus entstandenen Kind gewusst? „Ich bitte um Entschuldigung ... Bastard?"

„Natürlich, deswegen sind Sie doch überhaupt erst hier."

„Wie meinen Sie das?" Mary fiel es in ihrer Überraschung schwer, zu begreifen, dass der Fall nicht so lag, wie sie – und auch der Kaiser – gedacht hatten.

Die Kaiserin seufzte, als wäre sie äußerst genervt von Marys Unverständnis. „Ich meine damit, dass ich weiß, dass Karl Bach der Sohn meines Mannes war. Ich habe es sofort gesehen, als er ihn eingestellt hat. Welchen Grund hätte er auch sonst dazu gehabt? Unser Personal war vollständig." Sie schüttelte den Kopf. „Da wusste ich, dass es einen Grund dafür geben musste, dass er ausgerechnet diesen Jungen in den Palast geholt hat. Und als ich ihn zum ersten Mal gesehen habe, wusste ich auch, welcher Grund das war. Er war meinem Mann so ähnlich." Die Stimme der Kaiserin war leiser geworden. Sie blickte in ihre Teetasse.

„Und trotzdem haben Sie zugelassen, dass er hier arbeitet?" „Natürlich." Die Kaiserin nickte langsam. „Die Enthüllung wäre eine Katastrophe gewesen. Also mussten die Menschen, die davon wussten, schweigen."

Mary konnte trotzdem nicht glauben, dass die Kaiserin nichts zu dem plötzlichen Auftauchen eines unehelichen Sohns ihres Mannes zu sagen gehabt hatte. „Sie haben es Ihrem Mann also

einfach vergeben?"

Die Kaiserin blickte mit durchdringendem Blick von ihrer Tasse auf. „Nein", erwiderte sie schlicht.

Nun war Mary endgültig verwirrt. Hilfesuchend sah sie Max an.

„Nein, ich habe ihm nicht einfach vergeben."

„Sie waren doch sicher wütend."

„Wütend?" Die Kaiserin zog eine Augenbraue in die Höhe. „Für eine Kaiserin gehört es sich nicht, wütend zu sein. Aber ihrem Mann geschehen vielleicht ein paar Dinge, die er sich nicht erklären kann, aber wütend ... nein."

Mary konnte nicht anders, als bewundernd zu grinsen. „Und was ist dem Kaiser in letzter Zeit zugestoßen? Rein zufällig natürlich?"

„Oh, man könnte meinen, sein Gedächtnis lässt langsam nach. Immer wieder verlegt er Dinge wie seine Brille, seine Zeitung, seine Pantoffeln ..." Die Kaiserin machte ein betont betrübtes Gesicht. „Und er achtet auch nicht mehr recht auf den Weg. Immer wieder stolpert er. Ein paar Mal hat er sich dabei schon kleinere Verletzungen zugezogen. Mittlerweile mache ich mir schon Sorgen um ihn."

„Und Karl?", fragte Max weiter. „Was war mit ihm?"

„Karl?" Die Kaiserin schüttelte den Kopf. „Er war nur ein unschuldiges Kind."

„Was wäre, wenn dieses Kind ihrem Mann auf den Thron gefolgt wäre?" Max klang nun eindeutig provozierend.

„Das wäre niemals geschehen", erwiderte die Kaiserin voller Überzeugung. Rote Flecken bildeten sich auf ihren sorgfältig gepuderten Wangen. „Amalie wird ihrem Vater auf den Thron folgen." Ihr prächtiges Kleid hob und senkte sich in rascher Folge, während sie mühsam versuchte, die Kontrolle über ihren Atem wiederzuerlangen.

„Ich verstehe", sagte Max langsam und in einem – wie Mary fand – recht skeptischen Tonfall.

„Ich glaube, dann haben wir auch vorerst keine Fragen mehr“, unterbrach Mary das Gespräch. Sie wussten bisher zu wenig, um zufriedenstellende Informationen zu erhalten. Und sie sollten die Kaiserin nicht zu sehr gegen sich aufbringen. „Wir sollten noch die anderen befragen.“ Sie erhob sich aus ihrem Stuhl und deutete zur Tür.

„Gut.“ Auch die Kaiserin erhob sich und reichte Mary zum Abschied die Hand. „Kann ich mich darauf verlassen, dass Sie das Geheimnis meines Mannes nicht weitertragen werden?“

„Selbstverständlich.“ Mary verstärkte den Druck ihrer Hand ein wenig. „Wir sagen jedem nur so viel wie nötig.“

Die Kaiserin nickte und ließ ihre Hand wieder los. „Ich schicke Ihnen meine Tochter.“ Mit einem Nicken verabschiedete sie sich auch von Max und verließ dann das Zimmer.

„Sie wusste es“, sagte Max, kaum dass die Tür hinter der Kaiserin ins Schloss gefallen war. „Sie wusste, dass ihr Mann sie betrogen hatte und nahm es einfach so hin?“

„Nicht einfach so“, gab Mary deutlich leiser zurück. „Sie hat ihm auf ihre Art das Leben schwergemacht. Ohne dass er wusste, dass sie dahintersteckte. Ich kann sie verstehen.“

„Du kannst ...“ Max schüttelte ungläubig den Kopf. „Dann ist das wohl etwas, das nur Frauen tun. Ich kann es nämlich ganz und gar nicht verstehen.“

„Das musst du ja auch nicht, es reicht, wenn ich es tue." Mary behielt die Tür im Auge. „Der Tochter dürfen wir aber nichts sagen, bitte halte dich daran."

„Als würde ich ständig irgendetwas ausplaudern." Empört sah Max sie an und Mary konnte sich ein Schmunzeln nicht verkneifen.

„Wir sollten sie nach den Treffen mit Karl fragen und ..." Doch Mary konnte ihren Satz nicht zu Ende bringen, denn die Tür wurde energisch aufgestoßen und prallte innen gegen die Wand. Ein junger Mann marschierte herein, der die Prinzessin an einem Arm hinter sich herzog. Sein lockiges rotes Haar war vornehm geschnitten und er trug einen tadellos sitzenden Anzug mit einer blauen Schalkrawatte um den Hals.

„Sie sind die Ermittler?" Mit vorgereckter Brust baute er sich vor Mary auf und blickte über seine Nase hinweg auf sie hinunter.

„Ich bin die Ermittlerin", gab Mary unbeeindruckt zurück und starrte den jungen Mann ebenfalls an, bis dieser wenige Zentimeter zurückwich. „Und Sie sind?"

„Thomas. Ich vermute, Sie kennen meinen Vater? Den Grafen von Berlin?" Sein Tonfall war hochnäsig. Es war ohne Frage klar, dass er sich für etwas Besseres hielt. Solche Menschen – besonders Männer – waren ihr schon oft begegnet.

„Natürlich." Mary nickte und deutete dann auf den Tisch. „Setzen wir uns doch." Sie zog ihren Stuhl zurück, doch bevor sie sich setzen konnte, sagte der junge Mann: „Ich werde mich nicht setzen." Er schüttelte abwertend den Kopf. „Sie schnüffeln hier im Palast umher und bringen alles in Unordnung. Die Angestellten sind ganz aufgewühlt. Heute Morgen beim Frühstück hat mir eine Dienerin den Tee auf meinen neuen Anzug geschüttet. Das müssen Sie sich mal vorstellen!" Wütend stieß er die Luft durch die Nase aus. „So geht das hier nicht. Langsam müssen Sie doch Ergebnisse liefern." Hinter ihm setzte die Prinzessin sich mit großer Umsicht auf einen der Stühle. Sie trug ein schlichtes rosafarbenes Kleid mit weißen Stickereien und Perlen am Kragen. Ihrem Gesichtsausdruck nach zu urteilen, schämte sie sich für den Auftritt ihres Verlobten.

Während Thomas wütete, reagierte Mary gar nicht auf ihn oder seine Beschwerden. Das war ein Mann, der sich wichtigmachen musste. Jemand, der in seinem Leben selbst nichts erreicht hatte, aber glaubte, alle Welt müsste ihm zu Diensten sein. Aber bei ihr war er mit diesem Benehmen an der falschen Adresse. Sie trat einen Schritt auf ihn zu, bis sie nur noch wenige Zentimeter trennten. Thomas war vielleicht einen halben Kopf größer als Mary, doch sie blickte ihm geradewegs in die Augen. „Hören Sie mir zu, und zwar mit allergrößter Sorgfalt." Der junge Mann wollte sogleich etwas erwidern, seinem Blick nach zu urteilen nichts Nettes, doch Mary ließ ihn nicht zu Wort kommen. „Herr Jung und ich wissen, was wir tun. Mit unserer Erfahrung und unseren Kenntnissen sind wir hervorragend dafür geeignet, diesen Fall zu lösen." Verächtlich musterte Mary Thomas, der wieder etwas einwenden wollte. „Und noch etwas: Der Kaiser hat uns für diesen Fall berufen, ihm allein schulden wir Rechenschaft. Nicht seiner Frau, nicht seiner Tochter und ganz sicher nicht Ihnen."

Das Gesicht des jungen Grafen lief tomatenrot an, dann wurde es sogar noch dunkler. „Das werden Sie bereuen", presste er hervor.

„Vielleicht", gab Mary ungerührt zurück. Doch sie glaubte nicht daran, dass der Kaiser sie für ihre Worte Thomas gegenüber bestrafen würde. „Können wir jetzt endlich anfangen? Ihnen war es doch so wichtig, dass wir mit dem Fall vorankommen."

Thomas maß sie mit einem mörderischen Blick, dann wandte er sich von ihr ab und trat mit schweren Schritten hinter den Stuhl, auf dem die Prinzessin saß, und legte ihr beide Hände auf die Schultern.

Hinter Mary rückte Max seinen Stuhl zurecht und setzte sich ebenfalls an den Tisch. Mary jedoch konnte den Gedanken nicht ertragen, dass Thomas das ganze Gespräch über auf sie hinabstarren würde und so blieb sie stehen.

„Also, Sie scheinen bereits zu wissen, worum es hier geht", eröffnete Mary die Befragung.

„Selbstverständlich." Thomas schnaubte.

Die Tochter des Kaisers – Amalie – nickte nur schüchtern mit gesenktem Blick.

„Wir haben eine Leiche in einem der Ossarien gefunden und es hat sich herausgestellt, dass es sich dabei um Karl Bach handelt. Und dass sie nicht in dieses Ossarium gehörte", fasste Mary noch einmal zusammen, für den

Fall, dass den beiden nur Gerüchte zu Ohren gekommen waren. Der Tochter des Kaisers durften sie vermutlich die ganze Wahrheit sagen.

„Mein Vater hat es uns erzählt", sagte Amalie leise. Sie hielt den Blick auf ihre verschränkten Hände gerichtet.

„Wir haben herausgefunden, dass er ermordet wurde, und nun wollen wir wissen, wer der Täter ist."

Amalie nickte wieder.

„Gut, inwieweit kannten Sie beide Karl?" Mary musterte erst Thomas, dann Amalie. Während Thomas hochmütig wirkte, erschien Amalie bedrückt.

„Er war eben da", antwortete Thomas. „Ein Diener. Nein", er unterbrach sich. „Nicht einmal ein Diener. Er war nur eine Aushilfe, konnte eigentlich nichts so richtig. Sein Benehmen bei diesem einen Abendessen war eine Katastrophe. Erinnerst du dich, Liebling?"

Amalie zuckte leicht zusammen, dann nickte sie knapp und sagte: „Er hatte nicht die Ausbildung, die die anderen Angestellten genossen hatten. Er war zwar nicht schlecht, aber ihm fehlte die Erfahrung."

„Er hat mir den Wein von links gereicht." Empört rollte Thomas mit den Augen. „Von links! Dabei weiß jeder Diener, dass mir Wein von rechts serviert werden muss. Das war wirklich unglaublich."

Amalie beachtete die Worte ihres Verlobten nicht. „Er war eben eine Aushilfe. Wir haben ihn mal hier und mal dort im Palast gesehen. Häufig hat er beim Servieren des Abendessens ausgeholfen."

„Und sonst hatten Sie keinen Kontakt mit ihm?“, hakte Mary nach. „Haben vielleicht mal mit ihm gesprochen?“

Amalie schüttelte den Kopf, ihr Blick zuckte hoch zu Mary. Die Angst, die darinstand, war nur allzu offensichtlich. Doch offenbar wollte sie vor ihrem Verlobten nicht zugeben, Karl besser gekannt zu haben. Aber vielleicht gab es ja einen Weg, allein mit ihr zu sprechen.

„Mit ihm gesprochen?“ Thomas schnalzte mit der Zunge. „Niemals.“

„Gut.“ Mary dachte nach. „Herr Jung hat den Todeszeitpunkt bestimmt. Er lag vor ungefähr fünf Monaten. Unsere Befragungen haben ergeben, dass Karl Bach vermutlich nach dem Knochenfest getötet worden ist. Erinnern Sie sich vielleicht an etwas? Ist Ihnen etwas Besonderes aufgefallen an diesem Abend oder möglicherweise auch dem nächsten Tag?“

Thomas schüttelte prompt den Kopf. „Das, was die Diener tun, geht uns wirklich nichts an, gnädige Frau.“

„General, bitte“, gab Mary kalt zurück. Dieser Mann tat alles, um ihre Autorität zu untergraben. Bei anderen mochte diese Masche ja funktionieren, aber bei ihr nicht. Er war nichts anderes als ein aufgeblasener Schnösel, dessen Vater zufällig einen wichtigen Titel innehatte.

„Mir ist nichts aufgefallen“, sagte Amalie leise. Plötzlich fiel ein Tropfen auf den Stoff ihres Kleides. Erstaunt musterte Mary ihr Gesicht und bemerkte erst jetzt, dass sie weinte. Stumme Tränen rollten ihr über die Wangen. An der Art und Weise, wie Max hinter ihr die Luft einsog, wusste sie, dass auch er es bemerkt hatte.

„Gut, da sie uns offenbar nicht helfen können", oder wollten, „denke ich, wir können diese Unterredung beenden." Mary warf Amalie einen intensiven Blick zu, doch sie sah zur Seite und wich ihr aus.

„Habe ich ja gesagt." Triumphierend sah Thomas sie an. „Was für eine Zeitverschwendung. Ich wette, Sie werden diesen Fall niemals aufklären."

„Da wäre ich mir nicht so sicher", gab Mary ungerührt zurück. „Wir haben schon eine Spur."

Der junge Mann zog eine Augenbraue hoch. „Ach ja? Und welche wäre das?"

„Eine, von der ich Ihnen nichts erzählen werde", gab Mary zurück. „Wir wollen doch den Fall nicht gefährden."

„Das heißt dann wohl, Sie haben nichts." Thomas' Mund verzog sich zu einem schiefen Grinsen. „Los, Liebling, lass uns gehen." Er griff nach Amalies Arm und zog sie aus dem Stuhl auf die Beine. Gemeinsam verließen sie den Raum. Noch in der Tür warf die Tochter des Kaisers einen Blick zurück. Einen Blick, den Mary nicht so recht deuten konnte, denn es lag eine Art Flehen darin.

„Geh nach Hause." In der Eingangshalle wandte Mary sich an Max.

„Wie bitte?" Verwirrt sah Max sie an. „Gehst du nicht? Ich dachte, wir sind hier fertig."

Es stimmte, sie waren mit den Befragungen für heute fertig. Doch es gab eine Sache, die Mary noch tun wollte. Und dabei wäre Max vermutlich eher hinderlich.

„Ich will mit der Prinzessin allein sprechen. Geh du einfach vor." Sie deutete auf die große Eingangstür. „Ich komme später ins Labor."

„Möchtest du sie fragen, warum sie uns bezüglich ihrer Beziehung zu Karl belogen hat?" Max musterte sie mit durchdringendem Blick, als versuchte er, ihre Gedanken zu lesen.

„Ganz genau. Du hast doch sicher auch gemerkt, dass sie in der Gegenwart ihres Verlobten nichts weiter sagen wollte." Voller Ungeduld wartete sie darauf, dass Max endlich gehen würde, sodass sie dieser Spur nachgehen konnte.

„Na schön. Befrag du sie allein nochmal." Zögerlich drehte Max sich um. „Dann sehen wir uns später."

Mary hob die Hand zum Abschied. Wann verschwand er bloß endlich? Ihr Instinkt sagte ihr, dass Amalie besser darauf ansprechen würde, wenn sie mit ihr allein sprach und nicht in Gegenwart eines Mannes.

Max warf noch einen letzten Blick zurück zu ihr, dann fiel die Tür hinter ihm ins Schloss.

Erleichtert atmete Mary aus. Sie sah sich in der Eingangshalle um. Wo mochten die Gemächer der Prinzessin sein? Ihrer Einschätzung nach war der wahrscheinlichste Ort das Obergeschoss. Dort, wo sich auch das Schlafgemach des Kaisers befand. Jeweils zwei Stufen auf einmal nehmend, stieg sie die Treppe empor und fand sich in dem langen Gang wieder. Auch diesmal stand ein Kammerdiener vor der Tür des Kaisers ganz am Ende des Ganges, aber es war nicht Ferdinand, sondern ein kleinerer Mann, ein wenig älter als Mary. Ihn hatten sie vor ein paar Stunden bereits befragt, doch Mary fiel sein Name nicht mehr ein und es war zu spät, noch einen raschen Blick auf die Liste zu werden, denn er hatte sie bereits gesehen.

„General Parker." Der Kammerdiener trat einen Schritt vor und sah sie fragend an. „Haben Sie noch etwas vergessen? Kann ich Ihnen doch noch weiterhelfen?"

„Ich vermute, das können Sie", gab Mary zurück und deutete über ihre Schulter zurück die Treppe hinab. „Jemand vom Personal hat mir aufgetragen, Sie zu benachrichtigen. Sie sollen so schnell es geht in die Küche kommen. Dort gibt es irgendein Problem."

Das Gesicht des Kammerdieners nahm einen überaus besorgten Ausdruck an. „Sie brauchen mich dort? Haben Sie gesagt, was es für ein Problem ist?"

„Nein, nur dass es wirklich dringend ist. Und dass es wohl etwas mit dem Kaiser zu tun hat."

„Dann muss ich nachsehen gehen", sagte der Kammerdiener hektisch und ging an Mary vorbei. „Sie müssen allerdings mitkommen."

„Bin gleich hinter Ihnen", gab Mary vor, während er den Flur hinabhastete. Dann machte sie auf der obersten Stufe der Treppe kehrt und lief zurück. Die erste Tür führte in ein verwaistes Zimmer. Nur ein paar mit Tüchern abgedeckte Möbel standen an den Wänden. Im zweiten Zimmer hatte sie Glück. Amalie saß an einem Schminktisch und bürstete sich das Haar. Als sie das Klicken der Tür hörte, rief sie ohne sich umzudrehen: „Ich sagte doch, ich möchte nicht gestört werden. Ich werde mich allein für die Nacht vorbereiten."

„Eigentlich bin ich nicht gekommen, um Ihnen Ihr Nachtgewand anzuziehen", antwortete Mary und Amalie fuhr auf ihrem Hocker herum.

„General Parker?" Mit großen Augen sah sie an Mary vorbei. „Was machen Sie denn hier?"

Sorgfältig schloss Mary die Tür hinter sich. Wie nur sollte sie dieses Gespräch angehen? „Niemand weiß, dass ich hier bin", begann sie und trat auf Amalie zu, die ihre Bürste beiseitelegte, und die Hände im Schoß verschränkte. „Nicht einmal der Kammerdiener draußen." Sie beobachtete Amalie ganz genau und bemerkte, wie ihre Schultern ein wenig hinabsackten. Vor Erleichterung? „Ich weiß, Sie haben mir etwas verschwiegen, Amalie." Nun stand sie direkt vor der Tochter des Kaisers. Mit einer Hand angelte sie nach einem Stuhl und setzte sich direkt vor die junge Frau, sodass sie sie ansehen konnte. Sie wollte nicht stehen, während Amalie saß. Das würde sie nur noch mehr einschüchtern und Einschüchterung war nicht der Weg, den Mary für dieses Gespräch wählen wollte.

Eine Weile blieb Amalie stumm. Sie starrte geradeaus, dann schlug sie sich die Hände vors Gesicht und begann haltlos zu schluchzen. „Ich habe ihn umgebracht."

„Was?“ Mary hatte mit allem gerechnet – einer Affäre, einer Schwangerschaft, sogar damit, dass auch Amalie von ihrer Verwandtschaft zu Karl gewusst hatte. Aber das?

„Karl. Ich habe ihn umgebracht.“ Tränen strömten über Amalies Gesicht, als sie Mary voller Qualen anblickte. „Mit meinen eigenen Händen.“ Sie starrte auf ihre Hände hinab, als gäbe sie ihnen die Schuld für Karls Tod. „Nur meinetwegen ist Karl nicht mehr am Leben.“ Schluchzer schüttelten ihren ganzen Körper und sie wiegte sich auf ihrem Hocker vor und zurück. „Ich sollte auch tot sein. Ich habe es verdient.“

„Moment.“ Mary gab sich die größte Mühe, ihre Gedanken zu ordnen. „Sie meinen das wörtlich? Sie haben Karl Bach ermordet?“

„Das sage ich doch.“ Mary hatte Mühe, Amalies Worte zu verstehen, da sie immer wieder heftig schluchzte. „Ich habe ihn getötet. Aber ich wollte das nicht, wirklich nicht.“ Sie streckte ihren Arm aus und griff nach Marys Hand. „Ich wollte das nicht. Es war ein Unfall, das schwöre ich.“ Flehentlich sah sie Mary an. Doch Mary konnte die Situation noch immer nicht einordnen. Diese zarte Person hier sollte Karl ermordet haben? Ihn erwürgt und in das Ossarium geschleift haben?

„Bitte, erzählen Sie mir, was passiert ist.“ Mary zog ihren Block hervor, um sich Notizen zu machen.

„Werden Sie es meinem Vater sagen?“, fragte Amalie panisch. „Und Thomas?“

Mary seufzte. Wenn Amalie Karl ermordet hatte, dann musste sie dem Kaiser seine eigene Tochter als Täterin ausliefern. Definitiv nicht der glorreiche Abschluss des Falls, auf den Mary gehofft hatte. „Ich werde es dem Kaiser melden müssen. Er hat mich beauftragt, herauszufinden, was mit Karl geschehen ist. Und dass Sie eine Strafe erhalten werden …“, Mary holte tief Luft, „das ist Ihnen doch wohl hoffentlich klar?“ Oder glaubte Amalie etwa, nur weil sie die Prinzessin war, würde sie mit einem Mord davonkommen?

„Ich verdiene jede Strafe.“ Amalie blickte auf ihre Hände und erneut rollte eine Träne ihre Wange hinab und landete als dunkler Punkt auf ihrem Kleid.

„Also.“ Mary räusperte sich und versuchte, ihre Fragen unvoreingenommen zu stellen. „Was ist passiert?“

„Karl und ich …“ Amalie brach ab und schluckte. „Wir …“

„Sie haben sich miteinander getroffen, richtig?“, fragte Mary vorsichtig. Sie wollte Amalie auf keinen Fall verschrecken. „Im Garten?“

„Woher …?“ Überrascht blickte Amalie zu ihr auf, dann schloss sie peinlich berührt die Augen. „Ihre Befragungen. Vermutlich haben die Gärtner etwas gesagt, richtig?“

„Wir haben aus verschiedenen Quellen etwas über Sie und Karl erfahren“, gab Mary zu.

„Ja, wir haben uns getroffen, mal in der Bibliothek, mal im Garten, mal im Wald.“ Amalie nickte immer und immer wieder, als bemerkte sie gar nicht, dass ihr Kopf sich stetig bewegte.

„Aus welchem Grund haben Sie sich getroffen?“

„Er war neu im Palast", sagte Amalie und schniefte. „Zwischen den ganzen anderen Bediensteten wirkte er so verloren. Er tat mir leid." Sie wischte sich mit der rechten Hand über die Wange. „Also habe ich mich mit ihm im Speisesaal getroffen. Um ihm zu erklären, in welcher Reihenfolge er das Besteck auslegen muss und all das. Ich wollte nicht, dass er schlecht dasteht."

Mary notierte das auf ihrem Block. „Sie haben ihm also geholfen?"

„Zuerst ja. Ich wollte, dass die anderen sich nicht mehr über ihn lustig machen. Das hatte er nicht verdient." Sie schüttelte den Kopf und ihre offenen Haare fielen ihr über die Schulter. „Wir haben uns währenddessen viel unterhalten. Er war so nett und er hat mir so viele Fragen gestellt, hat sich wirklich für mich interessiert." Mit verklärtem Blick sah Amalie an Mary vorbei. „Also haben wir uns immer öfter getroffen und ich dachte ..." Amalies Gesicht lief rot an. „Ich dachte wirklich ..."

„Sie dachten, er wäre noch an etwas anderem interessiert als nur an Ihrer Freundschaft?" Mitleidig beobachtete Mary, wie Amalie schluchzend nickte.

„Und was ist dann geschehen? Was war an dem Tag nach dem Knochenfest?"

Amalies Gesicht wechselte wieder die Farbe, dieses Mal wurde es kreidebleich. Sie tastete auf der Suche nach Halt nach ihrem Frisiertisch. „An dem Abend hatte ich mir vorgenommen, es ihm zu sagen." Sie schloss die Augen. „Ich wollte ihm sagen, dass ich in ihn verliebt bin.

Und ich wollte ihm auch sagen, dass ich meinen Vater bitten wollte, die Verlobung mit Thomas zu lösen. Damit wir zusammen sein können."

Mary sah die Tochter des Kaisers gespannt an. Jetzt kam sie, die Lösung des ganzen verwirrenden Falls.

„Wir haben uns in der Bibliothek verabredet, da, wo wir uns das erste Mal getroffen hatten", fuhr Amalie fort. Sie sprach inzwischen so rasch, als wollte sie ihr Geständnis so schnell wie möglich hinter sich bringen. „Ich hatte Kerzen aufgestellt und habe auf ihn gewartet. Als er dann vor mir stand, habe ich es ihm gesagt."

„Dass Sie ihn lieben?"

„Ja." Wieder schluckte Amalie, bevor sie fortfuhr. „Zuerst hat er gar nicht darauf reagiert, aber dann hat er meine Hand genommen und mich ganz ernst angeschaut. ‚Amalie', hat er gesagt. ‚Wir können niemals zusammen sein. Wir sind Geschwister.'" Amalies Lippen zitterten, als sie das sagte. „Dann hat er erklärt, dass mein Vater auch sein Vater sei und dass er meine Freundschaft sehr schätze und noch so einige andere Dinge, ich weiß nicht mehr so genau."

„Wie ging es dann weiter?" Marys Stift schwebte über dem Blatt Papier, auf dem sie sich bisher kaum etwas notiert hatte.

„Irgendwann hat er die Arme nach mir ausgestreckt und mich umarmt. In dem Moment habe ich es nicht mehr ausgehalten." Amalie schluchzte laut auf und schlug sich eine Hand vor den Mund. „Ich wollte das nicht, er sollte sowas nicht sagen. Er konnte mich doch nicht so abweisen und mich trotzdem noch umarmen. Eine solche Ausrede und dann ..." Sie fuhr sich über die Stirn. „Er hätte doch auch einfach sagen können, dass er mich eben nicht liebt."

Mary atmete tief ein. „Was haben Sie dann getan?"

„Ich habe ihn weggestoßen, mit aller Kraft. Ich war so wütend." Tränen rollten über Amalies Wangen. „Er ist über den Teppich gestolpert und gefallen, direkt auf den Rücken, mit dem Kopf auf eine Stufe. Es hat so ein komisches Geräusch gegeben, aber erst dachte ich, ihm wäre nichts passiert." Beim Gedanken an den Moment krümmte sich Amalie. „Seine Augen waren geschlossen, aber er hatte ja auch gerade noch etwas gesagt. Aber dann habe ich das Blut gesehen, unter seinem Kopf. Da wusste ich, dass er tot war. Ich hatte ihn umgebracht." Haltlos weinte Amalie nun. „Ich bin ein Monster."

Steif saß Mary da. Gerade noch hatte sie gedacht, der Fall wäre endlich gelöst. Doch nun ... „Sie haben Karl nicht getötet."

„Was?" Mit vom Weinen roten Augen blickte Amalie wieder zu ihr auf. „Ich habe Ihnen doch gerade erklärt, was geschehen ist. Ich bin eine Mörderin."

„Ja, Sie haben mir erzählt, was geschehen ist. Aber was haben Sie getan, nachdem Sie dachten, dass Karl tot ist?"

Amalie griff nach einem weißen Stofftaschentuch, das mit ihrem Monogramm bestickt war, und tupfte sich die Nase ab. „Ich bin weggerannt, auf mein Zimmer."

„Und Karl? Was ist mit ihm geschehen?"

Amalie ließ das Taschentuch sinken. „Das weiß ich nicht." Sie biss sich auf die Lippe. „Ich dachte, jemand würde zu mir kommen, mich abführen, weil ich ihn umgebracht habe. Ich war die ganze Nacht wach. Aber es ist nichts passiert. Und als ich am nächsten Morgen in der Bibliothek nachgesehen habe, war er fort. Und auf dem Teppich war kein Fleck mehr."

„Welche Erklärung hatten Sie dafür?" Mary konnte kaum glauben, dass die Tochter des Kaisers Karls Tod einfach so akzeptiert hatte.

„Ich habe vermutet, ein Angestellter des Palastes hätte sich darum gekümmert. Ich habe auch überlegt, ob mein Vater ihn wohl gefunden und die ganze Angelegenheit in die Hand genommen hat." Amalie blickte hinab auf ihr Taschentuch. „Ich muss sagen, ich habe mir nicht allzu viele Gedanken darum gemacht, wohin seine ... wohin er verschwunden ist." Sie schluchzte. „Am Anfang war ich einfach nur erleichtert, dass mich wohl keiner gesehen hat. Und dann ..." Schluchzer schüttelten ihren Körper. „Und dann habe ich mir nur noch Vorwürfe gemacht. Ich hätte ihn nicht stoßen sollen. Ich hätte ihm nichts von meinen Gefühlen sagen sollen. Ich hätte einen Arzt herbeirufen sollen. Ich habe alles falsch gemacht. Und deswegen ist Karl gestorben."

„Haben Sie jemals daran gedacht, es Ihrem Vater zu sagen?", fragte Mary leise.

„Ja, jeden Tag", erwiderte Amalie tränenerstickt. „Aber wie hätte ich ihm sagen können, dass seine Tochter eine Mörderin ist?"

„Wie ich schon sagte: Sie haben ihn nicht getötet." Es gab keinen Grund, dass Amalie sich so quälte. Ihr Stoß war nicht die Todesursache gewesen. Laut Max hatte jemand Karl erwürgt. Und nach Amalies Geschichte zu urteilen, war das geschehen, kurz nachdem sie in der Nacht die Bibliothek verlassen hatte.

„Es ist alles meine Schuld, meine Schuld, meine Schuld." Amalie wippte mit dem Oberkörper vor und zurück. „Meine Schuld, meine Schuld."

„Amalie?" Hatte sie nicht gehört, was Mary gesagt hatte?

„Er ist tot, tot, tot." Das Wippen wurde heftiger, sie schlang beide Arme fest um ihren Oberkörper.

Mary streckte ihre Hand aus und legte sie der Tochter des Kaisers auf den Arm. „Amalie?"

Amalie schüttelte nur den Kopf, ihre Bewegungen kamen jedoch nicht zum Stillstand.

Dieses Verhalten ... auf sie das machte ganz den Eindruck eines Nervenzusammenbruchs. Amalie konnte die Information, dass nicht sie es gewesen war, die Karl getötet hatte, offenbar im Moment nicht verarbeiten. Doch Mary kam eine Idee.

„Hiermit nehme ich Sie offiziell fest." Natürlich konnte sie als Privatermittlerin niemanden festnehmen, doch sie ging nicht davon aus, dass Amalie das wusste. Und tatsächlich: Gehorsam streckte diese die Hände nach vorne aus, als erwartete sie, dass Mary ihr Handschellen anlegen würde.

„Wir brauchen keine Fesseln", sagte Mary sanft.

„Sonst merkt ja jeder im Palast, dass etwas nicht stimmt, nicht wahr? Und das wollen wir nicht."

„Das wollen wir nicht", echote Amalie und ließ die Arme wieder sinken.

Kapitel 8

Der Kammerdiener war glücklicherweise noch nicht zurück gewesen und die Wachen vor dem Palasttor hatten sie passieren lassen, nachdem Mary ihnen erklärt hatte, Amalie – die inzwischen vollkommen apathisch wirkte - hätte um ihre Begleitung in die Stadt gebeten. Glücklicherweise konnte sie die beiden mit etwas Überredungskunst davon überzeugen, dass es wirklich nicht nötig war, von einer Wache begleitet zu werden, schließlich war sie ein ehemaliger General.

Vor der Tür zu Max' Labor zweifelte Mary für einen kurzen Moment daran, ob ihr Plan wirklich durchdacht war. Doch als Max die Tür öffnete, beschloss sie: Dieser Plan war so gut wie jeder andere.

„Mary?“ Max bemerkte die Person, die hinter Mary stand. „Amalie? Was machen Sie denn hier?“

„Können wir reinkommen?“ Mary schob Max zurück in den Flur und bedeutete Amalie, einzutreten. „Das ist das Labor, von dem ich Ihnen erzählt habe.“ Mary zeigte auf die Tür, hinter der sich das Labor verbarg. „Gehen Sie doch bitte schon mal vor.“

Amalie nickte nur teilnahmslos und verließ den Flur. Den ganzen Weg vom Palast durch die unterirdischen Eisenbahnschächte bis hin zum Labor hatte sie immer wieder vor sich hingemurmelt, doch jetzt blieb sie stumm.

„Was macht sie denn hier?“ Unruhig fuchtelte Max mit den Händen in der Luft herum und versuchte anschließend, seine Haare in Ordnung zu bringen. „Wieso hast du sie hierhergebracht?“

„Sie denkt, sie hätte Karl umgebracht“, gab Mary zurück und Max starrte sie mit offenem Mund an.

„Umgebracht?“

„Und sie ließ sich nicht davon abbringen.“

„Und wenn sie es wirklich war ...“ Max sah sie an, als wäre sie verrückt. „Dann hast du gerade eine Mörderin in mein Labor geschleppt.“

„Sie war es nicht, hör doch erstmal zu!“ Genervt seufzte Mary.

Max verschränkte abwartend die Arme vor der Brust.

„Sie hat ihn gestoßen und er ist mit dem Kopf auf einer Stufe aufgeschlagen. Erinnert dich das vielleicht an etwas?“ Mary wartete, bis die Erkenntnis in Max’ Gehirn vorgedrungen war. „Ich sehe, du hast es kapiert.“

„Aber warum hast du sie hergebracht?“ Nervös warf Max einen Blick in Richtung der Tür zum Labor. Und hast du es dem Kaiser gesagt? Nicht, dass er denkt, wir hätten sie entführt.“

„Na ja, wir bringen sie ja wieder zurück“, rechtfertigte sich Mary, denn natürlich hatte sie nicht daran gedacht, was der Kaiser wohl denken mochte, wenn seine

Tochter auf einmal verschwunden war. Sie hatte nur daran gedacht, dass keiner mitbekommen sollte, was Amalie da von sich gab. Das war etwas, das man aus den Köpfen der Menschen – und im Anschluss auch aus den Zeitungen – nur schlecht wieder herausbekam. „Ich will, dass du es ihr erklärst."

Fragend sah Max sie an.

„Das da." Mary nickte mit dem Kinn zur Labortür hinüber.

„Mein Labor?"

Genervt seufzte Mary erneut. „Das Skelett. Die Verletzungen, du weißt schon. Zeig ihr, dass sie nicht schuld an Karls Tod ist."

„Findest du das nicht etwas ... drastisch?" Unruhig spielte Max mit den Knöpfen seiner Weste. Erst jetzt bemerkte Mary, dass Max seine Jacke und Fliege ausgezogen hatte und es sich offenbar hatte bequem machen wollen.

„Sie malt sich sowieso schon das Schlimmste aus", gab Mary zurück. „Da ist ein realistisches Bild wesentlich besser, glaub mir." Es gab nichts Schlimmeres, als nur die eigene Fantasie zu haben, um sich einen Vorfall – oder einen Toten – vorzustellen. Die Wahrheit war niemals so erschreckend wie das, was sich der eigene Verstand zurechtspinnen konnte.

„Auf deine Verantwortung", sagte Max und maß sie noch einmal mit einem strengen Blick, bevor er Amalie ins Labor folgte.

„Natürlich auf meine Verantwortung", murmelte Mary. „Auf wessen denn sonst?"

Als sie das Labor betrat, hielt Amalie den Schädel des Toten in der Hand und fuhr sanft mit dem Daumen über dessen Stirn.

Wie angewurzelt blieb Mary an der Tür stehen. Na gut, vielleicht war die Idee doch nicht so gut gewesen ...

„Das ist also Karl?“ Amalie hob den Schädel ein Stück in die Höhe, als präsentierte sie ihn einem interessierten Publikum.

„Ja, das ist Karl Bach“, sagte Max sanft und nahm ihr den Schädel aus der Hand. „Ich habe bereits meine Untersuchung an den Überresten vorgenommen“, fuhr er fort. „Und dabei habe ich das hier entdeckt.“ Er drehte den Schädel um und deutete auf die Linien am Hinterkopf, die seiner Analyse nach auf eine schwere Kopfverletzung hindeuteten.

„Das war ich“, flüsterte Amalie. „Das da ... das war ich, richtig?“

„Die Linien stammen von einem Sturz“, bestätigte Max. „Und sie sind kurz vor seinem Tod entstanden.“

„Ich habe es Ihnen ja schon gesagt.“ Mit Tränen in den Augen drehte Amalie sich zu Mary um. „Ich habe ihn ermordet. Wie können Sie so grausam sein und mich in dem Glauben lassen, ich hätte es nicht getan? Und dann zeigen Sie mir das hier!“ Sie deutete auf das Labor und das Skelett darin. „Ich habe es doch schon zugegeben.“ Sie begann wieder zu schluchzen.

„Sie haben ihn gestoßen?“, fragte Max.

„Ja, sie hat ihn gestoßen und er ist rückwärts auf eine Stufe gestürzt“, bestätigte Mary.

„Das passt“, murmelte Max, der mit einer Lupe noch einmal genau das Verletzungsmuster betrachtete.

„Habe ich doch gesagt.“ Fast erstaunte Mary es selbst, dass in diesem Fall endlich einmal etwas zusammenpasste. „Du bist ganz sicher?“

„Bin ich“, bestätigte ihr Max. „Hier, du kannst es selbst sehen.“

Mary beugte sich ebenfalls über die Lupe.

„Diese horizontale Kerbe hier. Zuerst dachte ich, sie wäre durch eine Waffe verursacht worden, aber sie kann ohne Zweifel auch von der Kante einer Stufe stammen.“

„Damit haben wir also endlich die Ursache für diese Verletzung.“ Mary sah zu Amalie hinüber, die sie mit glasigem Blick betrachtete. „Sag es ihr“, flüsterte sie Max zu.

„Was denn?“

„Na, dass dieser Sturz nicht die Todesursache gewesen ist.“

„Schön.“ Max räusperte sich. „Diese Verletzung hätte zwar zu einer Gehirnerschütterung und damit verbunden zu Übelkeit und Schwindel geführt, vielleicht auch zu einer kurzen Ohnmacht. Aber auf der Schädelinnenseite habe ich keine Verfärbungen gefunden.“

„Und das bedeutet?“, trieb Mary ihn an. Wieso konnte er dem armen Mädchen nicht einfach sagen, dass es den Mann, in den es verliebt gewesen war, nicht getötet hatte.

„Das bedeutet, dass der Sturz nicht hart genug gewesen ist, um tödliche Schäden zu verursachen. Und dass ich es somit für nahezu ausgeschlossen halte, dass Karl durch diesen Sturz gestorben ist."

„Also ..." Amalie trat einen Schritt näher. „Dann habe ich Karl nicht getötet?"

„So ist es", bestätigte Max ihr.

„Oh Gott." Amalie schlug die Hände vors Gesicht, ihr Körper bebte.

Max ging zu ihr und legte ihr eine Hand auf die Schulter. „Ich würde sagen, das ist eine gute Nachricht."

„Nicht für uns", murmelte Mary. Denn für sie hieß das: Es gab noch jemandem, der Karl an diesem Abend verletzt hatte. Dieser jemand war ihr Mörder und der lief noch irgendwo frei herum.

„Ich kann es kaum glauben", flüsterte Amalie heiser. „Die ganzen letzten Monate habe ich geglaubt, ich hätte ihn getötet. Dass ich mit meinen eigenen Händen einen Menschen ermordet hätte. Und jetzt zu hören, dass das nicht wahr ist ..." Amalie schüttelte ungläubig den Kopf.

Mary konnte ihre Erleichterung nur teilweise nachvollziehen. Ja, letztendlich war es nicht der Stoß gewesen, der Karl getötet hatte. Aber er hätte es genauso gut sein können. Mit ihrer unbedachten Reaktion auf Karls Geständnis hatte Amalie in ihren Augen bewiesen, dass sie durchaus dazu fähig war, einen Mord zu begehen. Zwar im Affekt und nicht kaltblütig, aber dennoch ...

„Aber ..." Amalie blickte zu ihr auf. „Wenn ich es nicht war, wer war es dann?"

„Das wissen wir noch nicht", gab Mary zurück. Wenn sie das wüssten, wäre die Tochter des Kaisers schließlich nicht hier. „Jemand muss Karl gefunden haben, nachdem Sie die Bibliothek verlassen haben."

Amalie nickte nachdenklich.

„Um wieviel Uhr war das?"

„Ich war um zwanzig nach acht wieder auf meinem Zimmer", sagte Amalie. „Das weiß ich, weil ich die ganze Zeit meinen Wecker angestarrt und darauf gewartet habe, dass mich jemand holen kommt."

„Zwanzig nach acht." Mary notierte sich die Zeit auf ihrem Notizblock. „Gut, irgendwann zwischen diesem Zeitpunkt und dem frühen Morgen muss noch jemand in der Bibliothek gewesen sein. Und diese Person müssen wir finden."

„Und wie werden Sie das anstellen?" Mit großen Augen sah Amalie Mary an.

„Das müssen Sie uns überlassen", sagte Mary. „Wir werden denjenigen schon finden."

Amalie nickte. „Ich vertraue Ihnen vollkommen." Einen Moment herrschte Stille, dann trat Amalie zu dem Tablett, auf dem der Oberkörper der Leiche lag. „Wie ist Karl denn gestorben, wenn es nicht der Sturz gewesen ist?" Sie deutete auf die Rippen des Skeletts.

„Auch das habe ich inzwischen herausgefunden", sagte Max eifrig. „Sein Zungenbein war gebrochen. Er wurde also erwürgt. Und so wie die Frakturen aussehen, würde ich schätzen, dass er von vorne erwürgt wurde. Von Angesicht zu Angesicht also."

Mary bemerkte, dass Amalie bleich wurde, doch Max schien es nicht zu bemerken, so fixiert war er jetzt auf die Überreste. „Hier, man kann es am Zungenbein sehen. Ich kann auch noch etwas anderes aus den Bruchlinien herauslesen.“ Triumphierend drehte er sich um. „Die rechte Hand des Täters scheint seine stärkere zu sein.“

„Das ist ja eine äußerst hilfreiche Erkenntnis“, kommentierte Mary ironisch. „Wo es doch so viele Rechtshänder gibt.“

„Na ja, gut“, gab Max zu. „Aber falls wir einen Linkshänder finden, war er vermutlich nicht der Täter.“

„Erwürgt.“ Amalie klammerte sich an den Rand des Tisches. „Mit den Händen um seinen Hals ...“ Mary reagierte nur wenige Augenblicke zu spät. Die Beine brachen unter Amalie weg und sie sackte in sich zusammen. Mary konnte gerade noch ihren Kopf daran hindern, auf dem Boden aufzuschlagen.

Kapitel 9

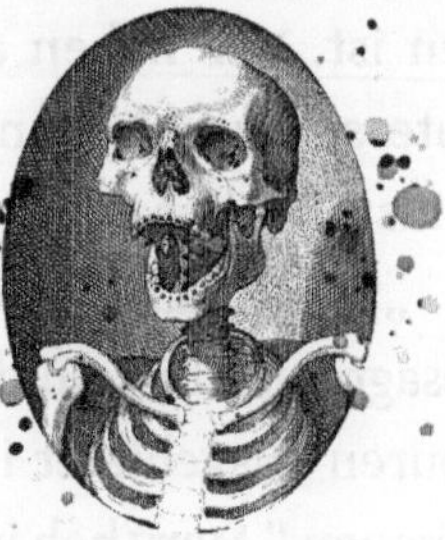

„Jetzt sind wir immer noch keinen Schritt weiter als vorher." Mary saß auf dem Stuhl in Max' Labor und starrte missmutig vor sich hin. Nachdem Amalie mehrere Minuten lang ohnmächtig gewesen war, war sie wieder aufgewacht und Mary hatte sie rasch in den Palast zurückgebracht, bevor sie noch jemand vermisste. Nicht, dass der Kaiser noch auf die Idee gekommen wäre, sie für die Aufklärung der Entführung seiner Tochter einzuspannen, das wäre peinlich geworden.

„Machst du Witze?" Entgeistert sah Max sie an.

Sie zog die Augenbrauen zusammen und blickte grimmig zurück.

„Natürlich machst du keine Witze, entschuldige bitte", sagte Max leichthin. „Schau dir doch an, was wir jetzt haben." Er hob einen Finger. „Da wäre zum einen die Tatzeit. Wir wissen jetzt doch sehr genau, wann Karl ermordet worden ist."

Mary nickte widerstrebend.

Max hob einen zweiten Finger. „Und wir wissen nun auch, wo er sich vor seinem Tod aufgehalten hat. Gut möglich, dass er in der Bibliothek auch ermordet worden ist. Wir haben also einen neuen Tatort, den wir untersuchen können. Und mit *wir* meine ich *mich.*" Er grinste sie herausfordernd an.

„Schön, dass du dich so freust. Denn wie du selbst gesagt hast, bist du derjenige, der in der Sicherung von Spuren ausgebildet ist. Ich darf dir also nur dabei zuschauen." Mary hob ironisch eine Augenbraue. „Wir können morgen wieder in den Palast gehen. Nun, da wir die Tatzeit haben, kann ich mir die Alibis von allen dort holen. Und du kannst absuchen, was auch immer du willst."

„Na, das klingt doch gut." Noch immer grinsend trat Max an das Tablett mit den Armknochen des Opfers. „Mir ist vorhin übrigens noch etwas aufgefallen. Amalie stand so im Licht, dass Schatten auf die Knochen gefallen sind. Und da habe ich es gesehen."

Sofort stand Mary auf.

„Siehst du das hier?" Max fuhr mit seinem Finger über den Oberarmknochen. „Hier auf der Rückseite des Humerus ist etwas, eine winzige Verfärbung."

Mary beugte sich dichter über den Knochen, doch sie konnte nichts erkennen. Sie legte den Kopf schräg und tatsächlich – der neue Lichteinfall enthüllte eine minimal dunklere Stelle am Knochen. „Was ist das?" Es war rund, mit zwei runden winzigen helleren Stellen oben und unten, der Durchmesser mochte vielleicht zwei Zentimeter betragen.

„Keine Ahnung", gab Max leichthin zurück. „Aber ich werde es schon noch herausfinden."

„Wie kann sich das an seinem Knochen befinden?“, fragte Mary weiter. „Wenn es an seinem Knochen ist, dann war es da, während er verwest ist, richtig?“

„Oder direkt danach, aber ich denke, da hätte die Zeit nicht ausgereicht für einen Abdruck.“

„Es war also da, während sein Fleisch verschwunden ist. Müsste es dann nicht in dem Sarg gewesen sein, in dem er gefunden wurde?“

Max nickte langsam. „Theoretisch ja. Aber wie du weißt, habe ich den Sarg bereits abgesucht und nichts gefunden.“

„Vielleicht hast du ja nicht richtig geschaut?“ Mary sah ihn mit einem tadelnden Blick an, den Max genervt zurückgab.

„Ernsthaft?“ Er seufzte. „Ich soll nicht richtig geschaut haben? Weißt du eigentlich, mit wem du hier redest?“

Mary sah ihn nur mit hochgezogenen Augenbrauen an.

„Ich bin der Experte für die Untersuchung von Tatorten. Nicht richtig geschaut, ts.“ Er wandte sich kopfschüttelnd von ihr ab, um sich erneut über den Knochen zu beugen. Mary nutzte die Gelegenheit, um eine Grimasse zu ziehen.

„Das habe ich gesehen“, sagte Max, ohne von den Überresten aufzublicken.

Irritiert sah Mary ihn an und Max wandte ihr den Kopf zu. „Kleiner Witz.“

„Nicht lustig“, kommentierte Mary und lachte kurz, bevor ihr auffiel, dass das ganz und gar nicht professionell war. Sie sollte einfach nach Hause gehen und ihn seinen Knochen und seinem Humor überlassen.

Sie deutete auf die Tür. „Ich gehe jetzt. Wir treffen uns morgen um neun Uhr vor dem Palast, in Ordnung?"

„Natürlich", sagte Max und richtete sich auf. „Bist du sicher, dass du nicht hierbleiben möchtest? Wir könnten noch ein wenig an dem Fall arbeiten ... Vielleicht möchtest du ja doch noch raten, wer der Täter ist?"

Mary schüttelte den Kopf. „Sehr verlockend, aber nein." An der Tür drehte sie sich noch einmal kurz um und bemerkte, dass Max sie noch immer beobachtete. „Bis morgen."

Zu Hause empfing sie eine düstere und staubige Wohnung, die eindeutig mal wieder gelüftet werden musste. Während Mary alle Fenster aufriss und die Luftreiniger davor zischend und schnaufend ihre Arbeit aufnahmen, dachte sie darüber nach, was Max gesagt hatte. Karl war von vorne erwürgt worden, von Angesicht zu Angesicht. In ihrem Kopf entwickelte sich eine – viel zu lebendige – Vorstellung der Geschehnisse. Sie sah Karl, der in seiner eigenen Blutlache auf der Stufe in der Bibliothek lag. Langsam kam er zu sich, war zuerst orientierungslos, fuhr sich dann mit der Hand an den Kopf und sah das Blut an seinen Fingern. Mühsam setzte er sich auf und hielt sich seinen Schädel, der wie wahnsinnig schmerzte. Während er versuchte aufzustehen, trat eine Gestalt aus dem Schatten. Noch bevor Karl reagieren konnte, saß jemand auf ihm, legte ihm die Hände um seinen Hals und drückte zu. Zwar war Karl noch immer benommen von seiner Kopfverletzung, doch er griff nach den Händen des Täters, versuchte, sie von seinem Hals fortzuziehen, doch es gelang ihm nicht. Der Sauerstoffmangel würde dazu geführt haben, dass er Sterne sah, dass sich sein Sichtfeld verengte, das hatte Mary auch schon erlebt. In seiner Verzweiflung hatte Karl vermutlich nach dem Gesicht seines Mörders gegriffen und versucht, ihn irgendwie zu erwischen. Was, wenn es ihm gelungen war?

Wie elektrisiert stand Mary am Fenster, den Fensterbügel in der Hand. Was, wenn Karl seinen Mörder gekratzt hatte? Und dann noch der Teppich ... Amalie hatte gesagt, der Teppich, auf dem Karl gestürzt war, wäre voller Blut gewesen. Am nächsten Tag war davon nichts mehr zu sehen gewesen. Wohin war das Blut verschwunden? Wer hat den Teppich gereinigt? Rasch setzte Mary sich an ihren Schreibtisch und machte sich Notizen. Sie schrieb die Dinge auf, an die sie unbedingt denken und denen sie unbedingt morgen nachgehen musste.

Ehe sie sich versah, war es draußen dunkel und die ersten Gaslaternen auf den Straßen wurden angezündet. Sie sollte schlafen gehen. Ihr Geist musste morgen wach und ihre Gedanken mussten klar sein.

Doch das Einschlafen fiel ihr schwer. Zwar war sie körperlich und geistig der völligen Erschöpfung nahe, doch sie sah immer wieder die Szene vor sich, die sie sich von Karls Tod ausgemalt hatte. Den gesichtslosen Täter. Und immer war er ein Mann.

Als Mary am nächsten Morgen mit der Bahn in Richtung Palast fuhr, fühlte sie sich, als wäre eines dieser Automobile über sie hinweg gefahren. Ihr Rücken schmerzte, ihr Nacken war steif und ihr Kopf pochte wie nach einem Glas Wein zu viel. Trotzdem war sie entschlossen, den Fall heute weiter anzugehen. Sie musste endlich den Täter finden. Und dazu musste sie härter agieren, aggressiver. Sie hatte es immerhin mit einem Mörder zu tun. Das erforderte ganz andere Maßnahmen als die Fälle, die sie sonst auf dem Tisch hatte. Einen Mörder zu fangen war eine andere Hausnummer, als einen Ehebruch oder einen Diebstahl aufzuklären.

Sie bemerkte, dass ein jüngerer Mann sie in der Bahn beobachtete. Er saß eine Reihe schräg vor ihr. Direkt und ohne Scheu starrte er sie an und blickte ihr geradewegs ins Gesicht. Doch er sah nicht sie, er sah ihre Narben, das erkannte sie an den herabgezogenen Mundwinkeln und der Abscheu, die sie in seinen Augen las. Sie wandte sich ihm ganz zu. „Wollen Sie vielleicht auch mal von Nahem schauen?", fragte sie ihn verächtlich und beugte sich ein Stück vor.

„Nein, danke, ich sehe von hier aus schon mehr als genug." Er schnalzte mit der Zunge. „Sie sind eine Schande, wissen Sie das?" Mit einem widerlichen Lächeln maß er sie von oben bis unten. „Frauen wie Sie sind der Grund, warum dieses Land vor die Hunde geht. Weibsbilder sollte man niemals aufs Schlachtfeld lassen. Sie sollten wissen, wo Ihr Platz ist."

„Und wo ist der Ihrer Meinung nach?" Mary erwiderte sein Lächeln, während sie sich vorstellte, wie sie hier und jetzt ihr Messer zog und es ihm an die Kehle hielt. Als sie noch in der Armee war, hätte sie nicht gezögert, keine Sekunde lang. Wenn einer der Soldaten so mit ihr geredet hätte, hätte sie ihm gezeigt, wie es sich anfühlte, wirkliche Angst zu haben. Respekt vor ihren Anführern war das, was die Soldaten da draußen am Leben hielt. Ungehorsam konnte tödlich sein. Aber dies hier war nicht die Armee. Und sie war nicht mehr der Kommandierende General. Sie war eine verwundete Veteranin, in deren Gegenwart sich die Menschen unwohl fühlten.

„Zu Hause, hinter dem Herd. Bei den Kindern. Bei Ihrem Mann." Wieder wanderte sein Blick über ihren Körper, anzüglich diesmal. „Wobei ... das mit dem Mann nehme ich zurück. Niemals würde sich einer freiwillig in Ihre Nähe wagen."

„Wären Sie als Soldat auch nur halb so gut wie ich, dann wären Sie General. Aber da Sie das offenbar nicht sind ..." Mary beugte sich noch weiter zu ihm hinüber. „Sie werden mir niemals das Wasser reichen können. Weder auf dem Schlachtfeld noch irgendwo sonst."

Der Mann lächelte kalt und lehnte sich in seinem Sitz zurück. „Einer Frau kann ein Mann nur überlegen sein."

„Oh, natürlich. Wie mutig, das zu sagen, ohne es beweisen zu müssen, nicht wahr?", sagte Mary und stand auf. „Männer wie Sie kriegen doch nur einen hoch, wenn Sie sich einer Frau überlegen fühlen. Erst dann fühlen Sie sich männlich."

Schockiert ob ihrer derben Wortwahl blickte der Mann sie an. Und er war nicht der Einzige, der halbe Bahnwaggon hörte ihnen inzwischen zu. Die meisten wirkten angeekelt und empört, zwei junge Frauen blickten jedoch begeistert, eine reckte ihr sogar den Daumen entgegen, als Mary in ihre Richtung sah. Mary machte einen Schritt in Richtung Ausgang. „Diese Narben habe ich, weil ich jemandem das Leben gerettet habe. Hätte ich es nicht getan, wäre ich zwar nicht von außen hässlich, aber von innen."

Der Mann öffnete den Mund, um noch etwas zu erwidern, doch kein Wort kam heraus. Stattdessen lief sein Gesicht rot an.

Hoch erhobenen Hauptes stieg Mary aus der Bahn, auch wenn sie ihre Haltestelle noch gar nicht erreicht hatte. Doch sie ertrug den Gedanken nicht, noch zwei weitere Stationen neben diesem Idioten sitzen zu müssen. Stattdessen lief sie den Rest des Weges zum Palast und traf dort zwanzig Minuten zu spät ein.

„Wo bleibst du denn?", rief ihr Max entgegen, der vor dem Palasttor auf sie wartete.

„Frag nicht. Vorfall in der Bahn", murmelte Mary, während sie den Wachen ihre Aufenthaltserlaubnis für den Palast reichte.

„Vorfall?", fragte Max. „Wieder ein Flüchtiger?"

„Nicht der Rede wert." Die Wache reichte ihr das Blatt Papier zurück und das Tor wurde für sie geöffnet. Rasch ging Mary hindurch, Max trabte an ihrer Seite. Gerade, als er wieder dazu ansetzte, noch etwas über den besagten Vorfall zu fragen, sagte Mary: „Ich habe nachgedacht. Wir lassen uns von Amalie die Stelle zeigen, wo es passiert ist. Danach kümmerst du dich um das Ossarium und ich mich um Verdächtige und um den Teppich, der auf mysteriöse Weise vom Blut befreit worden ist."

Max nickte zustimmend. „Klingt gut, genau darüber hatte ich auch nachgedacht."

„Und ich habe mir überlegt ...", Mary senkte die Stimme, „wenn Karl erwürgt worden ist, könnte er seinen Mörder doch vielleicht gekratzt haben oder sowas."

„Das würde zu dem Szenario passen, dass er von vorn gewürgt worden ist. Vielleicht solltest du im Schloss herumfragen, wer zu dem Zeitpunkt verletzt war."

„Ganz genau", stimmte Mary zu. Ihr gefiel, wie schnell Max begriff, was zu tun war. „Ich werde zusehen, was ich herausfinden kann. So wie du hoffentlich."

„Das werde ich, keine Sorge. Dann suchen wir mal Amalie."

Amalie war nicht gerade schwer zu finden gewesen. Sie saß in ihrem Zimmer und las ein Buch. Als Mary ihr erklärte, was sie vorhatten, war sie sich sofort dazu bereit, ihnen die Stelle zu zeigen.

„Seitdem ich weiß, dass ich Karl nicht getötet habe, geht es mir schon viel besser“, versicherte sie ihnen, als sie die Treppe ins Erdgeschoss herabstiegen.

„Schön“, kommentierte Mary nicht ganz ernst gemeint. Amalie klang so fröhlich ... Angeblich hatte sie Karl doch geliebt. Sollte sie nicht trotzdem traurig darüber sein, dass er tot war? Darüber, dass ihn jemand ermordet hatte?

Außer ihnen war niemand sonst in der Bibliothek, was Mary nur recht war. Zuschauer wären bei dieser Art von Arbeit hinderlich.

„Ich habe hier gestanden.“ Amalie deutete auf eine Stelle nur wenige Meter vom Eingang der Bibliothek entfernt. Auf der linken Seite brannte im Kamin ein kleines Feuer, auf der rechten Seite stand ein Pult, auf dem ein dickes Buch aufgeschlagen lag. „Und er hier.“ Sie deutete auf eine Stelle nur wenige Zentimeter von dort entfernt, wo Mary stand. „Und dann habe ich es ihm gesagt, genau hier." Amalie positionierte sich im Zimmer und sah Mary an. „Ich habe Ihnen ja schon erzählt, was er dann zu mir gesagt hat. Es war einfach so grausam." Amalie schüttelte den Kopf und deutete dann auf Mary. „Wir standen ein wenig näher zusammen."

Mary rückte ein paar Zentimeter näher, bis Amalie zufrieden nickte.

„Er wollte mich am Arm packen und mich umarmen, aber ich habe ihn fortgestoßen, dorthin." Mit zitternder Unterlippe deutete Amalie auf die einzelne Stufe, die in den nächsten Abschnitt der Bibliothek führte. Ein rechteckiger hellbrauner Teppich mit goldenem Zahnradmuster am Rand bedeckte sie. „Er ist über diese Kante gestolpert und hingefallen." Amalie schlang die Arme um ihren Oberkörper und wandte sich ab.

Max hingegen kniete sich neben dem Teppich hin, schlug ihn zurück und betrachtete die Treppenstufe, dann den Teppich selbst. „Ich sehe hier gar nichts mehr", murmelte er, während er sich noch tiefer über die Stufe aus Holz beugte, so tief, dass er sie beinahe mit der Nase berührte. „Aber das hier ist Eiche, verdammt hartes Holz. Ich halte es für wahrscheinlich, dass das die Wunde an seinem Hinterkopf verursacht hat."

Das war gut. In dem Punkt schien Amalie die Wahrheit gesagt zu haben. Aber etwas anderes war weniger gut. „Wieso ist da kein Blut?" Weder auf der Treppenstufe noch auf dem Teppich war auch nur ein winziger Fleck zu sehen.

„Da kann ich auch nur spekulieren“, sagte Max kopfschüttelnd. Er stellte einen Fuß auf und stützte den Ellenbogen auf sein Knie. „Für mich sieht es so aus, als wäre hier nie Blut gewesen. Sind Sie sicher, dass es diese Stufe war?“, wandte er sich an Amalie. „Und nicht vielleicht diese dahinten?“ Er deutete tiefer in die Bibliothek hinein. Im Abstand von etwa fünfzehn Metern gab es jeweils eine einzelne Stufe, jede von ihnen war mit dem gleichen Teppich bedeckt.

Amalie nickte ruckartig. „Es war diese Stufe.“

Moment mal ... Mary stutzte und sah noch einmal nach. „Die Teppiche“, sie zeigte darauf. „Die sind alle gleich. Heißt das, dass es noch mehr davon gibt?“

„Selbstverständlich.“ Amalie nickte. „Die Teppiche liegen auch im Herrenzimmer.“

„Gibt es saubere Teppiche irgendwo hier im Palast? Werden sie regelmäßig ausgetauscht?“ Aufgeregt wartete Mary auf Amalies Antwort.

„Keine Ahnung. Vermutlich weiß es einer der Angestellten ...“ Amalie betrachtete Mary ratlos und offenkundig verwirrt, weshalb Mary ihr diese Fragen stellte. Doch Max hatte sofort begriffen.

„Ich schau mir schon mal diese Teppiche an, ihr sucht jemanden, der weiß, wie oft die Teppiche ausgetauscht werden und wo das Lager dafür ist“, sagte er und huschte davon, um auch die anderen Teppiche unter die Lupe zu nehmen.

Mary hob eine Augenbraue. Seit wann erteilte Max ihr Befehle?

„Warten Sie kurz hier", wandte sie sich an Amalie, die nur stumm nickte und die Hände verschränkte. Mary lief den Flur entlang und erreichte die Küche. Ohne sich mit Höflichkeiten aufzuhalten, rief sie: „Wo finde ich denn hier den Lagerraum?"

Außer dem Koch war nur der Küchenjunge anwesend, der sofort aufsprang und zu ihr lief. „Meinen Sie den Lagerraum für Vorräte?", fragte er atemlos.

„Nein, für andere Dinge, Teppiche zum Beispiel."

„Der ist gleich hier." Eifrig wuselte der Angestellte vor ihr aus der Küche und deutete auf die Tür, die sich schräg gegenüber dem Eingang zur Küche befand. „Einfach dort hinein. Es ist nicht abgeschlossen."

„Besten Dank." Mary nickte dem Angestellten zu, der noch einige Sekunden stehenblieb, als wartete er auf etwas. Doch als nichts weiter geschah, zuckte er mit den Schultern und verschwand wieder in der Küche.

Mary kehrte zu Amalie zurück, die immer noch so dastand, wie sie sie verlassen hatte. Gemeinsam warteten sie auf Max.

„Hier ist nichts", berichtete der wenig später vom anderen Ende der Bibliothek aus. „Die Teppiche sind alle sauber."

Damit hatte Mary schon gerechnet. In ihr keimte bereits ein ganz anderer Verdacht. „Ich weiß inzwischen, wo das Lager für die Teppiche ist."

Mary führte Max und Amalie zu der metallischen Tür, die an den Kanten leicht rostete, und stieß sie auf. „Hier ist es."

Amalie rümpfte die Nase. „Wenn es Ihnen nichts ausmacht, bleibe ich hier draußen. Sie dürfen sich gerne umsehen."

Mary zog die Augenbrauen zusammen und betrachtete Amalie. Im Gegensatz zu ihr war sie sich nicht zu fein, eine Abstellkammer zu betreten. Als sie zusammen mit Max eintrat, fiel ihr Blick auf Ferdinand und Anneliese, die unter hektischen Bewegungen damit beschäftigt waren, ihre Kleidung hochzuraffen.

„Das ist ja mal interessant." Mary verschränkte die Arme vor der Brust und beobachtete das Schauspiel. Hatte Ferdinand aus dem Vorfall mit Karl nichts gelernt?

„Es tut uns leid", brachte Anneliese heraus, während sie sich bemühte, die Knöpfe ihres Kleides auf der Brust wieder zu schließen.

„Ja, wir hatten hier niemanden erwartete", ergänzte Ferdinand und sprang auf der Stelle, um seinen rechten Fuß ins Hosenbein zu zwängen.

„So sieht das auch aus." Max grinste und schüttelte den Kopf.

„Sie werden es doch niemandem verraten?" Inzwischen war Ferdinand angezogen und kam auf Mary zu. „Sie verraten uns doch nicht an den Kaiser?"

Mary zögerte absichtlich, als müsste sie erst über die Bitte nachdenken. Dann zuckte sie mit den Schultern. „Ich denke, das wird nicht nötig sein."

„Vielen Dank." Ferdinand stieß hörbar die Luft aus.

„Aber Sie sollten mir besser versprechen, solche Tätigkeiten im Palast in Zukunft zu unterlassen", fügte

Mary betont ernst hinzu und wiederholte damit bewusst Karls Worte.

„Natürlich."

Anneliese raffte ihr Kleid zusammen und verschwand mit Ferdinand mit hastigen Schritten aus der Abstellkammer.

„Die beiden sind schon ... speziell." Max sah dem Paar grinsend nach.

„Ja, so kann man das auch nennen." Mary wandte sich wieder dem Raum zu und musste zugeben, dass das Wort „Abstellkammer" nicht ganz das beschrieb, was sie vorfanden. In ihrer Wohnung war die Abstellkammer ein winziger Raum, in den sie mit Mühe und Not ein Regal gezwängt hatte. Hier im Palast war es ein Raum mit den Ausmaßen einer Bahnstation. Auf der linken Seite standen Reihe um Reihe Regale, auf denen fein säuberlich Vorräte wie Schwämme und Kerzen angeordnet waren. Auf der rechten Seite stand ein großer Schrank, daneben hingen an der Wand allerlei Werkzeuge und Putzutensilien wie Besen und Kehrbleche. Ganz am Ende des Raumes gab es noch einen Schrank. „Ich würde sagen ... schauen wir mal in die beiden rein." Mary deutete auf die Schränke und machte sich gleich daran, die Türen des ersten aufzuziehen. Berge an Seifen, Parfums, Puder ... „Nein, das ist nicht das Richtige."

„Der hier aber schon." Max hatte inzwischen den anderen Schrank geöffnet und trat zur Seite, sodass Mary das helle Braun darin sehen konnte, das förmlich daraus hervorleuchtete.

„Siehst du einen mit Fleck?“ Rasch beeilte sie sich, zu Max zu kommen, während dieser einen Teppich nach dem anderen aus dem Schrank zog.

„Nein, da ist nichts“, murmelte Max und betrachtete den letzten Teppich. „Hier auch nicht.“

„Verdammt!“, fluchte Mary und versetzte dem Schrank einen Tritt. „Ich habe wirklich gedacht, dass wir auf einer Spur sind.“

Max betrachtete sie ruhig. „Ich denke, das sind wir auch. In diesem Palast gibt es sicherlich eine Wäscherei. All die Wäsche und diese Teppiche fortzuwerfen, wäre nun wirklich eine Verschwendung.“

„Und in einem Palast wird Verschwendung ja gar nicht gern gesehen“, kommentierte Mary ironisch.

„Ganz genau“, stimmte Max zu und wandte sich wieder dem Ausgang zu. „Wir müssen in diese Wäscherei und nachsehen, ob es dort noch mehr Teppiche gibt.“

Es stellte sich heraus, dass die Wäscherei nur eine Tür weiter lag. Ein vollgestopfter Raum voller Kupferrohre, beheizbarer Zuber, elektrischer Schleudern ... Über allem hing ein mit Waschpulver geschwängerter Nebel.

Eines der Dienstmädchen, das gerade eine Ladung Wäsche aus einem der Zuber hinüber zur Schleuder schaffte, drehte sich um, als sie eintraten.

„Oh, hallo“, begrüßte sie sie. „Dann ist Ihr Fall wohl noch nicht geklärt, nicht wahr?“

Mary schüttelte den Kopf und Max antwortete: „Nein, aber wir sind der Spur bis hierher gefolgt.“

„Wirklich?“ Das Dienstmädchen warf die Wäsche in die Schleuder und legte einen Schalter um. Sofort begann sich das Innere der Schleuder zu drehen, sodass die Feuchtigkeit aus dem Stoff gepresst wurde und sich zwischen der durchlöcherten inneren Schichte und der äußeren Schicht absetzte. Das Dienstmädchen – sie hieß Maria ... irgendwas –, Mary erinnerte sich nicht mehr, wischte sich die Hände an ihrer Schürze ab und kam näher. „Welche Spur haben Sie denn?“

„Wir suchen etwas, das sich wohl hier in der Wäscherei befindet.“ Bedeutsam blickte Max sie an, doch Maria schien zu zweifeln. „Hier? Hier gibt es nichts. Nicht, wenn sie nicht nach schmutziger Wäsche suchen. Oder vielleicht einem frisch gewaschenen Bettlaken.“ Sie deutete auf Körbe voller Wäsche, die an der linken Wand aufgereiht standen.

„Werden hier auch Teppiche gereinigt?“, fragte Mary kurz angebunden und ließ ihren Blick durch den ganzen Raum schweifen, entdeckte jedoch nicht das helle Braun des Bibliotheksteppichs.

„Ja, natürlich“, beeilte Maria sich zu sagen. „Gleich dahinten.“ Ihr Arm deutete auf die hintere Ecke des Raumes, noch hinter den Waschzubern. Mary machte einige Schritte in die angegebene Richtung und musterte den kleinen Stapel Teppiche, der dort auf dem Boden lag.

Hauptsächlich waren es rote, aber hier und dort lugte auch eine Ecke aus braunem Stoff hervor.

Max war neben sie getreten und machte sich daran, die braunen Teppiche aus dem Stapel hervorzuziehen.

„Wonach suchen Sie denn?“ Neugierig blickte Maria ihnen über die Schulter. „Ich denke nicht, dass Sie die anfassen sollten, die sind wirklich schmutzig.“

Doch Max ließ sich davon nicht abhalten. Akribisch suchte er jeden Teppich ab, doch auf keinem war ein Blutfleck zu sehen. „Maria, wie lange liegen die Teppiche hier, bevor sie gereinigt werden?“

„Normalerweise so drei Wochen“, sagte Maria. „Je nachdem, wie schnell wir sie austauschen müssen. Und natürlich werden die Teppiche gereinigt, wenn Besuch angekündigt ist. Dann kann es schon mal sein, dass das alles hier nur eine Woche lang liegt.“

Mary seufzte und Max ließ die Schultern hängen. Wie er da hockte, den Teppich in der Hand, den Blick unverwandt zu Boden gerichtet, wirkte er unverkennbar enttäuscht.

„Wenn wir also nach einem verschmutzten Teppich aus der Nacht des Knochenfestes suchen würden, dann wäre er nicht mehr hier?“ Mary drehte sich zu Maria um.

„Das Knochenfest? Das ist doch schon Monate her.“ Maria schüttelte den Kopf. „Nein, der Teppich ist auf keinen Fall mehr hier. Wenn, dann liegt er im Lagerraum. Aber wenn ein Teppich nicht mehr gereinigt werden kann, dann wird er auch mal weggeworfen.“

Max sah zu Mary auf und schüttelte den Kopf. Der Teppich, ihr Beweisstück, war also fort. Weggeworfen, ausgewaschen, vernichtet.

Als sie die Wäscherei wieder verließen, wartete Amalie auf sie. Die Hände würdevoll verschränkt, musterte sie erst Mary, dann Max. „Sie haben nichts gefunden", stellte sie fest und wartete gar nicht erst auf eine Erwiderung. „Sind wir dann hier fertig? Dann werde ich jetzt wieder gehen." Sie wandte sich ab und schickte sich an, den Flur hinunterzugehen, doch Mary griff nach ihrer Schulter und hielt sie auf.

„Nicht so schnell", sagte sie leise, sodass es die Angestellten in der Wäscherei nicht hören würden. „Sie mögen Karl vielleicht nicht getötet haben, aber zeitlich gesehen waren sie dicht dran. Und sie kannten ihn." Eindringlich musterte sie die Prinzessin, die versuchte, ihren Arm aus Marys Griff zu winden. „Sie wissen, wie er war, wen er kannte."

Amalie schüttelte unwillig den Kopf. „Ich habe Ihnen doch schon alles gesagt, was ich über diese Nacht weiß, da war nicht mehr."

„Sie haben uns nicht gesagt, wen Sie für den Täter halten." Mary packte noch ein wenig fester zu und die Tochter des Kaisers stellte ihre Gegenwehr ein.

„Sie tun mir weh."

„Das tut mir leid." Rasch aber ohne Hast gab Mary ihren Arm frei, blieb aber dicht vor ihr stehen. „Wenn Sie einen Verdacht äußern müssten, wen halten Sie für den Täter?"

Amalie wich vor ihr zurück und rieb sich den Arm. „Ich weiß es nicht.“ Sie biss sich auf die Unterlippe.

„Denken Sie nicht lange darüber nach, antworten Sie aus dem Bauch heraus“, drängte nun auch Max. „Das erste Gefühl ist meist das richtige.“

„Priester Johannes“, flüsterte Amalie nach einigen Augenblicken.

Mary und Max sahen sich an. „Der Ossarier?“, hakte Mary nach. „Der Berater Ihres Vaters?“

„Er ist eher der Berater meiner Mutter“, sagte Amalie kurz angebunden. „Aber auch mein Vater hört von Zeit zu Zeit auf ihn, ja.“

„Wieso er?“, fragte Max.

„Sie sagten doch, ich solle aus dem Bauch heraus antworten. Also kann ich Ihnen auch keine Begründung für meine Antwort nennen.“ Amalie hob ihr Kinn. „Und jetzt werde ich gehen. Ich hoffe, Sie finden denjenigen, der uns allen das angetan hat.“ Mit einem würdevollen Nicken wandte sie sich um und ging.

„Der Priester?“ Max sah Mary an. „Glaubt sie ernsthaft, er hat etwas damit zu tun?“

„Hältst du das für so unwahrscheinlich?“ Glaubte Max vielleicht, nur weil irgendjemand Geister anbetete und an Energie aus Knochen glaubte, könnte er kein Mörder sein? Für Mary waren dies eher Argumente für seine mögliche Schuld.

„Für wie wahrscheinlich hältst du es?“

„Für so wahrscheinlich wie bei allen anderen.“ Ihrer Meinung nach könnte jeder im Palast ein Mörder sein.

Tatsächlich war jeder einzelne Mensch ein potenzieller Mörder. Es schlummerte in jedem und es brauchte nur die richtige Gelegenheit, den richtigen Tag, den richtigen Gegner, um es hervorbrechen zu lassen. Mary hatte es oft genug gesehen. Soldaten in der Armee. Sie waren gegen ihren Willen dorthin geschickt worden, vielleicht weil ihre Familien es erwarteten, vielleicht weil sie einer Strafe entgehen wollten. Am Anfang sagten sie alle, sie wollten niemanden töten, dass sie dazu nicht im Stande wären. Aber es brauchte nur ein Gefecht, einen Einsatz, in dem ihr eigenes Leben in Gefahr schwebte, und plötzlich fiel die Entscheidung ganz leicht.

Mary konnte sich noch gut an ihr erstes Mal erinnern, den ersten toten Menschen, der auf ihr Konto ging. Auch sie war einmal jung und idealistisch gewesen. Eine Zeit lang hatte sie geglaubt, zu töten wäre gar nicht nötig. Doch der erste Einsatz im Krieg gegen Frankreich hatte sie eines Besseren belehrt. Nachdem ihr ganzer Trupp tot gewesen und sie vollkommen allein war, war sie blindlings durch einen Wald gestolpert. Sie hatte ein Versteck gesucht und zwei französische Soldaten gefunden. Sie hatten ihre Waffen gehoben und in ihren Augen hatte Mary gesehen, dass sie es tun würden. Sie würden sie erschießen. Doch sie war schneller gewesen. Wie fremdgesteuert hatte sie ihre Waffe hochgerissen und gefeuert. Die beiden Männer waren umgefallen, noch bevor ihr Verstand das Geräusch des Schusses überhaupt verarbeitet hatte. Danach hatte sie ihre Waffe fortgeworfen und sich übergeben, so lange bis sie nur noch zitternd und keuchend dalag. Eine ganze Weile lang hatte sie einfach nur den Geräuschen des Krieges gelauscht, der immer noch um sie herum tobte. Dann war ihr Verstand wieder klar geworden. Sie war aufgestanden, hatte nach ihrer Waffe gegriffen und war zurück aufs Schlachtfeld gelaufen. Danach war es einfacher. Mit jedem Leben, das sie nahm, wurde es einfacher, unbedeutender.

„Wir fragen den Priester einfach. Was hältst du davon?“ Mary sah Max auffordernd an.

„Ihn einfach fragen?“ Max sah sie an, als hätte sie den Verstand verloren. „Er ist immer noch ein Priester, Mary.“

„Aber er ist nicht meiner“, gab Mary zurück. „Ich glaube an nichts von dem, was er predigt. Und du doch auch nicht, oder?“

„Nein, ich auch nicht“, sagte Max leise. „Aber wir sollten vorsichtig sein. Ich vermute, er hat mehr Einfluss, als du glaubst. Samthandschuhe, wenn du verstehst, was ich meine. Falls du diesen Begriff überhaupt kennst.“

„Witzig“, gab Mary zurück, als Max sie belustigt angrinste. „Gut, wie du meinst.“ Sie dachte kurz über seine Worte nach. „Du kennst dich doch mit dem ganzen Kram aus ...“

„Dem Knochenkram?“

„Genau mit dem. Mach du die Befragung.“

Max riss die Augen auf. „Ich? Ganz allein?“

„Du bist doch schon groß, nicht wahr?“

Mary war nicht unglücklich darüber. So musste sie sich zumindest nicht mit einem derart aufgeblasenen Wichtigtuer herumschlagen. Manchmal hatte es doch seine Vorteile, zu zweit zu ermitteln. Die unangenehmen Dinge konnte man einfach auf den anderen abwälzen.

„Danke für dein Vertrauen." Ernst sah Max sie an und für einen kurzen Moment bekam Mary ein schlechtes Gewissen.

„Bitte", sagte sie leise.

Gemeinsam setzten sie sich in Bewegung in Richtung Wald. „Wo genau hält sich so ein Priester eigentlich auf?", fragte Mary auf halber Strecke schließlich.

„Tja." Max seufzte. „Ich vermute, entweder in einem der Ossarien, in der Kirche oder irgendwo sonst im Palast, schließlich wohnt er ja auch hier."

„Na das sind ja gute Aussichten auf einen schnellen Erfolg", murmelte Mary.

„Dafür kann ich nichts", erwiderte Max fröhlich. „Wir werden ihn schon finden."

Als Erstes suchten sie die Ossarien ab, die sich im vorderen Teil des Waldes verstreut befanden, doch drei von ihnen waren versiegelt, die anderen leer.

Dann blieb Max plötzlich stehen. „Hörst du das auch?"

Mary lauschte, doch sie hörte nichts. „Welche Richtung?“, fragte sie Max, der wortlos tiefer in den Wald deutete. Wieder lauschte Mary, drehte ihr besseres Ohr – das, das nicht unmittelbar der Explosion ausgesetzt gewesen war – in die Richtung. Jetzt hörte sie es auch: Musik, leise zwar, doch es war eindeutig Musik.

„Das klingt, als sollten wir uns das mal ansehen“, sagte Max und lief bereits motiviert los, bevor Mary ihr Einverständnis erteilen konnte.

„Bleib bitte hinter mir“, wies sie Max an, als sie ihn wieder eingeholt hatte. Nach einem verwirrten Blick ließ Max sich ein Stück zurückfallen.

Sie stießen auf einen gepflasterten Pfad aus grauen Steinen, dem sie tiefer in den Wald folgten, bis sie zu einem Gebäude kamen, das auf den ersten Blick einer Miniaturausgabe einer katholischen Kirche im gotischen Stil ähnelte. Auf den zweiten Blick erkannte Mary jedoch, dass die Außenwände über und über mit Knochen bedeckt waren. Der gewölbte Bogen über dem Eingang bestand aus Totenschädeln, die auf die Eintretenden hinunter grinsten.

„Nett“, kommentierte Mary, während sie nähertrat und am Eingang die kupferfarbene Tafel musterte, auf der ein lateinischer Text stand: „Mors certa, hora incerta.“

„Der Tod ist sicher, die Stunde ist ungewiss“, übersetzte Max.

„Das ist also der Ort, an dem die Ossarier ihre Messen halten?“, fragte Mary und musterte die dicke burgunderrote Holztür, die ins Innere der Kirche zu führen schien.

„Zumindest gehe ich davon mal aus“, bestätigte Max. „Die Kirchen, in denen ich bisher war, waren ... etwas schlichter.“ Er deutete auf die Totenschädel. „Diese Art von Dekoration ist mir neu.“

„Vermutlich kann man sowas nur machen, wenn man dem Kaiser höchstpersönlich dient“, murmelte Mary.

„Ja, vielleicht.“ Max deutete auf die Tür, hinter der die Musik hervordrang, die sie hierhergeführt hatte. „Warten wir, bis die Messe beendet ist?“

Ungläubig sah Mary ihn an. „Ist das dein Ernst?“

Max sah zu ihr, dann wieder zur Tür. „Du willst doch nicht ...“

Bevor er seinen Satz beenden konnte, schob Mary ihn aus dem Weg, drückte die Klinke der Tür hinunter und stieß sie schwungvoll auf. Sofort wurde die Musik lauter, sie dröhnte fast schmerzhaft in Marys Ohren. Eine Melodie, die nur aus dunklen, klagenden Tönen zu bestehen schien.

Das Innere der Kirche prägte ein langgestreckter Raum, in dem sich akkurat hintereinander angeordnet fünf Bankreihen befanden. Rechts neben der vordersten Bankreihe standen vier gepolsterte Stühle, von denen einer besetzt war. Als die Eingangstür gegen die Wand prallte, drehte sich die Person, die auf einem der Stühle saß, zu ihnen um. Es war die Kaiserin. Tadelnd sah sie Mary an, dann blickte sie wieder zurück zu dem Mann, der auf einer Erhöhung vor einem Altar aus schwarzem

Stein stand. Marys Auge surrte und vergrößerte die Szene, die sich abspielte. Gerade in diesem Augenblick hielt der Priester einen Knochen in den Händen, der von der Größe her zu einem Unterarmknochen gepasst hätte, aber vermutlich wusste Max das besser als sie. Er hatte den Knochen über den Kopf erhoben und murmelte ein paar Worte, bevor er ihn in eine Schale mit zwei weiteren Knochen legte. Dann machte er sich daran, drei Kerzen zu entzünden, die um die Schale verteilt waren. Nichts an seinem Verhalten ließ darauf schließen, dass er bemerkt hatte, dass zwei Fremde seine Kirche betreten hatten. Mit einer fast lässigen Bewegung hob er die Nadel vom Phonographen neben dem Altar und die Musik verstummte. Bedeutungsvoll streckte er beide Hände über der Schale aus und sagte: „Lasst uns beten." Er faltete die Hände und schloss die Augen, die Kaiserin tat es ihm gleich.

Oh nein, diesem Hokuspokus würde sie ganz sicher nicht bewohnen. Entschlossen wollte sie nach vorne schreiten, doch plötzlich spürte sie Max' Hand auf ihrem Arm.

„Willst du da wirklich reinplatzen?", wisperte er.

„Oh ja", gab Mary zurück und schüttelte seine Hand ab. „Hallo?", rief sie dann laut und machte sich auf den Weg zum Altar. „Priester Johannes?" Als sie am Altar ankam, hatte der Priester die Augen noch immer geschlossen. Entweder war er also taub oder er ignorierte sie gekonnt. Aus der Nähe bemerkte Mary, dass er wesentlich jünger war, als sie ihn sich vorgestellt hatte, möglicherweise erst Ende dreißig, also gar nicht so viel älter als sie selbst. Er trug eine schlichte braune Kutte, die am Kragen mit Knochen aus weißem Garn bestickt war, sodass es aussah, als trüge er eine höchst verstörende Halskette.

„Ich störe Sie ja nur ungern, aber ... Priester Johannes?", fragte Mary erneut, als der Priester immer noch nicht reagierte.

Endlich öffnete er träge die Augen und sah sie an, die Hände noch immer zum Gebet gefaltet. „Sie wissen, dass es ein Affront ist, die heilige Messe zu unterbrechen?", fragte er sie kalt.

„Ist mir ehrlich gesagt völlig egal", gab Mary unbeeindruckt zurück. „Ich habe ein wichtiges Anliegen. Dabei geht es um Mord, bei Ihnen nur um irgendwelche Zaubersprüche." Dieser Mann hatte etwas an sich, das in ihr Widerstand hervorrief. Vielleicht war es das gefühllose Lächeln, das sich jetzt auf seinem Gesicht ausbreitete, vielleicht die großmütige Geste, mit der er der Kaiserin zuwinkte. „Wir verschieben die Messe um eine Stunde, Majestät. Bis dahin sind wir hoffentlich fertig." Die Kaiserin erhob sich und verließ – nicht ohne einen tadelnden Blick in Marys Richtung - die Kirche.

Der Priester musterte Mary, doch sie zog es vor, nichts mehr zu sagen. Ab hier würde Max übernehmen. Es würde seine Aufgabe sein, aus diesem Mann etwas Nützliches herauszukriegen. Sie warf ihrem Begleiter einen raschen Seitenblick zu und Max begriff sofort.

„Wir würden uns gerne mit Ihnen unterhalten, Priester", begann er. „Es geht um ..."

„Es geht um die unbekannte Leiche, die ich in dem Ossarium gefunden habe?“, beendete der Priester seinen Satz. „Ich weiß.“

„Gut“, sagte Max, sichtlich aus dem Konzept gebracht. „Wenn Sie bereits im Bilde sind, kann uns das ja nur nützen. Ich bin Max Jung, ich leite ein Labor, unter anderem für die Untersuchung von menschlichen Überresten.“ Er deutete auf die erste Bankreihe der Kirche. „Setzen wir uns doch.“

Der Priester folgte Max’ Vorschlag und die beiden setzten sich, während Mary es vorzog, stehenzubleiben und sich ein wenig in der Kirche umzusehen. Hinter dem Altar gab es eine Tür, die einen Spalt breit offenstand. Mary schob sie ein Stück weiter auf und sah hinein. Der Raum war voller Knochen. Gesäubert lagen sie ordentlich sortiert in Regalfächern und in Körben auf dem Boden.

„Das ist nicht für die Öffentlichkeit bestimmt“, erklang die strenge Stimme des Priesters. „Stecken Sie Ihre Nase nicht in Angelegenheiten, die Sie nichts angehen.“

Mary gehorchte ihm nicht sofort. Stattdessen warf sie noch einen ausgiebigen Blick in den Raum, doch ihr mangelte es an Kenntnis, um sagen zu können, was das für Knochen waren oder von wem sie stammten. Schließlich wandte sie sich betont langsam von der Tür ab und schlenderte zurück zum Altar, um Max und den Priester im Auge zu behalten.

„Erzählen Sie uns doch bitte ganz genau, wie Sie die Leiche entdeckt haben“, forderte Max Priester Johannes gerade auf.

„Glauben Sie dem Bericht des Kaisers etwa nicht?" Der Priester seufzte, als ginge Max ihm bereits jetzt furchtbar auf die Nerven. „Es war der Tag, an dem das Ossarium geöffnet werden sollte, nachdem ich es genau vor einem Jahr verschlossen hatte. Als ich an der Tür war, fiel mir auf, dass sie nicht mehr versiegelt war."

„Und das haben Sie vorher nicht gesehen?"

Der Priester schüttelte den Kopf. „Ich kontrolliere die Ossarien während des Reifungsprozesses nicht. Ich versiegele sie, dann überlasse ich sie für ein vollständiges Jahr sich selbst, erst dann öffne ich sie wieder. Und nur ich darf sie öffnen."

„Das wusste jemand anderes offenbar nicht", sagte Max mit einem Hauch von Ironie und beobachtete den Priester ganz genau.

„Offenbar nicht", entgegnete der Priester bitter.

„Und was geschah, nachdem Ihnen die gebrochene Versiegelung aufgefallen war?"

Der Priester lehnte sich auf der Holzbank zurück und verschränkte die Hände. „Ich befürchtete, dass den Reliquien etwas zugestoßen war und habe das Ossarium betreten." Er zuckte mit den Schultern. „Sie waren noch da. Aber ich habe sofort gesehen, dass mit einem der Särge, die eigentlich leer sein sollten, etwas nicht stimmte."

„Inwiefern?"

„Der Deckel lag nicht richtig auf dem Sarg auf", erklärte der Priester. „Ich kontrolliere jeden Sarg persönlich, eine korrekte Aufbahrung der Reliquien ist unerlässlich für ihre späteren Kräfte."

„Sie meinen, die Energien der Reliquien werden durch eine falsche Behandlung zerstört?“, fragte Max und klang dabei so aufrichtig interessiert, dass Mary es ihm fast abnahm.

„Ganz genau.“ Der Priester nickte. Inzwischen klang er weniger so, als wäre Max für ihn nur ein lästiges Ungeziefer. Er schien es nunmehr zu genießen, von den ossarischen Ritualen und Gebräuchen zu erzählen. „Es gibt ein Protokoll, das ich haargenau befolge. Abweichungen davon schaden den Knochen.“

„Ich verstehe“, sagte Max und warf Mary einen kurzen Blick zu. Doch er brauchte ihre Hilfe nicht, denn er sprach weiter. „Der Deckel des Sarges war also nicht vollständig geschlossen. Was haben Sie getan, als Ihnen das aufgefallen ist?“

„Nun, da die Öffnung des Ossariums ohnehin für diesen Tag geplant war, habe ich den Sarg geöffnet und hinein gesehen.“

„Was genau haben Sie gesehen?“ Max beugte sich ein Stück vor. „Beschreiben Sie es mir.“

„Es lag ein Skelett in dem Sarg, aber es war keines von meinen. Es lag auf dem Rücken, die Arme an den Seiten. Ich bahre die Reliquien mit gefalteten Händen auf. Als ich das Ossarium bestückt habe, war diese Leiche noch nicht dort.“

„Es wurde keine Kleidung bei der Leiche gefunden“, sagte Max und sah den Priester fragend an.

„Nein, Kleidung habe ich auch nicht gesehen“, erwiderte der Priester. „Aber keine der Reliquien wird mit

Kleidern aufgebahrt, sie behindern den Prozess der Umwandlung."

„Sie meinen also, die Kleidung verzögert die Verwesung?"

„Mir wäre es lieber, wir würden von Umwandlung sprechen. Aber die Antwort ist ja", gab der Priester hochmütig zurück.

„Wer könnte das Ossarium betreten haben, ohne dass Sie es bemerkten?", fragte Max.

„Ich würde gerne sagen niemand, aber der Beweis dafür, dass das nicht stimmt, dürfte in Ihrem Labor liegen." Der Priester schnalzte mit der Zunge. „Die Ossarien sind nicht bewacht, an den versiegelten von ihnen kommt kaum jemals jemand vorbei, warum auch? In dem Teil des Waldes gibt es nichts zu tun und für Spaziergänge ist der Rest des Gartens besser geeignet." Er seufzte. „Aber sie sind während der Umwandlung nicht verschlossen, das habe ich nicht für nötig gehalten. An jedem bringe ich nur ein Siegel an, um die Unversehrtheit der Knochen garantieren zu können. Ich würde also sagen, jeder hier im Palast könnte das Ossarium betreten haben. Wobei ich eigentlich dachte, der Respekt vor den Reliquien würde das verbieten." Er schüttelte missmutig den Kopf. „Dieser Vorfall hat unglücklicherweise dafür gesorgt, dass ich auch die anderen Reliquien, die in dem Ossarium vorbereitet worden sind, nicht mehr verwenden kann. Ihre Energien hatten sich durch diesen unglücklichen Menschen verändert."

Max nickte, als wüsste er genau, wovon der Priester redete, während Mary versuchte, ein ungläubiges Schnauben zu unterdrücken. Sich verändernde Energie in Knochen. Klar, was sonst?

„Inzwischen wissen wir – und vermutlich auch Sie – dass die Knochen in dem Sarg zu Karl Bach gehörten. Kannten Sie ihn?"

„Ob ich ihn kannte? Mehr oder weniger", erwiderte der Priester schwammig.

„Was soll heißt das?", hakte Max nach, als der Priester seine Antwort nicht weiter ausführte.

„Ich habe ihn vielleicht zwei Mal persönlich getroffen. Vielmehr gesehen, denn gesprochen haben wir nie miteinander. Aber ich habe von ihm gehört."

„Gehört?"

„Die Kaiserin hat mir von ihm erzählt, von seiner ... Herkunft." Der Priester sprach das Wort mit deutlicher Verachtung in der Stimme aus.

„Was genau hat sie Ihnen gesagt?", fragte Max und Mary ahnte, was nun kommen würde.

„Sie sagte, dass er der uneheliche Sohn des Kaisers sei", antwortete Priester Johannes vollkommen gelassen.

„Das sagte sie Ihnen einfach so?", fragte Max, der seine Überraschung ohne Erfolg zu verbergen versuchte.

„Das hat sie mir in einem unserer Zwiegespräche erzählt", sagte der Priester pikiert. „Das ist ein Ritual, in dem Sorgen und Ängste im Beisein eines Priesters ausgesprochen werden. Zusammen mit den Energien der Reliquien wird für Erkenntnis gebetet."

Vielleicht sollten die Menschen anfangen, ihren Verstand zu benutzen, statt für Erleuchtung zu beten.

„Und ... gab es eine Erkenntnis?“, fragte Mary laut. Auch wenn sie Max versprochen hatte, dass er die Befragung leiten durfte, konnte sie sich bei diesem Unfug, den der Priester von sich gab, nicht zurückhalten. „Irgendwas in Bezug auf Karl?“

„Diese Art von Zwiegespräch findet natürlich hauptsächlich innerlich statt. Ein Dialog zwischen den Geistern und dem Betenden“, führte der Priester gelangweilt aus.

„Aber?“ Auffordernd sah Mary ihn an.

„Aber ...“ Der Priester zögerte, vermutlich ohne dass er es merkte, glitt sein Blick für einen Augenblick zur Kirchentür. „Es ist dem Betenden erlaubt, dem Priester mitzuteilen, was erfahren wurde.“

Oh, diese vielen Geheimnisse. Mary konnte sich gut vorstellen, was ein Priester der Ossarier alles zu hören bekam. Das war nun wirklich ein guter Anreiz, der Priester der kaiserlichen Familie zu werden. „Also, was hat die Kaiserin Ihnen gesagt?“, hakte Max nun nach. Streng blickte er den Priester an.

„Sie können mich nicht zwingen, das preiszugeben, was mir in einem Zwiegespräch anvertraut worden ist. Das kann nur die Kaiserin selbst preisgeben.“

Mary biss wütend die Zähne aufeinander. Es war ja klar, dass der Priester sich irgendwann hinter den Vorschriften seines Berufs verstecken würde. Aber waren diese Vorschriften gesetzlich bindend? Hätte die Polizei das Recht, ihn zu verhaften, um ihn zu zwingen, seine

Informationen aus Zwiegesprächen preiszugeben? Sie sah Max an, der mit bedauerndem Gesichtsausdruck die Schultern hob. Also hatte der Priester wohl das Recht, zu schweigen. Hervorragend. Was, wenn die Knochenenergien – oder andere Hirngespinste – der Kaiserin eingeflüstert hatten, Karl zu ermorden? Bisher hatten sie die Kaiserin nicht nach ihrem Verbleib nach dem Knochenfest gefragt – ein Alibi hatte sie also noch nicht. Das mussten sie dringend nachholen. Die Kaiserin hatte von allen im Schloss das stärkste Motiv, Karl zu ermorden. Ein unehelicher Sohn des Kaisers? Und der Priester wusste etwas, so viel stand fest. Mit schwerlich unterdrückter Wut starrte Mary den Priester an, so lange, bis er ihrem Blick auswich und wieder zur Tür blickte.

„Wir müssen also die Kaiserin fragen?", fragte Mary langsam und beobachtete den Priester ganz genau. „Wenn wir etwas über ihre Erkenntnisse zum Thema *unehelicher Sohn des Kaisers* wissen wollen?"

Überheblich schnaubte der Priester. „Wenn Sie es so ausdrücken wollen, dann ja. Aber ich rate Ihnen, das Thema fallen zu lassen. Es betrifft Ihren Fall nicht." Er schüttelte den Kopf. „Es würde die Kaiserin nur aufregen, das wäre nicht hilfreich."

„Zum Glück entscheiden wir darüber, was hilfreich ist und was nicht", wies Max ihn in seine Schranken und innerlich zollte Mary ihm dafür Respekt.

„Natürlich." Priester Johannes sah Max nun wieder angewidert an, als wäre er ein Fleck auf seiner sonst so sauberen Robe.

„Wir werden die Kaiserin selbst fragen“, sagte Max nach wenigen Sekunden des Schweigens. „Sie wird uns sicherlich darüber aufklären, was sie im Zwiegespräch erfahren hat.“

„Sicherlich.“ Der Priester nickte, doch Mary erkannte die schlecht verborgene Häme in seiner Miene. Er glaubte nicht daran, dass sie etwas herausfinden würden, und er freute sich darüber. Weshalb?

„Und jetzt müssen Sie beide leider gehen. Ich habe noch viel zu tun. Und da Sie meine letzte Messe so rüde unterbrochen haben ...“ Er hob beide Hände in die Luft. „Ich muss wieder von vorne beginnen. Die Messe muss erneut durchgeführt werden.“

„Schön, tun Sie das“, sagte Mary und trat neben die Bank, auf der Max und der Priester saßen. „Wir gehen. Aber wir kommen wieder, wenn wir noch weitere Fragen haben.“

„Selbstverständlich“, erwiderte der Priester mit einem falschen Lächeln und stand auf. „Aber dann vielleicht außerhalb der Messezeiten, ja?“

„Wir geben uns Mühe“, antwortete Mary genauso falsch wie er und griff nach der Hand, die er ihr darbot. Als sie sie schüttelte, neigte der Priester den Kopf ein Stück zur Seite, um Max einen Blick zuzuwerfen, der ebenfalls aufstand. Auf dem Hals des Priesters und am Kragen seiner Robe befanden sich rote Flecken. Ein Fleck befand sich direkt unterhalb des Ohres, er war verschmiert, als hätte Priester Johannes hastig versucht, ihn fortzuwischen.

„Bis dann.“ Nun ergriff der Priester auch Max‘ Hand und schüttelte sie ein paar Mal. „Sie finden allein hinaus, nehme ich an?“

„Kein Problem.“ Während Mary mit Max den Gang der Kirche hinunterlief und schließlich aus der Tür in den Wald trat, befiel Mary das unangenehme Gefühl, etwas nicht richtig zu begreifen. Als hätte sie alle Teile, aber es gelang ihr nicht, sie richtig zusammenzufügen. Ein paar Meter entfernt von der Kirche blieb sie schließlich stehen. Max bemerkte es erst nicht und ging noch einige Schritte weiter, bevor er anhielt. „Mary? Ist irgendetwas nicht in Ordnung?“

Mit zusammengekniffenen Augen und erhobener Hand stand Mary da. Die Gedanken in ihrem Kopf drehten sich wie ein Karussell. Es war etwas mit dem Priester. Und es hatte mit diesen Flecken zu tun. Die Farbe ... Sie hatte sie schon mal gesehen. Und zwar auf den Lippen einer Frau. Der Kaiserin.

„Ich bin so eine Idiotin“, stieß Mary hervor und drehte sich um.

„Wieso?“ Rasch war Max neben ihr. „Was meinst du?“

„Der Priester und die Kaiserin, sie haben eine Affäre!“ Wieso war sie da nicht gleich draufgekommen? Die Art und Weise, wie der Priester immer wieder zur Tür gesehen hatte, durch die die Kaiserin gerade verschwunden war. Er hatte sie schützen wollen. Und die Kaiserin ... Wie praktisch, dass sie ihre Affäre unter dem Deckmantel der Religiosität führen konnte.

„Mary, wo willst du hin?“

Rasch war Mary wieder an der Tür, stieß sie auf und stürmte durch den Mittelgang zum Altar, vor dem Priester Johannes kniete. „Schützen Sie sie? Oder haben Sie Karl gleich selbst ermordet?“ Schwer atmend baute Mary sich vor dem Priester auf, der mühsam auf die Füße kam.

„Was?“ Mit zusammengekniffenen Augen sah er sie an. „Wovon reden Sie?“

„Ich rede von Ihnen und der Kaiserin“, sagte Mary. „Und von Ihrer kleinen Affäre.“

Für den Bruchteil einer Sekunde weiteten sich die Augen des Priesters, dann hatte er sich auch schon wieder unter Kontrolle. „Sie fantasieren“, gab er zurück und wandte sich wieder dem Altar zu, auf dem ein Knochen – vielleicht ein Beckenknochen? – lag.

„Wie ist es abgelaufen?“ Mary ließ nicht locker. Max stand wenige Schritte von ihr entfernt und lauschte angespannt. „Sie hat Ihnen von dem Bastard erzählt, den ihr Mann gezeugt hat? Diesem Kind, das im Palast herumwanderte? Und dann? Haben Sie sich entschieden, etwas dagegen zu unternehmen?“

Priester Johannes schüttelte mitleidig den Kopf. „Sie irren sich, das versichere ich Ihnen.“ Er deutete zur Tür. „Sie sollten gehen, bevor Sie sich endgültig lächerlich machen.“

„Was wird der Kaiser von all dem halten, wenn ich es ihm erzähle?“ Mary trat einen weiteren Schritt auf den Priester zu, so nah, dass sie die winzigen Schweißtropfen zwischen den Bartstoppeln auf seiner Oberlippe sehen konnte. „Was wird er sagen, wenn ich ihm berichte, dass sein Priester mit seiner Frau schläft?“

Johannes streckte die Hand aus und schob Mary zur Seite, um die Treppen neben dem Altar hinaufzusteigen. „Sie werden ihm gar nichts erzählen“, sagte er langsam. „Denn Sie haben nicht den kleinsten Beweis.“

„Manchmal reicht ein bloßer Verdacht. Ein Gerücht, einmal gesät, wächst es immer weiter.“ Mary zuckte mit den Schultern. „Es ist Ihre Entscheidung.“

„Das hier ist keine Entscheidung“, gab der Priester mit eisiger Stimme zurück. „Sie sind zwei Fremde, nichts weiter. Der Kaiser wird Ihnen kein Wort glauben, da nie etwas geschehen ist. Viktoria und ich – wir haben keine Affäre, habe ich mich klar ausgedrückt?“

„Klar wie Kloßbrühe“, murmelte Mary und lächelte.

„Und jetzt verschwinden Sie! Endgültig.“ Der Priester wies mit dem Flackern von Wut in seinen Augen zur Tür. Mit einer spöttischen Verbeugung verabschiedete Mary sich von ihm und verließ die Kirche.

„Was sollte das?“, überfiel Max sie, kaum dass die Tür hinter ihnen ins Schloss gefallen war. „Deine überstürzte Aktion hat uns gar nichts gebracht, du hast ihn nur gewarnt.“

„Ganz im Gegenteil, sie hat sehr viel gebracht“, widersprach ihm Mary. Zufrieden lächelnd blickte sie auf die Kirchentür zurück. „Ich weiß jetzt ganz sicher, dass die Beziehung zwischen Priester Johannes und der Kaiserin nicht so unschuldig ist, wie er uns glauben machen will.“

„Aber wie ...“ Max verstummte, dann schloss er die Augen und nickte. „Er nennt sie beim Vornamen.“

„Und das dürfen eigentlich nur Familienmitglieder“, führte Mary seinen Gedanken weiter. „Ganz genau.“

„Also hat auch die Kaiserin eine Affäre?“ Max schüttelte den Kopf. „Diese Familie hat ja mehr Leichen im Keller als die ganzen kaiserlichen Ossarien zusammen.“

Mary grinste.

„Und jetzt?“ Mit langen Schritten ging Max neben ihr her. „Denkst du, er ist schuldig? Dass er den unehelichen Sohn des Kaisers für die Kaiserin aus dem Weg geschafft hat?“

„Ich glaube, dass er ein Psychopath ist, jemand, der sich gern mit Leichen umgibt.“ Das Ende des Waldes kam in Sicht. „Ob er Karl allerdings ermordet hat ...“ Sie zuckte mit den Schultern. „Dafür fehlen uns die Beweise. Aber er hatte ein Motiv.“

„Ein gutes“, ergänzte Max aufgeregt. „Ich habe so das Gefühl, dass wir unseren Mörder gefunden haben. Es stimmt doch alles: Er hat ein Motiv, er hatte Zugang, er wusste, wie schnell eine Leiche verwest. Er hat Karl sogar entkleidet, damit die Verwesung schneller abläuft und die Identifizierung schwieriger wird.“

Mary nickte vor sich hin. Ja, Priester Johannes war ein guter Kandidat für den Mörder von Karl Bach. Bis auf ein Detail. „Du vergisst, dass er die Leiche selbst entdeckt und gemeldet hat.“

„Oh.“ Max sackte ein wenig in sich zusammen. „Vielleicht ... hat er das gemacht, um den Verdacht eben von sich abzulenken? Oder weil er vielleicht endlich mit der Sache abschließen wollte?“

Mary zuckte unbestimmt mit den Schultern. Der Priester war ein interessanter Verdächtiger, aber noch passten die einzelnen Indizien nicht recht zusammen. Aber dafür würde sie schon sorgen. Sie würde die entsprechenden Beweise finden. Wenn sie dem Kaiser den Mörder präsentierte, musste alles stimmig sein.

Kapitel 10

„Ich will mich nochmal im Ossarium umschauen“, sagte Max, gerade als sie den Waldrand erreichten. „Dieser merkwürdige Abdruck auf dem Knochen lässt mir keine Ruhe, vielleicht finde ich in der Nähe des Sarges etwas, das dazu passt.“

Mary warf einen Blick auf ihre Uhr. „Es sind noch zwei Stunden, bis es dunkel wird, die sollten wir nutzen.“ Sie wies in Richtung des Ossariums und folgte Max dann dorthin.

Während Max die Schwelle des Marmorgebäudes ohne zu zögern überschritt, verharrte Mary einige Sekunden vor der Tür. Dieser Ort rief ein ungutes Gefühl in ihr hervor, das sie sich nicht erklären konnte. Sie war an den abscheulichsten Orten gewesen, hatte grauenvolle Dinge gesehen, aber dieses Ossarium bescherte ihr eine Gänsehaut. Vermutlich lag es an dem Zweck, den es erfüllen sollte. Die Verwesung von Leichen, um sie danach in seltsamen Messen vor aller Augen auszustellen. Mary konnte diesen Ritualen auch – oder gerade – nach dem Gespräch mit Priester Johannes nichts abgewinnen.

Es kostete sie Überwindung, das düstere Innere des Ossariums schließlich doch noch zu betreten. Aber einfach vor der Tür zu warten, weil dieser Ort ihr nicht gefiel? Das kam für sie nicht infrage.

Im Ossarium war Max bereits in den steinernen Sarg gestiegen, in dem man Karls Leiche entdeckt hatte und den Angestellte des Kaisers gestern aus Max' Labor wieder hierher transportiert hatten. Mary sah nur noch seinen Rücken und einen Teil seiner kurzen braunen Haare, der Rest war hinter der Sargwand verborgen.

Mary lehnte sich an den Türrahmen und blickte nach draußen. Niemand war hier, niemand war in diesem Teil des Waldes. Sie wusste nicht genau, was sie erwartet hatte. Vielleicht, dass Priester Johannes ihnen folgte? Doch dieser Mann war so von sich selbst überzeugt, er ging davon aus, dass sie ihn niemals würden überführen können, weder was die Affäre mit der Kaiserin betraf noch den Mord an Karl Bach, sofern er ihn begangen hatte.

„Hier ist nichts", vermeldete Max nach einigen Minuten mit abgrundtiefer Enttäuschung in der Stimme. „Ich dachte wirklich, dass das, was auch immer diesen Abdruck verursacht hat, noch hier sein muss. Dass es vielleicht heruntergerutscht ist und ich es im Labor übersehen habe."

„Vielleicht ist es ja heruntergefallen, als der Deckel geöffnet worden ist." Mary deutete auf den Boden. Das Ossarium war zwar außergewöhnlich sauber, aber das Licht der Gaslaterne am Eingang erhellte nicht jeden

Winkel, es gab noch immer dunkle Ecken, in denen ein so kleiner Gegenstand, nicht auf den ersten Blick auffallen würde.

„Tu dir keinen Zwang an“, erklang Max’ Stimme dumpf aus dem Sarg. „Du darfst gerne nachschauen. Deine Expertise reicht völlig aus, um Sachen, die auf dem Boden herumliegen, zu erkennen.“

„Nein, danke“, gab Mary hochmütig zurück. „Ich will dir nicht deine Arbeit wegnehmen, du machst das auch viel besser als ich. Also, das Herumkrabbeln auf dem Boden.“

„Na herzlichen Dank aber auch“, gab Max zurück und Mary grinste vor sich hin, während Max den Sarg noch einmal absuchte. „Nein, hier ist wirklich nichts.“

Max schwang seine Beine über den Rand des Sargs und landete auf dem Boden. „Aber jetzt kann ich mein Talent im Herumkrabbeln erst richtig unter Beweis stellen.“ Während er Mary mit hochgezogenen Augenbrauen ansah, sank er auf die Knie und dann auf alle viere. „Mache ich das so richtig?“

Mary konnte nicht anders, als zu lachen, denn Max sah einfach nur lächerlich aus, besonders der dümmliche Gesichtsausdruck, den er aufgesetzt hatte, war einfach herrlich. „Du machst das wunderbar“, gab sie zurück.

„Sehr gut.“ Schlagartig wich Max‘ alberne Miene wieder höchster Konzentration, als er begann, den Boden des Ossariums Zentimeter für Zentimeter abzusuchen. Mary ging zur Tür zurück, um ihm bei seinen Untersuchungen nicht im Weg zu stehen. Minutenlang wechselten sie kein Wort und Marys Gedanken wanderten wieder zu Priester Johannes und der Unterhaltung mit ihm. Etwas an diesem Mann störte sie gewaltig, aber war es, weil der Priester möglicherweise den Mord an Karl begangen hatte? Oder war es eher ein generelles Problem, das sie mit ihm persönlich hatte? Denn dass sie Priester Johannes für einen Psychopathen hielt, das stimmte. Ihrer Meinung nach erregte ihn die Nähe zum Tod und zu den Toten. Doch hatte er Karl deswegen ermordet?

„Das ist interessant."

Max' Stimme riss sie aus ihren Überlegungen und sie wandte sich ihm ruckartig wieder zu. „Was?"

„Das hier." Max trat beiseite und deutete auf eine Stelle auf dem Boden vor dem Fußende des Sarges, in dem Karl gefunden worden war. Mary beugte sich vor. Ein dunkelbrauner Fleck von vielleicht einem Zentimeter Durchmesser verunstaltete den sonst makellosen Marmorboden des Ossariums.

„Was ist das?", fragte Mary.

„Ich vermute, es ist Blut", entgegnete ihr Max. „Ich kann eine Probe nehmen."

Mary nickte. „Mach das. Kannst du auch herausfinden, von wem das Blut stammt?"

Max schüttelte bedauernd den Kopf. „Nein, das ist unmöglich."

„Aber wenn wir keine Möglichkeit haben, zu bestimmen, wessen Blut das hier ist, dann nützt es uns nichts!" Mary fuhr sich durch die kurzen Haare.

„Das stimmt, aber …“ Mary unterbrach ihn.

„Das könnte genauso gut Karls Blut sein, wir wissen ja schon, dass seine Kopfwunde heftig geblutet haben muss.“

„Mary, beruhig dich.“ Beschwichtigend hob Max die Hände und Mary verstummte. „Und lass mich bitte auch mal zu Wort kommen.“

Mary presste die Lippen fest aufeinander und gab Max ein Zeichen, dass er jetzt an der Reihe war. „Also, ja, es könnte Karls Blut sein. Aber ich finde die Stelle sehr merkwürdig.“ Er deutete auf das Fußende des Sarges, das in Richtung der hinteren Wand des Ossariums zeigte. „Angenommen, der Mörder hat Karl hierher geschleift oder auf den Armen getragen, hätte sich doch zu keinem Zeitpunkt Karls Kopf über dieser Stelle hier befunden.“

Mary kniff die Augen zusammen, als sie sich die Szene vorzustellen versuchte. „Du hast recht. Egal wie der Mörder Karl transportiert hat, sein Kopf wäre immer nur hier vorne gewesen.“ Mary deutete auf das Kopfende des Sarges. „Sofern er ihn nicht mehrmals um den Sarg getragen hat.“

„Ganz genau“, bestätigte Max mit glänzenden Augen. „Und das bringt mich zu einer Vermutung …“

„Das Blut stammt vom Mörder“, kürzte Mary Max’ Verkündung ab.

„Ja.“ Max Schultern sackten herab. „Genau das wollte ich sagen.“

„Mag sein, aber ich war schneller“, zog Mary ihn auf. „Wenn der Blutfleck tatsächlich vom Mörder stammt, dann war der Mörder in der Nacht verletzt, als er Karl getötet hat.“

„Wie wir schon vermutet haben, vermutlich hat Karl seinen Mörder gekratzt“, ergänzte Max und Mary nickte aufgeregt.

„Ja, während der Mörder ihn gewürgt hat.“ Durch die neuen Entdeckungen hatten sie diesen ursprünglichen Gedanken völlig aus dem Blick verloren. Jetzt aber sah sie die Szene wieder direkt vor sich. Karl, der seinen Mörder abwehren wollte und ihn dabei kratzte.

„Dann muss die Verletzung im Gesicht oder am Hals gewesen sein“, sagte Max aufgeregt.

„Ja, vorausgesetzt, dieser Blutfleck ist nicht schon seit Jahren hier und stammt womöglich noch von Priester Johannes, der sich beim Leichenverstauen mal den Kopf gestoßen hat.“

„Das glaube ich nicht“, erwiderte Max voller Überzeugung. „Diese Ossarien werden penibel gepflegt, das ist dir doch sicher auch schon aufgefallen.“ In der Tat, Mary hatte sich die ganze Zeit schon über die klinische Reinheit der Gruft gewundert. „Ich halte es für unwahrscheinlich, dass ein Blutfleck bei der letzten Reinigung übersehen worden ist.“

„Na gut“, gab Mary klein bei. „Aber was fangen wir jetzt damit an?“ Sie deutete auf den Fleck.

„Erstmal nehme ich eine Probe“, sagte Max, bückte sich und kratzte mit einem feinen Spatel etwas von dem Fleck in eine fingergroße Glasflasche und verschloss sie mit einem Korken. „Und dann untersuche ich im Labor, ob es sich wirklich um Blut handelt. Und dann“, er machte eine weitausholende Bewegung mit der Flasche, „dann können wir nachprüfen, wer von unserer Kandidatenliste zum Zeitpunkt des Knochenfests eine Verletzung hatte.“

Mary nickte, zunehmend begeistert von Max’ Fund. „Falls jemand eine Verletzung im Gesicht gehabt hat, wird sich garantiert jemand daran erinnern.“

Mit einem triumphierenden Grinsen verstaute Max die Glasflasche in seiner Jackentasche. „Nur schade, dass ich dieses Ding nicht gefunden habe, das den Abdruck hinterlassen hat. Ich hätte zu gern gewusst, was das war.“

„Deine Neugier in allen Ehren“, sagte Mary und wandte sich zum Gehen, „aber vielleicht brauchen wir dieses Ding gar nicht mehr. Nicht, wenn wir das da haben.“

Kapitel 11

Eilig riss Mary Kleidungsstücke aus ihrem Kleiderschrank und zog sich an. Dichte braune Hosen, die ihr bis in die Mitte der Wade reichten, dazu schwere braune Stiefel mit dicker Sohle, die zwar auf der rechten Seite mehrere Flicken hatten, die aber einfach zu bequem waren, um sie zu entsorgen. Dazu eine schlichte weiße Bluse, darüber ihre dunkelbraune Jacke.

Max hatte ihr ein Telegramm geschickt. Es war Blut!

Auf dem Weg zur Bahnstation pochte Marys Herz heftig, sie spürte, dass sie der Lösung des Falls endlich näherkam. Dieser Blutfleck und die Tatsache, dass sie Karls Todeszeitpunkt sehr genau eingegrenzt hatten, waren bisher ihre besten Chancen, den Täter zu finden.

In der Bahn konzentrierte Mary sich vollkommen darauf, was sie jetzt zu tun hatte, ohne auf das zu achten, was sich vor den Fenstern abspielte, wo Ambuladeure mit Gaslaternen auf der Suche nach Rebellen und Flüchtigen waren.

Vor dem Palast traf sie auf Max und gemeinsam betraten sie das Zuhause der kaiserlichen Familie.

„Also", sagte Max ein wenig ratlos, als sie in der Eingangshalle standen, „was machen wir jetzt?"

„Haben sie euch das an der Universität etwa nicht beigebracht?", fragte Mary spöttisch, grinste aber dann, da ihr die Aussicht, den Mörder bald zu fassen, gute Laune bescherte.

„Ich Wissenschaft, du Ermittlungskram", gab Max ungerührt zurück und sah sie erwartungsvoll an.

„Na gut. Normalerweise würde die Polizei vermutlich die kaiserliche Familie befragen. Aber mein Gefühl sagt mir eher, wir sollten mit den Angestellten sprechen. Mit denen, die alles im Schloss sehen und hören."

„Den Dienern und Kammerzofen?" Max deutete nach rechts, wo der Flügel des Palastes lag, in dem die Angestellten untergebracht waren.

„Ganz genau." Mary nickte und ging voraus, Max folgte ihr. Inzwischen wusste Mary, dass die ersten zehn Räume auf diesem Flur für die Diener des Schlosses bestimmt waren, die nächsten fünf für die privaten Kammerdiener der Familie. Sie klopfte an jede der Türen und wartete dann ungeduldig und mit verschränkten Armen.

Es dauerte nicht lange und die ersten Angestellten erschienen im Gang. Sie schienen verwirrt und sahen Mary fragend an. Offenbar wunderten sie sich, dass sie erneut befragt wurden. Als schließlich niemand mehr aus den Zimmern kam und sich elf der Angestellten versammelt hatten, ergriff Mary das Wort. „Guten Morgen." Mit gemurmelten Worten erwiderte die versammelte

Menge vor ihr den Gruß. „Ihr kennt mich bereits, also mache ich es kurz: Erinnert ihr euch an jemanden, der nach dem Knochenfest eine blutende Verletzung hatte? Vielleicht einen Kratzer am Hals oder im Gesicht? Oder gab es jemanden, der eine Stelle seines Körpers auffällig verdeckt gehalten hat?“ Sie blickte in viele ratlose Gesichter, einige schüttelten schon den Kopf. „Vielleicht war die Verletzung nicht groß.“ Immer noch antwortete ihr keiner. Die meisten erwiderten ihren Blick, nur ein Mädchen, das eine Dienstbotenuniform trug, sah zu Boden.

„Na schön, vielen Dank“, sagte Mary an alle gewandt. „Das war so weit erstmal alles. Falls einem von euch noch etwas einfällt, meldet euch bei mir. Wir sind noch den ganzen restlichen Tag im Palast.“ Mit einem Nicken verabschiedete sie sich von den Angestellten, die murrend in ihre Zimmer zurückkehrten. Rasch bahnte sich Mary einen Weg hindurch und ergriff den Arm des Mädchens, das vorhin so konsequent ihren Blicken ausgewichen war. „Einen Moment, bitte.“ Ängstlich wandte sich das Mädchen zu ihr um, dann sah sie hilfesuchend den anderen Angestellten hinterher, von denen sie aber keiner registrierte. Mary wartete, bis der Flur leer und sie allein waren. „Was weißt du?“ Sie ließ den Arm des Mädchens los, wich jedoch keinen Zentimeter zurück. Streng blickte sie auf das Mädchen herab, das fast einen Kopf kleiner war als sie.

„Ich weiß gar nichts.“ Die Stimme des Mädchens war hell und schüchtern. Ira – so hieß sie. Lateinisch für Zorn, was für eine Ironie in Anbetracht ihrer ängstlichen Art.

„Ira." Mary legte den Kopf schief und verlieh ihrer Stimme einen etwas sanfteren Klang. „Du weißt, dass es hier um eine Ermittlung geht, die der Kaiser höchstpersönlich angeordnet hat, richtig?"

Ira nickte.

„Und das bedeutet, wenn du uns belügst, dann belügst du auch den Kaiser, deinen Herrn." Max neben ihr nickte bestätigend. „Und das willst du doch nicht, oder?" Mary beobachtete, wie Ira mehrmals den Mund öffnete und wieder schloss. Sie wirkte wie ein Karpfen, der im Teich nach Brotkrumen schnappte. Doch kein Wort drang hinaus.

„Ira, wenn du etwas weißt, dann musst du es uns sagen", drängte nun auch Max sie. „Du willst doch sicher auch, dass Karls Mörder bestraft wird."

Beim Wort „Mörder" sog Ira scharf die Luft ein, mit großen Augen musterte sie Mary. „Karl ist also tot?" Ein Zittern schien durch sie zu laufen. „Ich kann es nicht sagen", flüsterte sie. „Er wird wissen, dass ich es gewesen bin und dann verliere ich meine Anstellung." Sie schluchzte. „Ich darf meine Arbeit nicht verlieren."

„Das wird nicht passieren", sagte Mary voller Überzeugung. „Dafür wird der Kaiser sorgen." Ihr Herz raste. Gleich, gleich hatten sie ihn.

Doch Ira schüttelte den Kopf. „Als Dienerin hier im Palast muss man verschwiegen sein", beharrte sie. „Das ist meine Aufgabe."

„Ira“, sagte Mary mit weicherer Stimme als zuvor. Langsam verzweifelte sie an dem jungen Mädchen. „Es geht hier um Mord. Derjenige, der Karl ermordet hat, wird vielleicht auch nicht davor zurückschrecken, noch weitere Morde zu begehen. Möchtest du daran schuld sein?“ Eindringlich sah sie Ira an, aus deren Gesicht alle Farbe wich. „Oder möchtest du vielleicht sein nächstes Opfer werden?“

Bleich starrte das Mädchen auf den Boden. Dann hob sie den Blick und schüttelte steif den Kopf. „Nein“, flüsterte sie.

Gespannt sah Mary sie an und sie spürte, wie sich Max neben ihr vor nervöser Spannung verkrampfte.

„Ich hab ihn damals gesehen. Am Abend des Knochenfests“, flüsterte Ira.

Der Puls, der in Marys Ohren pochte, übertönte ihre leise Stimme fast. „Wen?“, fragte Mary atemlos.

„Thomas.“ Mit schreckgeweiteten Augen sah Ira sie an. Offenbar konnte sie selbst kaum glauben, dass sie das gesagt hatte.

„Thomas?“ Marys Gedanken überschlugen sich. „Der Sohn des Grafen?“

Ira nickte nur, die Augen weit aufgerissen, als erwartete sie, dass der Grafensohn hinter der nächsten Biegung hervorspringen und sie wegschleifen würde.

„Was genau hast du gesehen?“ Eindringlich musterte Mary Ira, dann warf sie Max einen raschen Blick zu, den er aber nicht erwiderte. Er war völlig auf Ira konzentriert. Mary sah wieder zu der Dienstbotin. Sie musste ihnen genau sagen, was sie gesehen hatte. Von nun an durften sie keine Fehler machen.

„Ich war …" Ira brach ab, schluckte sichtlich und versuchte es dann erneut. „Es war spät, in der Nacht nach dem Knochenfest, wie Sie gesagt haben." Wieder unterbrach sie sich und leckte sich über die trockenen Lippen. „Ich war noch hungrig, auch wenn es das Knochenfest war, wir haben kaum was davon abbekommen." Verlegen blickte Ira zu Boden, doch Mary fand, dass sie keinen Grund hatte, sich zu schämen. Menschen, die den ganzen Tag hart arbeiteten, sollten genug zu essen bekommen und nicht hungern. „Ich habe die Tür meiner Kammer aufgemacht, ganz langsam und im Dunkeln, damit mich keiner hört oder sieht. Und gerade, als ich meine Kammer verlassen wollte, war da auf einmal Licht am Ende des Gangs." Wieder weiteten sich Iras Augen, als durchlebte sie den Augenblick erneut. „Ich bin in die Kammer zurückgewichen und habe die Tür geschlossen. Nur eben nicht ganz. Ich wollte sehen, wer da so spät in der Nacht auf den Fluren herumläuft." Beschämt schloss sie die Augen. Als sie sie wieder öffnete, standen Tränen darin. „Ich hab ihn durch den Spalt beobachtet."

„Thomas? Den Verlobten von Amalie?" Mary musste sichergehen, dass ihr Verdächtiger wirklich der richtige war.

Ira nickte vehement, sie schien sich ihrer Sache absolut sicher zu sein. „Er hatte eine Gaslaterne in der einen Hand." Ira kniff die Augen zusammen, als versuchte sie, sich an den Anblick zu erinnern. „Von der

Seite aus konnte ich sehen, dass er einen dicken Kratzer hatte, genau hier." Sie deutete auf ihren eigenen Hals, auf eine Stelle über dem linken Schlüsselbein. „Er hat geblutet, da waren Flecken auf seinem weißen Hemd."

„Und was hat er auf dem Flur gemacht?" Max klang atemlos, als wagte er es nicht, Luft zu holen.

„Nichts. Er ging nur vorbei. Mit irgendetwas in der Hand." Sie schüttelte den Kopf. „Aber ich konnte nicht sehen, was es war. Und dann ..." Sie schluchzte auf und schlug sich die Hand vor den Mund. „Dann hat er mich gesehen."

„Gesehen?" Max sah sie fragend an.

„Er hat aufgesehen, direkt zu mir." Noch immer hielt Ira die eine Hand vor ihren Mund, sodass ihre Erklärungen leicht gedämpft klangen. „Ich wusste, dass er mich gesehen hatte. Also habe ich die Tür geschlossen und den Riegel vorgelegt. Ich wollte so tun, als wäre das nie geschehen. Und das war es irgendwie auch nicht", fügte sie rasch hinzu. „Nichts ist danach passiert. Er hat mich nicht verraten, das hat mich selbst überrascht, aber wenn Sie ihm jetzt sagen, dass ihn jemand gesehen hat ..." Sie ließ die Hand sinken. „Er wird es dem Vorsteher melden und der wird mich entlassen. Wir dürfen uns nachts nicht auf den Gängen herumtreiben, nicht, wenn wir nicht im Dienst sind. Und das war ich nicht."

„Er wird nichts dergleichen tun", sagte Mary so gelassen sie konnte. In ihrem Inneren tobte ihr Herz. „Das werden wir verhindern."

„Das können Sie?" Ira klang skeptisch.

Mary nickte. Sie war sich sehr sicher, dass es den Kaiser nicht kümmerte, dass eine Dienstbotin gegen die – etwas albernen und nicht unbedingt notwendigen – Regeln des Palastes verstoßen hatte. Nicht, wenn sie dadurch den Fall aufklärten.

Ira sah noch immer besorgt aus, auf ihrer Stirn hatten sich tiefe Falten gebildet. „Na schön“, murmelte sie schließlich. „Dann ... vielen Dank.“ Sie ging unsicher davon und sah sich auf dem Weg zu ihrem Zimmer noch mehrmals zu ihnen um.

„Einen schönen Tag noch“, rief Max ihr nach. Dann wandte er sich an Mary. „Thomas? Der Verlobte der Tochter unseres Kaisers?“ Erregt schritt er im Flur auf und ab. „Das wäre unglaublich, ein riesiger Skandal.“

„Na ja, zumindest wäre es ein Mord“, gab Mary trocken zurück. „Und wir wissen noch nicht genug, wir müssen mit ihm sprechen.“

Sie gingen zurück in die Eingangshalle und sprachen dort einen der livrierten Diener an, die immer wieder in die verschiedenen Zimmer des Palastes eilten, und baten ihn darum, Thomas in die Bibliothek zu bitten, da sie dringend mit ihm sprechen müssten.

Der Diener verbeugte sich, obwohl es ihm, seinem Gesichtsausdruck nach zu urteilen, missfiel, eine Order von Mary anzunehmen. Trotzdem saß Thomas ihnen nur wenige Minuten später in der Bibliothek an einem der dunkelbraunen Lesetische gegenüber. Mary hatte mit Absicht denjenigen gewählt, der der Treppenstufe am nächsten war, der, auf der Karl Bach sich den Kopf angeschlagen hatte. Und auf der er vermutlich auch ermordet worden war.

„Warum haben Sie mich schon wieder hergebeten?", herrschte Thomas sie an, kaum dass er sich gesetzt hatte. „Ich habe Ihnen beim letzten Mal bereits alles über diesen Karl Bach gesagt, was ich weiß."

„Nicht alles", entgegnete Mary ruhig und wechselte einen Blick mit Max, der nun die Führung übernahm.

„Sie haben uns noch nicht gesagt, wo Sie am Abend des Knochenfests waren. Was haben Sie nach dem Abendessen gemacht?"

„Was soll diese Frage?" Herablassend sah Thomas von Max zu Mary.

„Antworten Sie einfach", sagte Mary kalt und fixierte Thomas so lange, bis dieser seufzte und den Blick auf den Tisch senkte.

„Ich war fechten, zusammen mit dem Fechtlehrer. Ich habe ihn extra dafür nochmal aus seinen Gemächern kommen lassen, er wird sich sicher daran erinnern." Thomas verschränkte die Arme vor der Brust und blickte Mary über seine Nase hinweg hochmütig an.

Fechten? Mary rutschte auf dem Stuhl nach vorn. Es war unmöglich, dass Thomas ein Alibi hatte. „Wie spät war es, als Sie mit dem Fechten fertig waren?"

„Auf jeden Fall weit nach Mitternacht“, gab Thomas zurück. „Ich erinnere mich noch daran, dass mein Lehrer gesagt hat, dass wir Schluss machen sollten, es wäre schon nach eins. Danach haben wir eine kurze Pause gemacht, noch ein paar Schrittübungen angehängt und dann bin ich ins Bett gegangen. Und das war's.“

„Haben Sie während des Unterrichts den Raum mal verlassen?“ Mary war der Gedanke unerträglich, dass dieser arrogante Kerl doch unschuldig sein könnte.

„Nein.“ Thomas schüttelte den Kopf. „Würden Sie gehen, wenn Sie gerade dabei sind, zu gewinnen?“

Mary sparte sich eine Antwort. „Also wird Ihr Lehrer bestätigen, dass Sie beide die ganze Zeit zusammen waren?“

„Natürlich wird er das.“ Thomas verzog genervt das Gesicht. „An eine Nacht voller Niederlagen wird er sich zweifellos erinnern.“

„Das werden wir überprüfen.“ Mary konnte an seinem überlegenen Grinsen sehen, dass das Ergebnis zu seiner Zufriedenheit ausfallen würde. Der Lehrer würde ihnen ohne Zweifel berichten, dass er Thomas in der Nacht unterrichtet hatte. Jede Faser ihres Körpers sträubte sich gegen diese Erkenntnis. Sie mochte Thomas nicht, doch war er deswegen schuldig? Eine Chance hatte sie vielleicht noch, das Blatt zu wenden. „Wie haben Sie sich verletzt?“

„Wie bitte?“ Thomas sah sie irritiert an.

„In der Nacht damals haben Sie geblutet. Sie hatten eine Verletzung, genau hier.“ Mary deutete auf die Stelle an ihrem Hals, die Ira ihnen beschrieben hatte. „Woher hatten Sie die?“

„Verletzung?“ Thomas schnaubte. „Das war doch nichts. Nur ein Kratzer.“

„Und dieser Kratzer“, Mary stützte die Ellenbogen auf den Tisch und beugte sich vor, „wie haben Sie sich den zugezogen?“

„Das war beim Unterricht.“ Thomas warf entnervt die Hände in die Luft. „Fechten ist ein Sport Mann gegen Mann. Haben Sie sich denn bei so etwas noch nie verletzt?“ Er blickte Max Beifall heischend an. Max hingegen schüttelte den Kopf und sah Mary fragend an.

„Doch, natürlich. Ich boxe normalerweise, Verletzungen sind dabei eher die Norm, aber beim Fechten? Bislang bin ich dabei ohne Blessuren als Sieger hervorgegangen.“

„Dann hatten Sie wohl Glück“, erwiderte Thomas ruppig. „Oder ich eher Pech. Meine Maske war wohl nicht richtig befestigt und ist hochgerutscht. Da hat mir Jardeaux eben einen Kratzer verpasst.“ Er zuckte mit den Schultern. „Aber das war nichts. Auf jeden Fall keine Verletzung.“

Was er sagte, klang nachvollziehbar. Aber war es wirklich glaubhaft? Eine verrutschte Maske, ein guter Treffer beim Fechten ... War es möglich, dass sie auf der falschen Fährte waren? Dass es einfach nur ein Zufall war, dass sich Thomas in der besagten Nacht ebenfalls eine Verletzung zugezogen hatte? Mary war noch nicht bereit, aufzugeben.

„Wer hat Ihnen die Maske aufgesetzt?“

Ungeduldig blickte Thomas zum Ausgang. „Ist das wirklich wichtig?“

Mary nickte bestätigend und Thomas seufzte. „Das war vermutlich ich selbst, wieso?“

„Nur vermutlich? Sie sind sich nicht sicher?“

„Das ist Monate her“, gab Thomas genervt zurück. „Monate! An was können Sie sich noch erinnern, was vor so langer Zeit geschehen ist?“

„Aber Sie können sich an den unbedeutenden Kratzer und Ihren verrutschten Helm erinnern?“

„Daran habe ich ja auch noch eine nette kleine Erinnerung“, schnaubte Thomas, zog den Kragen seines Hemdes an der linken Seite herab und offenbarte eine hellweiße schräge Narbe genau an der Stelle, an der Ira seine Verletzung beschrieben hatte.

„Ich verstehe.“ Es störte Mary mehr, als sie zugeben wollte, dass Thomas auf jede ihrer Fragen eine Antwort parat zu haben schien. Es half nichts: Sie mussten ihn wieder gehen lassen. „Vielen Dank, dass Sie unsere Fragen beantwortet haben.“ Mary stand auf und auch Thomas erhob sich ruckartig.

„Ich hoffe, damit ermitteln Sie nun endlich in die richtige Richtung.“ Mit einer wilden Geste deutete Thomas auf die Tür. „Da draußen rennen genug Verdächtige herum. Schämen Sie sich, mich und meine Verlobte zu belästigen.“

„Wir geben uns die größte Mühe, den Fall ...“ Weiter kam Mary nicht, denn Thomas war wieder einen Schritt auf sie zugetreten.

„Ihre größte Mühe scheint nicht allzu viel wert zu sein.“ Er lächelte herablassend. „Sie beide sind eine Schande. Warum der Kaiser Ihnen diesen Fall anvertraut hat, ist mir ein Rätsel. Zumal Sie“, er deutete auf Max, „kaum mehr als Qualifikation vorzuweisen haben, als einen Abschluss von der hiesigen Provinz-Universität.“ Er bedachte nun auch Max mit einem arroganten Lächeln und wandte sich dann zum Gehen.

„Einen Moment bitte“, rief Mary ihm hinterher. „Ich habe noch eine letzte Frage.“

„Noch eine?“ Thomas rollte mit den Augen. „Ich werde meinem Vater einen Brief schreiben müssen, in dem ich mich über Sie beschwere.“

„Es tut mir wirklich sehr leid“, sagte Mary. „Aber bitte sagen Sie uns doch noch, warum sie nach dem Fechttraining auf dem Gang der Angestellten im Erdgeschoss des Palastes waren.“

Den Bruchteil einer Sekunde sah Thomas sie nur an, er wirkte überrascht darüber, dass sie von seinem kleinen Ausflug wusste. Dann jedoch hatte er sich wieder im Griff und das überhebliche Lächeln kehrte zurück auf sein Gesicht. „Ich war in der Wäschekammer.“

„Mitten in der Nacht?“, fragte Max überrascht.

„Auch wenn Sie das nichts angeht – ich habe mein Hemd dort abgegeben“, sagte Thomas und betrachtete seine Fingernägel. „Es war voller Blutflecken von meiner winzigen Verletzung und ich wollte nicht, dass meine Verlobte von meinem Missgeschick erfährt. Sie sieht es nicht gern, wenn ich mich in Gefahr begebe.“

Mary musste sich zusammenreißen, beinahe wäre ihr ein Schnauben herausgerutscht. Fechten und Gefahr? Dieser verwöhnte adelige Bursche würde Gefahr nicht einmal erkennen, wenn sie ihm auf dem feinsten Porzellan zum Abendessen serviert werden würde. Sie dagegen hatte Gefahren gesehen, bei deren bloßer Erzählung er sich in seine teuren Wollhosen machen würde. „Sie haben also Ihr Hemd dort abgegeben?", hakte Mary nach. „Und sind dann ohne Hemd wieder durch den Palast gelaufen?"

„Diese Vorstellung gefällt Ihnen wohl", sagte Thomas und lächelte so widerwärtig, dass Mary schlecht wurde. „Aber nein, ich habe mir eines der Hemden genommen, die in der Wäscherei hingen. Ich wollte nur nicht, dass die Diener das Hemd in meinen Gemächern finden. Die Angestellten hier im Palast pflegen nämlich zu tratschen." Er schüttelte den Kopf. „So etwas würde es bei meinem Vater niemals geben. Diese Verbrüderungen unter den Angestellten sind etwas, das man im Keim ersticken sollte."

„Vielen Dank, dass Sie uns darüber aufgeklärt haben", sagte Mary langsam und nickte Thomas zu. Es gab nichts mehr, das sie ihn fragen konnte. Unglücklicherweise konnten sie ihm nichts nachweisen. Und auch wenn Mary nach wie vor so ein Gefühl bei ihm hatte, mussten sie ihn gehen lassen.

Thomas streckte eine Hand nach der Türklinke aus, zögerte dann und drehte Mary noch einmal den Kopf zu. „Ich darf doch, oder?"

Mary biss die Zähne fest zusammen. Zu gern hätte sie ihm den Mord nachgewiesen, doch wenn sein Alibi stimmte, hatte sie keine weiteren Beweise. Auch wenn sie sich sicher war, dass vom Kratzer bis zum oberkörperfreien Ausflug in den Flur der Angestellten etwas faul war.

Mit einem letzten arroganten Lächeln verließ Thomas die Bibliothek und Mary und Max blieben zurück. Mary spürte, dass Max sie ansah. „Das hat ja nicht so gut funktioniert."

„Nein", erwiderte Mary und stand auf. „Das hat es nicht." Sie deutete auf die Tür. „Aber davon sollten wir uns nicht entmutigen lassen. Wir haben noch immer Spuren, denen wir folgen sollten."

„Sein Lehrer?", fragte Max und Mary spürte deutlich sein sinkendes Interesse. Vorhin war er noch Feuer und Flamme für die Befragung gewesen, doch jetzt war er entmutigt.

„Ja, wir müssen das Alibi überprüfen."

Max nickte langsam und wie in Gedanken versunken. „Ich weiß." Mary ahnte, dass er noch etwas sagen wollte. „Aber wäre es in Ordnung, wenn ich nicht mitkomme?" Er sah zu ihr hoch. „Ich möchte mich heute auf das konzentrieren, was ich kann, verstehst du?" Er seufzte. „Ich habe das Gefühl, dass ich dir nicht gerade von Nutzen bin bei deiner Arbeit, sondern eher ein Klotz am Bein."

Mary wollte ihm zuerst widersprechen, dann jedoch zuckte sie nur mit den Achseln. Ja, Max war kein erfahrener Ermittler und bisher hatte er keine Erfahrung darin, wie man mit Verdächtigen sprach. Was ihm fehlte, war Übung. Auch, wenn er die Befragung des Priesters durchaus gut gemeistert hatte. Mary verstand es, dass er sich lieber auf das fokussieren wollte, worin er gut war. „Und was hast du vor?"

„Erst werde ich das Ossarium und den Sarg nochmal Millimeter für Millimeter absuchen", sagte Max und klang dabei schon deutlich begeisterter als zuvor. „Und dann möchte ich mir noch die Überreste anschauen, die in den anderen Särgen gelegen haben. Vielleicht kann ich dabei auch nochmal mit Priester Johannes sprechen."

Bei seinen Worten bekam Mary ein mulmiges Gefühl. Max und der Priester allein? Wäre sie dort, könnte sie Max beschützen, denn was, wenn Priester Johannes der Täter war und sich von Max in die Ecke gedrängt fühlte? „Vielleicht lässt du ihn lieber in Ruhe, bis ..."

„Ich werde nichts Dummes tun, Mary", unterbrach Max sie. Er stand auf, machte einen Schritt auf sie zu und nahm ihre Hand. „Ich habe mir einiges von dir abgeschaut, weißt du?" Er lächelte sie an und obwohl sie ihre Hand gerne zurückgezogen hätte, verharrte sie. „Ich schaffe das."

„Schön", sagte Mary betont unbeeindruckt und zog beiläufig ihre Hand aus seiner. „Ich muss darauf vertrauen, dass du weißt, was du tust."

Max nickte ernst.

Doch Mary hatte nicht vor, auf seine Fähigkeiten zu vertrauen. Max hatte keine Ahnung, was es hieß, in Gefahr zu sein. Vielleicht erkannte er die Warnzeichen nicht. Vielleicht ging er zu weit. Sie beschloss, auf jeden Fall hin und wieder nach ihm zu sehen, ganz unauffällig natürlich. Er sollte es nicht bemerken.

„Dann sehen wir uns heute Abend?" Max strahlte sie an. Offenbar beflügelte ihn die Aussicht, den ganzen Tag im Ossarium bei irgendwelchen Leichen zu verbringen. Hm, vielleicht hatten er und der Priester mehr miteinander gemein, als Mary gedacht hatte.

„Wir treffen uns um fünf in der Eingangshalle", erwiderte Mary mit einem Blick auf ihre Taschenuhr. „Dann besprechen wir, wie es weitergeht."

„Das machen wir", bestätigte Max. „Und ich wette, ich habe bis dahin etwas gefunden, das uns helfen wird. Du wirst sehen." Mit diesen Worten ging Max zur Tür und trat hinaus auf den Flur. Er hielt ihr die Tür auf, während auch sie die Bibliothek verließ.

Es war nicht schwierig, die Gemächer des Fechtlehrers Francois Jardeaux zu finden. Die erste Dienerin, der sie begegnete, schickte Mary in den Flügel des Palastes, in dem alle Angestellten untergebracht waren. Doch das Zimmer unterschied sich von dem der übrigen Angestellten. Die Tür war mit unauffälligen Verzierungen versehen und ein Namensschild hing an der Tür. Ohne zu zögern, klopfte Mary an und wartete ungeduldig auf eine Antwort aus dem Inneren. Als sie nichts hörte, klopfte sie erneut, mit mehr Nachdruck diesmal. Bevor sie erneut klopfen konnte und dabei womöglich völlig versehentlich die Tür aufgebrochen hätte, kam ihr ein drahtiger Mann zuvor. Er hatte einen schmalen schwarzen Oberlippenbart und ein paar Stoppeln unterhalb der Unterlippe. Misstrauisch sah er sie durch den Türspalt an. „Ja?"

Erkannte er sie nicht wieder? „Monsieur Jardeaux, ich bin es, Mary Parker. Wir haben uns erst vor wenigen Tagen gesprochen. Ich bin die Privatermittlerin, die das Verschwinden von Karl Bach untersucht."

Noch immer war kein Erkennen in der Miene des Fechtlehrers zu sehen. Vielmehr wirkte er noch verwirrter als zuvor.

„Darf ich reinkommen?" Ohne seine Antwort abzuwarten, drängte Mary sich an ihm vorbei in sein Zimmer, in dem es aussah, als hätte darin ein Wirbelsturm gewütet. Kleidung lag überall verstreut – auf dem Bett, auf dem Boden, auf dem Schreibtisch, ja, sogar auf den Regalbrettern an der Wand. Die Bücher darauf waren umgekippt, eine Schreibfeder lag zertreten auf dem Boden, daneben war ein Fleck blauer Tinte.

„Ist bei Ihnen eingebrochen worden?", fragte Mary irritiert, als sie sich umsah.

„Nein, ich habe nur etwas gesucht", sagte Jardeaux und fuhr sich mit der Hand über das Gesicht. Er wirkte müde, seine Gesichtszüge waren angespannt. Er war nur mit einem weißen Unterhemd und einer ausgebeulten braunen Hose bekleidet, nicht unbedingt das, was Mary von einem Bediensteten im Palast des Kaisers erwartet hatte.

„Gesucht, so, so." Mary sah sich erneut um. Das Bett war nicht gemacht, Teile einer Fechtausrüstung waren achtlos abgelegt worden. „Haben Sie es gefunden?"

Jardeaux zuckte unbestimmt mit den Schultern und Mary beschloss, sich nicht länger mit Smalltalk aufzuhalten. „Darf ich Ihnen noch ein paar Fragen stellen?" Mary richtete ihre Aufmerksamkeit auf Jardeaux. „Uns ist da noch etwas aufgefallen und Sie könnten uns dabei behilflich sein."

Jardeaux nickte und griff nach einem Wasserglas. Er trank in großen Schlucken, während Mary wartete.

„Das letzte Knochenfest. Wo waren Sie in der Nacht direkt danach?"

Jardeaux setzte das Glas wieder ab, seufzte und wischte sich mit dem Handrücken über den Mund. „Das Knochenfest? Das ist schon lange her."

„Das weiß ich", gab Mary zurück und versuchte, dabei nicht allzu genervt zu klingen.

„Mal sehen", sagte Jardeaux und wandte sich zum Fenster, das auf die Rasenfläche vor dem Palast hinauszeigte. „Ich war auf jeden Fall hier während des Knochenfests, daran erinnere ich mich noch. Und dann ..." Er seufzte. „Dann war ich auf meinem Zimmer. Zumindest so lange, bis Thomas kam und eine Fechtstunde verlangte."

„Und Sie haben ihm eine gegeben? Mitten in der Nacht?“ Mary folgte dem Fechtlehrer zum Fenster und lehnte sich an die Wand daneben. „Kommt das öfter vor hier im Palast?“ Sie nickte hinüber zur Tür. „Dass die Menschen einfach zu Ihnen kommen, Tag und Nacht, und Sie Ihnen Unterricht geben, wann immer sie es wünschen?“

„Ist es Ihnen entgangen, wo wir uns hier befinden?“ Verständnislos schüttelte Jardeaux den Kopf. „Das hier ist der Palast des Kaisers, kein beliebiges Sportstudio, das dem Volk zur Unterhaltung dient.“ Er verschränkte die Arme hinter dem Rücken und richtete sich kerzengerade auf. „Ich bin stolz darauf, der kaiserlichen Familie Tag und Nacht zu dienen.“

„Und ihren Bekannten“, ergänzte Mary, denn offiziell gehörte Thomas noch nicht zur kaiserlichen Familie.

„Ich mache da keinen Unterschied“, entgegnete der Fechtlehrer bestimmt, doch seine Mundwinkel zuckten kurz nach unten.

„Macht Thomas so etwas häufiger?“, hakte Mary noch einmal nach. „Sie mitten in der Nacht für eine Übungsstunde zu wecken? Und dann werden es mehrere Stunden?“

„Dem jungen Herrn gefällt es, seine körperliche Ertüchtigung in die Nacht zu verlegen“, entgegnete Jardeaux und Mary glaubte, einen Hauch von Abscheu aus seinen Worten herauszuhören.

„Stört Sie das nicht?“ Sie deutete auf die im Zimmer verstreuten Fechtsachen. „Ich meine, Sie müssen doch schon den ganzen Tag arbeiten, richtig? Und wenn dann auch noch die Nacht dazukommt ..." Mary zuckte unbestimmt mit den Schultern. „Ihre freie Zeit dürfte knapp bemessen sein."

Doch der Fechtlehrer ließ sich von ihren Fragen und ihrem provokanten Tonfall nicht aus der Reserve locken. „Ich arbeite gerne hier im Palast", entgegnete er ruhig. „Noch dazu habe ich mehr als genug Freizeit. Die Übungsstunden mit der kaiserlichen Familie beanspruchen nicht den ganzen Tag. Da ist es kein Problem, wenn Thomas hin und wieder auch nachts eine Übungseinheit einlegen möchte."

Da sie mit diesem Ansatz nicht weiterzukommen schien, änderte Mary ihre Taktik und schlug eine andere Richtung ein. „In dieser Nacht ... War Thomas da die ganze Zeit bei Ihnen?"

„In welcher Nacht?", fragte Jardeaux und für einen Moment war Mary zu irritiert. Veralberte er sie nun? Versuchte er, abzulenken? Es war nur wenige Minuten her, da hatte sie ihm erklärt, dass es um die Nacht des Knochenfestes ging und nun tat er so, als wüsste er davon nichts mehr?

„Es geht immer noch um die gleiche Nacht", sagte Mary langsam und in einem Tonfall, der normalerweise jedem signalisierte, dass sie sich nicht zum Narren halten ließ.

„Wären Sie so freundlich, mir nochmal zu sagen, von welcher Nacht sie sprechen?"

Mary sah, wie der Fechtlehrer schluckte. „Es geht um die Nacht nach dem Knochenfest", wiederholte Mary und blickte über die Schulter zur Tür, doch sie waren noch immer allein.

„Ach so, die Nacht." Der Fechtlehrer schien nachzudenken, dabei trat er an seinen Schreibtisch, der unter dem Wust an Papieren darauf kaum zu erkennen war. Er strich mit der Hand über einige Papiere und verschob sie. Dann drehte er sich wieder zu Mary um. „In der Nacht hat Thomas die Einheit nicht verlassen."

„Wirklich?" Marys Hoffnungen darauf, dass der Fechtlehrer Thomas doch noch belasten würde, schwanden dahin. Offenbar würde sie sich damit abfinden müssen, dass er unschuldig war oder sie zumindest keine eindeutigen Beweise für seine Schuld aufbringen konnte. „Er war nicht mal für fünf Minuten fort? Im Bad zum Beispiel?"

„Nein, daran erinnere ich mich nicht." Jardeaux schüttelte den Kopf.

„Nur noch eine letzte Sache: Haben Sie Thomas in dieser Nacht verletzt?"

„Verletzt? Wie meinen Sie das?"

„Haben Sie ihn beim Kampf mit Ihrer Waffe getroffen? Hat er vielleicht geblutet?" Marys Puls schnellte in die Höhe, als der Fechtlehrer nachdenken musste. Er befeuchtete seine Lippen mit der Zunge. Dann wandte er sich wieder zu seinem Schreibtisch um, schob wieder einige Papiere zusammen. „Ich muss hier mal aufräumen", murmelte er, dann drehte er sich unvermittelt wieder zu ihr um. „Ich erinnere mich daran, dass ich ihm einen Stoß gegen die Brust versetzt habe. Dabei ist mein Florett abgerutscht und hat ihn getroffen. Leider war seine Maske locker und der Stoß hat ihn dann am Hals verletzt."

Enttäuschung durchflutete Marys Körper. „Wo genau haben Sie ihn verletzt?"

„Hier, glaube ich." Jardeaux deutete auf die Stelle, die ihr auch schon Thomas gezeigt hatte.

„Vielen Dank", sagte Mary mit zusammengebissenen Zähnen. Ihre Spur war ins Nichts verlaufen. „Das war dann schon alles." Sie wandte sich ab und ging zur Tür, Jardeaux folgte ihr. An der Tür streckte er ihr seine Hand entgegen.

„Ich hoffe, Sie finden denjenigen, der das getan hat", sagte Jardeaux ernst und streckte ihr seine Hand entgegen. „Frau ..." Suchend sah er ihr ins Gesicht, als stünde dort ihr Name geschrieben.

„Parker. Mary Parker." In seinen Augen spiegelte sich Ahnungslosigkeit. Er nickte nur und sagte: „Frau Parker, natürlich."

„Nur Parker", erwiderte Mary langsam. Sie betrachtete den Mann, der ihr gegenüberstand. Sah hinab auf die Hand, die er ihr noch immer entgegengestreckt hielt, bemerkte das leichte Zittern, das immer wieder durch sie hindurchlief. Dann sah sie hinüber zum Schreibtisch. Jardeaux folgte ihrem Blick. Und im gleichen Augenblick, in dem Mary loslief, bewegte auch er sich. Sie stieß ihn zur Seite und gelangte so als Erste zum Schreibtisch. Hektisch suchte sie die Papiere ab. Wo war es? Mit beiden Händen wühlte sie in den Papierstapeln. Es musste eines von denen sein, die vorne lagen. Aber welches?

Nun hatte auch Jardeaux den Schreibtisch erreicht. Er griff nach ihrem rechten Arm und hielt ihn mit eisernem Griff fest. „Das ist mein Privateigentum“, grollte er und riss an ihrem Arm. „Was fällt Ihnen eigentlich ein?“

Mary verschwendete keine Zeit damit, ihm zu antworten. Stattdessen trat sie ihm vors Schienenbein und während er sich vor Schmerzen krümmte, drehte sie sich geschickt unter seinem Arm hindurch, sodass sie einen Hebel ansetzen und ihn über ihre Schulter auf den Boden schleudern konnte. Stöhnend blieb er liegen. „Ich warne Sie: Machen Sie das nicht nochmal.“

Streng blickte Mary auf den Fechtlehrer herab, der jetzt jedoch nur noch flehend die Hände hob. „Tun Sie das nicht.“

Doch Mary ließ sich nicht aufhalten. Sie durchforstete die Papiere, bis sie auf eine Notiz stieß, die im Gegensatz zu den anderen Schriftstücken in einer unordentlichen Schrift geschrieben war, als hätte irgendjemand die Worte hastig hingekritzelt. Es war eine Art Liste.

Am Abend des Knochenfests
Fechttraining mit Thomas

Ich habe ihn oberhalb des linken
Schlüsselbeins verletzt, da seine
Maske locker saß

Wir waren die ganze Zeit zusammen

Nach dem Training habe ich Thomas bis zu seinem Zimmer begleitet

„Was ist das?" Mary hielt das Stück Papier hoch, ihre Hand bebte vor Wut. Als der Fechtlehrer nicht antwortete, fragte sie erneut, lauter diesmal: „Was. Ist. Das?"

Jardeaux krümmte sich nur auf dem Boden zusammen, bedeckte sein Gesicht mit den Händen. Mary griff nach seinen Armen und zog sie zur Seite. Er leistete kaum Gegenwehr. Dann hielt sie ihm den Zettel dicht vor das Gesicht. „Ist das Ihre Schrift?"

Jardeaux schloss die Augen und wandte sein Gesicht ab.

„Das ist eine Liste", sagte Mary. „Eine verdammte Liste für ein Alibi."

Sie ließ seine Arme wieder los und ganz langsam rappelte sich der Fechtlehrer hoch. Er griff nach der Kante des Schreibtisches und zog sich auf die Füße. Ganz im Gegensatz zu seinem Angriff auf sie vor wenigen Augenblicken wirkte er nun kraftlos, als hätte ihre Gegenwehr ihm jeglichen Lebensmut entzogen. Erneut las Mary die Notiz. Es stand so wenig darauf, so belanglose Dinge. Jeder Mensch hätte sie sich auch ohne Notiz merken können. Sie sah wieder zu Jardeaux.

„Wie lange sind Sie schon krank?“, fragte sie dann und faltete die Notiz sorgfältig zusammen, um sie in ihrer Tasche zu verstauen. „Ein Jahr? Zwei? Wie lange wissen Sie es schon?“

Der schockierte Blick des Fechtlehrers bestätigte ihr, dass sie mit ihrer Vermutung richtig lag. Dann blickte er zu Boden. „Seit zwei Jahren“, murmelte er.

Von der Enttäuschung, die Mary noch vor wenigen Minuten verspürt hatte, war nichts mehr übrig. „Ist Vergesslichkeit eines Ihrer Symptome?“

Wortlos nickte Jardeaux. Einige Augenblicke herrschte Stille im Zimmer, während Mary die neuen Informationen in ihrem Kopf sortierte. „Es hat vor zwei Jahren angefangen“, sagte Jardeaux plötzlich leise. „Ganz harmlos. Ich habe hin und wieder meinen Schlüssel verlegt. Dann waren es Termine, die mir entfallen sind. Dinge, die ich mir sonst immer problemlos merken konnte, waren auf einmal nicht mehr da.“ Er deutete auf seinen Kopf. „Ich habe angefangen, mir alles aufzuschreiben, damit ich nichts mehr vergesse.“

„Aber das hier“, Mary holte den Zettel wieder aus ihrer Tasche, „das ist doch nichts, was man sich aufschreibt, nichts, woran man sich erinnern muss. Nicht so wie ein wichtiger Termin.“

Jardeaux schwieg wieder.

„Hat Thomas Ihnen gesagt, dass Sie das aufschreiben sollen?“ In ihrer Aufregung trat Mary wieder einen

Schritt auf den Fechtlehrer zu. „Hat er sie gezwungen, mir diese Dinge zu erzählen? Dass Sie es waren, der ihn verletzt hat?"

„Ich war es, der ihn verletzt hat", versicherte ihr Jardeaux hastig. „Er hat es mich nur aufschreiben lassen, damit ich nichts Falsches sage. Manchmal verdrehen sich in meinem Kopf die Tatsachen. Und er ahnte, dass Sie keinen guten Eindruck von ihm haben."

Mary schnaubte. Na, es wäre ihr aber neu, wenn Thomas auch nur versucht hätte, bei ihr einen guten Eindruck zu hinterlassen. „Sie lügen für ihn." Eindringlich sah Mary ihn an. „Sie müssen mir die Wahrheit sagen: Erinnern Sie sich daran, mit Thomas in dieser Nacht gefochten zu haben?"

„Ja." Bestätigend nickte Jardeaux. „Es ist nicht alles weg."

„Und dass er die ganze Zeit mit Ihnen zusammen war? Was ist damit?" Unverwandt sah Mary ihn an.

„Ich habe es Ihnen doch schon gesagt." Flehentlich sah Jardeaux sie an. „Thomas ist es nicht gewesen, suchen Sie nach einem anderen Verdächtigen."

„Erpresst er Sie, damit Sie mich belügen?", fragte Mary und musterte Jardeaux eindringlich. „Ist es das?"

„Nein, ich ..."

Mary unterbrach ihn. „Ich rate jetzt einfach mal so ins Blaue: Er weiß von Ihrer Krankheit und erpresst Sie damit, dass er es dem Kaiser sagt, wenn Sie nicht für ihn lügen." Sie machte einen weiteren Schritt auf ihn zu. „Komme ich der Wahrheit damit nahe?"

Jardeaux wagte es nicht, ihr in die Augen zu sehen. Stattdessen richtete er den Blick auf seine Schuhe.

„Sagen Sie es mir“, beschwor Mary ihn, nun mit leiserer, schmeichelnder Stimme. Sie brauchte seine Aussage, wenn er bestätigen würde, dass Thomas den Fechtsaal in dieser Nacht verlassen hatte. Er war der Schlüssel.

„Ich brauche diese Stelle“, sagte Jardeaux tonlos. „Ich habe eine Frau und zwei kleine Kinder. Wir sind auf dieses Gehalt angewiesen.“

„Der Kaiser wird ihre Hilfe in diesem Fall sicher zu schätzen wissen“, sagte Mary. Sie brauchte unbedingt Jardeaux' Aussage!

„Nun gut.“ Jardeaux schluckte schwer und stützte sich mit einer Hand auf den Schreibtisch. „Ich gebe es zu: Ich erinnere mich nicht daran, ob Thomas die Übungsstunde in dieser Nacht verlassen hat. Auch nicht daran, ihn verletzt zu haben. Da ist nur ...“ Er hob schwach eine Hand. „Grauer Nebel. Ja, so könnte man es wohl sagen.“

Mit einem Nicken forderte Mary ihn stumm auf, weiterzusprechen.

„Ich erinnere mich daran, dass er mich aus meinem Zimmer geholt hat für ein wenig Bewegung. Wir waren im Fechtsaal. Und ich weiß noch, dass ich ihn zu seinem Zimmer begleitet habe. Glaube ich zumindest. Aber alles dazwischen ...“ Er fuhr sich mit beiden Händen durchs Gesicht und brachte seine Haare dabei in Unordnung. „Das fehlt.“

Mary wollte sich vor diesem Mann, der sich so sehr wegen seiner Krankheit grämte, nicht freuen, doch innerlich glühte sie geradezu vor Triumph. Fast hätte Thomas sie abgeschüttelt – aber nur fast. Seine Täuschung war gut, fast perfekt, um ein Haar hätte sie funktioniert. Aber nicht mit ihr. Jetzt war sie ihm wieder auf der Spur. Und sie würde sich nicht abschütteln lassen, bis sie ihn endgültig und unbestreitbar hatte.

„Ich werde dem Kaiser nichts über ihre Krankheit erzählen", sagte Mary zum Abschied an der Tür. „Das ist nicht meine Aufgabe. Ich will nur Karls Mörder finden."

Jardeaux nickte ihr mit einem schwachen Lächeln zu. „Vielen Dank."

„Ich danke Ihnen."

Kapitel 12

„Er war es“, begrüßte Mary Max, als dieser gerade in die Eingangshalle stürmte, in der Mary seit Minuten unruhig auf und abgelaufen war. Max kam gerade zurück aus dem Ossarium, Erdkrümel hingen in seinen Haaren und auf seiner Kleidung sah aus, als hätte er in der Erde vor dem Ossarium im Dreck gewühlt.

„Wer?“ Atemlos blieb Max vor ihr stehen.

„Thomas. Er hat Karl umgebracht. Ich bin mir jetzt sicher.“ Mary berichtete, was Jardeaux ihr gebeichtet hatte und beobachtete, wie sich Max’ Gesicht zu einem Grinsen verzog.

„Das, was ich hier habe, bestätigt das Ganze.“ Er zog ein Glasröhrchen heraus, das gerade einmal so dick wie sein kleiner Finger war. „Ich habe das hier gefunden, als ich das Ossarium – oder besser gesagt, den Sarg – noch einmal Quadratzentimeter für Quadratzentimeter abgesucht habe.“ Er hob das Röhrchen bis auf Augenhöhe hoch und Mary suchte darin nach dem Beweis.

„Aber da ist nichts drin.“ Enttäuscht musterte sie Max.

„Du musst genauer schauen, siehst du?“ Er trat dicht vor sie und hielt ihr das Röhrchen direkt vor die Augen. „Da.“ Mit dem Zeigefinger tippte er gegen die untere Ecke des Glases.

„Ein Haar“, stellte Mary fest. „Und das ist der Beweis?“

„Es ist nicht nur ein Haar“, sagte Max in einem Tonfall, als hätte sie ihn gerade tödlich beleidigt. „Es ist ein rotes Haar.“

„Rot?“ Mary kniff die Augen zusammen. „Bist du sicher?“

„Ich habe es mit einer Lupe untersucht. Es ist rot, du kannst mir ruhig glauben.“

„Rot wie ...“

„Die Haare unseres sympathischen Verlobten“, vervollständigte Max ihren Satz.

„Wo genau hast du es gefunden?“ Mary griff nach dem Glasröhrchen, um es sich noch einmal ganz genau anzuschauen. „Und warum erst jetzt?“

„Wie wäre es denn zur Abwechslung mal mit: ‚Gute Arbeit, Max‘?“ Er stemmte die Hände in die Seiten.

Mary knurrte. „Gute Arbeit, Max.“ Sie gab ihm das Beweisstück zurück. „Aber jetzt mal im Ernst: Wo hast du es gefunden?“

„Es war im Sarg. Ich habe es in einer Ecke entdeckt. Es hatte sich hochkant aufgestellt, deswegen habe ich es erst nicht gesehen.“ Er seufzte. „Aber jetzt, als ich alles noch einmal ganz systematisch und präzise abgesucht habe, ist es mir aufgefallen.“ Sein Blick war so begeistert, so ehrlich euphorisch, dass Mary unwillkürlich lächeln musste.

„Das ist der Beweis." Sie nickte und deutete auf das Haar. „Das ist der Beweis, den wir brauchten. Damit können wir dem Kaiser das liefern, was er wollte: Karls Mörder."

„Aber wir haben kein Motiv", wandte Max ein, doch Mary zuckte nur mit den Schultern.

„Das kann uns egal sein, soll der Kaiser doch versuchen, es aus ihm herauszukriegen. Wir werden dafür bezahlt, den Täter zu überführen. Und mit Jardeaux' Aussage und diesem Haar haben wir das getan."

„Dann sagen wir es ihm?" Max' Wangen waren gerötet. „Jetzt sofort?"

„Bleib ganz ruhig." Mary hob die Hände, um ihn zu beruhigen. „Ja, wir sagen es ihm jetzt, aber nur, wenn du dich beherrschen kannst. Sonst gehe ich allein." Sie wollte auf keinen Fall, dass Max den guten und vor allem professionellen Eindruck, den sie bisher auf den Kaiser gemacht hatte, zunichtemachte.

„Ich bin ganz ruhig", versicherte ihr Max und verschränkte seine Hände vor dem Körper. „Ich werde nichts sagen, du kannst ihm alles erklären. Reicht dir das?"

Mary maß ihn mit einem weiteren skeptischen Blick, dann seufzte sie. „Das muss reichen, lass uns gehen." Eigentlich hätte sie es bevorzugt, den Kaiser allein – ohne Max – ins Bild zu setzen, aber es war immerhin Max zu verdanken, dass sie einen handfesten Beweis für Thomas' Schuld hatten. Da hatte er es verdient, an diesem Triumph teilzuhaben.

Mary hielt eine vorbeigehende Dienerin auf, die gerade in Richtung Bibliothek eilte. „Ist der Kaiser zugegen?“

„Er hat sich schon vor einigen Stunden in seine Schlafgemächer zurückgezogen“, erwiderte die Dienerin würdevoll und musterte Mary mit einem gleichgültigen Blick. „Er empfängt keine Besucher.“ Mit diesen Worten setzte sie ihren Weg fort.

„Uns wird er schon empfangen“, murmelte Mary und deutete auf die Treppe, die ins Obergeschoss und in die Schlafgemächer des Kaisers führte.

Max warf einen Blick in die Richtung, in die die Dienerin davon gegangen war, dann ging er die Treppe hoch und Mary folgte ihm. Aus alter Armeegewohnheit blickte Mary sich auf halber Strecke der Treppe noch einmal um. Als sie noch eine Soldatin und kein General gewesen war, hatte sie es sich zur Gewohnheit gemacht, sich auf einem Weg alle zehn Schritte umzusehen. Das Gleiche galt für Treppen. Zehn Stufen gehen – umdrehen. Zwar hatte sie diese Gewohnheit im Griff, wenn es um normale Wege ging. Doch Treppen ... Seit einem Vorfall in Frankreich sah sie sich lieber einmal zu viel als einmal zu wenig um. Doch natürlich war die Eingangshalle leer. Sie wandte sich wieder um und ging zwei weitere Stufen die Treppe hinauf, dann blieb sie abrupt stehen. Der linke Vorhang. Irgendetwas störte sie daran. Der Stoff vor dem linken Fenster sah anders als der auf der rechten

Seite. Ein wenig verschoben und etwas faltiger, gerade so, als hätte jemand daran gezogen. Etwas, das die Diener, die den Palast jeden Morgen putzten, garantiert nicht übersehen hätten. Mary machte einen weiteren Schritt die Stufen hinauf, dann sah sie sich noch einmal um. Der Vorhang geriet in Bewegung, der Lauf einer Pistole wurde sichtbar. Von dem Moment an, als sie die Waffe sah, nahm Mary nur noch Bruchteile des Geschehens wahr. Sie sah das Blitzen des Metalls, dann rote Haare. Noch während sie nach unten blickte, brüllte sie an Max gerichtet: „Runter!" Doch Max bewegte sich nicht. Er stand wie angewurzelt ein paar Stufen über ihr. Mary zögerte keine Sekunde, sie spannte ihre Beine an und sprang die Stufen hinauf, die sie und Max trennten. Als sie die Stufe unter ihm erreicht hatte, ertönte ein Knall. Im gleichen Moment packte sie Max an seiner Jacke und riss ihn mit aller Kraft zu Boden. Sie ahnte, dass Thomas auf ihn gezielt hatte. Im Gegensatz zu ihr hatte er in Max ein leichtes Ziel gesehen ...

Während sie zu Boden ging, fuhr ein heißer Schmerz durch ihren linken Oberarm, der gleich darauf durch den Aufprall auf die harten Steinstufen abgelöst wurde. Max stürzte mit all seinem Gewicht auf ihre Brust. Ruckartig stieß sie ihn von sich und tastete im Holster nach ihrer Pistole. Sie riss sie hervor und richtete sie auf das untere Ende der Treppe. Sie sah Thomas ins Gesicht. Es wirkte verzerrt, seine Augen waren gerötet und er richtete die Pistole erneut auf sie. Diesmal würde sie nicht ausweichen können. Mit plötzlicher eiskalter Ruhe hob auch Mary ihre Pistole und zielte genau auf sein Gesicht. Sie spürte den Widerstand des Abzugs unter ihrem Finger. Nur ein wenig Druck und sie würde feuern. Sie sah, dass Thomas' Hand zitterte. Er war es nicht gewohnt, auf Menschen zu schießen. Entschlossen spannte Mary ihren rechten Zeigefinger an. Der Pulverrauch, der aus der Pistole quoll, nahm ihr für einen Moment die Sicht. Als sie wieder auf die Beine kam und er sich verflüchtigte, lag am Fuße der Treppe allerdings keine Leiche und es gab auch keine andere Spur von Thomas.

„Scheiße!", stieß Mary hervor und war bereits auf dem Weg die Treppe hinab.

„Wo willst du hin?" Max' Stimme klang dünn und höher als sonst. Mary konnte es ihm nicht verdenke. Auf ihn war vermutlich noch nie geschossen worden.

„Er entwischt!" Schon war Mary in der Eingangshalle angekommen. Sie hastete an dem verknitterten Vorhang vorbei und zerrte bereits an der schweren Eingangstür, die normalerweise nur die Wachen von außen öffneten. Doch Thomas hatte es geschafft, dann würde es ihr auch gelingen.

Die Tür ließ sich wenige Zentimeter öffnen, gerade so weit, dass sie hindurchschlüpfen konnte. Eine Hand griff nach ihrer Schulter, als sie bereits halb draußen war.

„Was machst du da?" Max hatte die Augen weit aufgerissen, sie zuckten zwischen ihr und dem weiten Weg hin und her, der hinter ihr lag und durch den Garten des Palastes führte.

„Er entkommt uns", entgegnete Mary ihm fiebrig. Sie deutete den Weg entlang. „Da."

Thomas war bereits weit entfernt. Er rannte mit weitausholenden Schritten. In einer Hand hielt er dabei immer noch die Waffe.

„Was geht hier vor?" Eine der Wachen vor der Tür griff nun ebenfalls nach Marys Arm, doch sie entzog sich dem Griff. „Ein wichtiger Auftrag des Kaisers." Sie konnte es jetzt nicht gebrauchen, dass sie jemand aufhielt. Nicht, wenn Thomas ihr dadurch entkam. Vermutlich hatten die Wachen den Knall des Schusses durch die dicken Mauern nicht gehört, sie hatten keine Ahnung, was hier vor sich ging ...

„Du bist verletzt." Max hielt sie noch immer fest und deutete nun mit der anderen Hand auf ihren Arm.

Erst jetzt spürte Mary das Brennen an der Stelle, wo die Kugel in ihr Fleisch eingedrungen war. Sie benötigte nicht lange, um ihre Verletzung einzuschätzen. „Es ist nicht schlimm. Ich habe noch genug Zeit, um diesen Mistkerl zu fangen. Danach kann ich mich hierum kümmern." Sie schüttelte Max' Hand ab und schlüpfte durch die Tür.

„Verdammt." Max hielt die Tür auf, doch Mary wartete nicht auf ihn. Sie rannte bereits den Sandweg vor dem Palast entlang, mit ihrer rechten Hand umklammerte sie die Pistole, die andere presste sie gegen ihren Bauch. Den Schmerz, der bei jeder Bewegung ihren Arm durchzuckte, begrüßte sie dabei wie einen alten Freund. Die Wunde war nicht lebensgefährlich, zumindest vorläufig nicht, aber durch den Schmerz wurden ihre Gedanken wunderbar klar, sie spürte jede Faser ihres Körpers. Der Schmerz trieb sie zu Höchstleistungen an. Endlich zahlten sich die vielen Stunden im Sportstudio aus.

Mittlerweile holte sie auf, sie war jetzt vielleicht noch fünfzig Meter hinter Thomas. Er schien nicht so gut in Form zu sein, seine Bewegungen wurden langsamer, träger. Mit aller Macht trieb Mary ihre Beine weiter an, bemühte sich, auch den verletzten Arm zu einer Bewegung zu zwingen, doch es war vergebens.

Durch ihren eigenen Atem hindurch hörte sie polternde Schritte hinter sich. Hin und wieder rief Max ihr etwas zu. Er wollte, dass sie stehenblieb. Er wollte, dass sie Thomas entkommen ließ. Aber das würde sie niemals zulassen. Es fehlte nicht mehr viel und sie hatte ihn. Sie musste nur schneller als er laufen, die längere Ausdauer haben.

Vor ihr hastete Thomas nun durch das Tor, das das Gelände des Palastes von der Straße trennte. Die Wachen, die es von außen bewachten, hatten ihm geöffnet, ohne zu ahnen, dass sie einem Mörder bei der Flucht halfen. Doch sie waren ihm offenbar zu langsam, denn er rammte der einen den Ellenbogen direkt ins Gesicht, sodass sie hintenüberfiel. Die andere Wache war vom Benehmen des Verlobten der Prinzessin so perplex, dass sie ihn laufen ließ.

Mary nutzte die Verwirrung, um ebenfalls rasch und ohne Kontrolle durch das Tor zu schlüpfen. Dann nahm sie die Verfolgung wieder auf. Thomas war bereits ein gutes Stück von ihr entfernt, er lief die gepflasterte Straße hinab, die tiefer in die Stadt führte.

Auf ihrem Weg musste Mary immer wieder Menschen ausweichen, die ihren täglichen Geschäften nachgingen und keinen Sinn für eine Verfolgungsjagd auf Leben und Tod hatten. Mehr als einmal sprang sie gerade noch rechtzeitig zur Seite, um einem Automobil auszuweichen, das plötzlich aus einer der Seitengassen gefahren kam und wild hupte. Doch in keiner Sekunde verlor sie Thomas aus den Augen. Dann jedoch bog er rechts in eine Straße ein und für kurze Zeit konnte Mary ihn nicht mehr sehen. Als sie selbst um die Ecke bog, war er verschwunden. Schwer atmend blieb Mary stehen und musterte hastig die Straße. Es war eine schmale Gasse, die Pflastersteine wirkten vernachlässigt und ein wenig verdreckt, eben eine der typischen Seitengassen von Wilhelmsstadt. Warum war Thomas hier hineingelaufen? War es Zufall?

Mary ging weiter, langsamer diesmal. Ihre Brust hob und senkte sich hektisch, während sie von links nach rechts sah. Auch hier waren Menschen unterwegs, aber deutlich weniger als zuvor. Die meisten musterten sie verstohlen, vermutlich waren es Anwohner, die die Fremde argwöhnisch beäugten, die sich in ihre Straße gewagt hatte.

„Haben Sie einen rothaarigen Mann hier durchlaufen sehen?“, sprach Mary schließlich einen Mann im mittleren Alter an, der jedoch nur schnaubte und sich von ihr abwandte.

„Bitte, haben Sie einen rothaarigen Mann gesehen?" Auch die ältere Frau, die sie als nächstes ansprach, reagierte nicht auf ihre Frage.

Innerlich verfluchte Mary die sture Bevölkerung und eilte, statt mehr Fragen zu stellen, einfach weiter. Häuser und Geschäfte flogen nur so an ihr vorbei, während sie fieberhaft versuchte, herauszufinden, wohin Thomas wohl gelaufen war. Im Prinzip könnte er überall sein. In einem der Geschäfte oder in einem der Privathäuser. Vielleicht war er auch schon in eine andere Straße abgebogen.

„Pst."

Mary sah sich um. Ein kleiner Junge, vielleicht acht oder neun, spielte mit einem Lederball vor einer schäbigen Haustür.

„Meine Dame, da lang."

Innerlich krümmte Mary sich bei seiner Ansprache, folgte aber der angezeigten Richtung.

„Da runter ist er."

Der Junge deutete auf das Schild einer Bahnstation, deren Eingang sich in eine dunkle Ecke der Straße kauerte.

„Danke." Hastig stürmte Mary weiter. Hoffentlich sagte der Junge die Wahrheit. Immer drei Stufen auf einmal nehmend sprang sie zur Station hinunter. Unten angekommen, lief sie bis zum Ende. Sie war leer. Leer, bis auf einen Obdachlosen, der unter einem alten Kartoffelsack in einer Ecke schlief. Da seine Haare eindeutig nicht rot waren, beachtete Mary ihn nicht weiter.

Am Ende der Station und damit am Anfang des Tunnels angekommen, blieb Mary stehen. Sie fuhr sich über die Haarstoppeln auf ihrem Kopf und warf verzweifelt einen Blick zurück durch die Station. In dem Moment kam Max die Treppe hinuntergelaufen. Sein Atem ging keuchend und er hielt sich eine Hand in die Seite gepresst.

„Wo ist er?“, fragte er keuchend.

„Glaubst du vielleicht, ich habe ihn in meiner Hosentasche versteckt?“, erwiderte Mary gereizt. „Ich habe keine Ahnung, wo er ist. Er ist weg.“ Sie schüttelte genervt den Kopf. „So ein Junge hat gesagt, er sei hier reingelaufen, aber der hat nur Quatsch erzählt.“ Sie schickte sich an, wieder zur Treppe zurückzugehen.

„Warte mal.“ Mary drehte sich ungeduldig zu Max um. „Was, wenn es stimmt?“, sagte Max langsam. „Vielleicht ist er dort lang.“ Er deutete auf den dunklen Tunnel, der sich hinter der Station ausbreitete.

„In den Tunnel?“ Ungläubig sah Mary ihn an. „Das wäre verrückt. Lebensmüde sogar.“

„Hat er nicht gerade mit einer Waffe auf dich gezielt?“, gab Max zurück. „Wenn das nicht lebensmüde ist, dann weiß ich es auch nicht.“

Mary musterte den dunklen Tunnel und trat dichter an die Kante des Bahnsteigs. Es gab genug Menschen, die sich schon in diese Tunnel gewagt hatten. Verzweifelte Menschen, die dem Deutschen Autonomen Territorium entkommen wollten. Könnte Thomas wirklich diesen Weg gewählt haben? Ihre Finger glitten über die glatten

Fliesen, mit denen die Station ausgekleidet war, dann ertastete sie rohen Fels. Abseits des Lichts der Station gab es nur Dunkelheit. Ungeduldig starrte Mary hinein, sie war unschlüssig, was sie tun sollte. Die Tunnel absuchen? Zum Palast zurückkehren und dem Kaiser erklären, was sie herausgefunden hatten? Oder vielleicht nach Hause gehen und den ganzen Fall vergessen?

„Also? Gehen wir ihm nach?“, fragte Max und trat neben sie.

„Wir wissen ja gar nicht, ob er da lang gegangen ist“, wandte Mary ein. Doch eigentlich stand ihre Entscheidung bereits fest. Wenn sie die Chance hatte, Thomas so zu fassen, würde sie jeden einzelnen Tunnel von ganz Wilhelmsstadt absuchen. „Warte hier.“ Sie sprang von der Kante auf die Schienen und machte ein paar Schritte in den Tunnel hinein.

„Mary, das ist verrückt, wir brauchen erst Licht“, rief Max ihr nach. „Du kannst doch gar nichts sehen! Was, wenn jetzt eine Bahn kommt?“

„Ich sehe genug.“ Max wusste immer noch nichts davon, aber ihr mechanisches Auge konnte mehr, als nur Dinge größer darstellen. Hier im Dunkeln fing es das vorhandene Restlicht ein und ermöglichte es ihr, Umrisse zu erkennen. Sie vertraute darauf, dass sie eine Bahn schon früh genug sehen oder hören würde.

„Verdammt nochmal!“, hörte sie Max hinter sich flüstern.

Mit vorsichtigen Schritten tastete sie sich an den Schienen entlang, das Licht aus der Station reichte nicht weit. Wenn sie noch tiefer hineinging, würde es um sie herum vollkommen dunkel sein. Ihr Auge surrte und stellte sich um, die Sicht wurde wieder heller, zumindest auf dem linken Auge, das rechte blieb dunkel.

Was war das? Ein paar Meter vor sich sah sie einen Schatten, der an einer Wand kauerte. „Hallo?“, rief Mary, auch wenn sie sich albern vorkam. Sie trat noch weiter vor. Ihre Pistole hielt sie dabei auf den Schatten gerichtet. Plötzlich, so schnell, dass sie gar nicht reagieren konnte, sprang der Schatten auf und rannte weiter in den Tunnel hinein. „Stehenbleiben!“, brüllte Mary und ihre Stimme hallte von den Tunnelwänden wider. „Scheiße!“, fluchte sie und wollte die Verfolgung wieder aufnehmen, doch nach wenigen Schritten verlor sie den Schatten aus den Augen. Immer noch fluchend wandte sie sich um, als sie ein Geräusch hörte.

Sie kniff die Augen zusammen. Dort, den Tunnel entlang, kam ein schwankendes Licht auf sie zu. Mary machte ein paar Schritte in die Richtung und blieb dann stehen. Es war Max. Er hielt eine Gaslaterne in der Hand und hastete an den Schienen entlang.

„Woher hast du die denn?“, fragte Mary, als er bei ihr angekommen war.

„Vom Büro des Stationsaufsehers. Ich habe ihm gesagt, wir suchen einen Verbrecher und habe deinen Namen genannt.“ Max holte tief Luft. „Und dann hat er die hier rausgerückt.“ Er hob die Lampe ein Stück an.

Die benötigte Mary zwar nicht, doch gemeinsam mit Max war es vermutlich leichter, den Tunnel abzusuchen. Auch wenn das grelle Licht ihr nach der Dunkelheit in den Augen brannte. Das mechanische Auge reagierte nur langsam auf die erneute Umstellung und ließ zu viel des Lichts hindurch.

„Dann lass uns mal nach Thomas suchen." Zwar befürchtete Mary, dass er bereits hunderte Meter von ihnen entfernt war oder sich ein Versteck gesucht hatte, aber sie hatten trotzdem noch die Chance, ihn zu finden.

Sie liefen schnell. Max blieb an ihrer Seite und leuchtete ihr den Weg. Alle paar Meter befanden sich Nischen neben den Schienen, die gerade einmal einen halben Meter tief in den Felsen ragten.

„Wieso ist er ausgerechnet hierhergelaufen?", fragte Max in gedämpftem Tonfall. „Also ich hätte mich für eine andere Fluchtroute entschieden." Er verzog das Gesicht und musterte die Decke.

„Ja, ich mich vermutlich auch", stimmte Mary ihm zu, hielt ihren Blick aber immer geradeaus gerichtet, um Thomas auf keinen Fall zu übersehen. „Aber vielleicht hat er in seiner Panik nicht richtig nachgedacht."

„Hm. Ja, kann sein." Schweigend gingen sie einige Minuten lang weiter. Die Strecke änderte sich nicht. Es gab nur die metallischen Schienen und den nackten Boden, die felsigen Wände und die flackernde Flamme im Inneren der Laterne, die zuckende Schemen an die Wände malte.

Irgendwann entdeckte Mary eine Gestalt am Rand des Lichtscheins. „Da ist er", flüsterte sie leise wie elektrisiert. Sie durften ihn auf keinen Fall aufschrecken.

„Er hat uns doch sicher schon gesehen“, murmelte Max. „Mit dem Licht.“

Er hatte recht. Die Laterne leuchtete so hell, dass er sie schon längst bemerkt haben musste. Warum lief er nicht weg? Stattdessen lehnte er an der Wand und sah auf seine Taschenuhr. In seiner Handfläche war ein leichtes Leuchten zu sehen.

„Was macht er da?“

„Keine Ahnung.“ Mary hob ihre Pistole und zielte sorgfältig. Sie wollte ihn auf keinen Fall töten, sondern nur kampfunfähig machen. Gerade, als sie den Abzug betätigen wollte, griff Max nach ihrem Arm. „Was tust du denn?“, zischte sie wütend. „Ich hatte ihn!“

„Hörst du das nicht?“ Eindringlich sah Max sie an.

Mary lauschte. Ein Rauschen. Ein Rauschen, das immer lauter wurde. „Verdammte Scheiße!“ Hastig ließ sie die Pistole sinken und stieß Max mitsamt der Laterne in eine der Nischen am Rand der Strecke. Die Lampe zerbarst dabei an der Mauer und Glassplitter regneten auf Mary nieder. Erneut wurde es dunkel.

„Was ...“ Mary ließ Max nicht zu Wort kommen, stieß ihn so weit hinein, bis er mit dem Rücken gegen die Wand prallte und presste sich gegen ihn. Die Nische war schmal, sie war nicht für zwei Menschen gedacht. Mary hob beide Arme über den Kopf, um sich noch enger an Max pressen zu können und der Bahn zu entgehen, die gleich an ihnen vorbeirasen würde. Ihr Gesicht war dicht neben seinem. Sie spürte seinen Atem auf ihrem Hals. Dann kam der Zug. Ein heftiger Wind peitschte durch die Nische und Mary schloss die Augen. Sie spürte das Zerren der Luft an ihrem Rücken, etwas streifte die Rückseite ihrer Jacke, nur ganz leicht, aber die Berührung durch den Zug war real. Mary schauderte. Nicht auszudenken, was geschehen wäre, hätte es diese Nische nicht gegeben.

Der Zug schien minutenlang an ihnen vorbeizurauschen. Irgendwann ließ der Wind nach, doch Mary blieb noch ein paar Augenblicke lang in der Nische stehen. Dann schluckte sie schwer, senkte die Arme und trat einen Schritt zurück. „Er wusste, dass der Zug kommen würde, er hat auf ihn gewartet, um uns in eine Falle zu locken", sagte sie mit noch immer heftig pochendem Herzen. Und diesem Mistkerl war es auch noch fast gelungen!

„Und es war knapp", meinte Max mit heiserer Stimme. „Wir können so nicht weitergehen. Es wäre ein Wunder, wenn wir es ohne Lampe überhaupt zur Bahnstation zurückschaffen."

Mary fuhr sich mit der Zunge über die trockenen Lippen und blickte den dunklen Tunnel entlang, dann dorthin zurück, wo sie hergekommen waren. „Ich kann sehen."

„Du kannst ..." Auf einmal schien es Max zu dämmern. „Dein Auge? Du kannst damit sehen? ", flüsterte er dann beinahe ehrfürchtig.

„Ganz genau." Mit einem Schritt war sie an Max vorbei. „Es ist am einfachsten, wenn du dich an meinem Arm festhältst." Sie griff nach seiner Hand, die sich klamm anfühlte, und legte sie auf ihren Arm. „Halt dich einfach nur fest und lass dich von mir führen."

„Sehr wohl, General." Er versuchte, es lustig klingen zu lassen, doch seine Stimme zitterte.

Sie hielt sich dicht an den Schienen, angespannt und jederzeit dazu bereit, entweder zu schießen oder wieder in eine der Nischen zu springen, um einem zweiten Zug zu entgehen. Wenn sie dem Zug schon so knapp entgangen waren, war Thomas dann noch am Leben? Oder hatte der Zug ihn womöglich erwischt?

„Du siehst ihn nicht, oder? Wo ist er nur hin?", fragt Max nach einer Weile mit gesenkter Stimme. „Will er für immer hier unten herumirren?"

An seiner Stimme hörte Mary, dass Max befürchtete, ihnen selbst würde genau dieses Schicksal blühen. „Vielleicht wartet er nur darauf, dass wir aufgeben", erwiderte sie, während ihr Auge die Umgebung abtastete, die sich nach und nach aus dem Dunkel schälte. Leise murmelnd fügte sie hinzu: „Aber darauf kann er lange warten."

Nach einigen weiteren Minuten gelangten sie an eine Gabelung: Die Schienen führten nach rechts, links sah Mary eine Absperrung aus Holz und ein Schild. *Lebensgefahr.* Die Bretter der Absperrung wirkten alt und morsch. Noch dazu war sie nicht allzu hoch, sie reichte ihr gerade einmal bis zur Hüfte.

„Hier gibt es zwei Wege." Flüsternd erklärte Mary Max, was sie erkennen konnte.

„Mir gefällt der rechte Weg besser, nach dem, was ich so gehört habe", sagte Max halb im Scherz.

Mary antwortete ihm nicht. Ihr war klar, dass der Weg rechts vermutlich weniger gefährlich war, die Züge fuhren täglich dort entlang, was bedeutete, dass die Tunnel intakt sein mussten. Aber ihr Gefühl sagte ihr, dass es reine Zeitverschwendung wäre, dort zu suchen. Das war nicht der Weg, den ein Mörder wie Thomas einschlagen würde.

„Da lang."

„Du zeigst gerade nach links, oder?"

„Korrekt."

„Nein, auf keinen Fall." Dann fügte er hinzu. „Das kann doch nicht dein Ernst sein."

Statt ihm erneut zu antworten, ging Mary einfach voran. Da Max ihren Arm nicht loslassen wollte, folgte er ihr. Sie warf einen sorgfältigen Blick hinter das Hindernis, dann fuhr sie mit der Hand über den obersten Balken der Absperrung und sah dort Kratzer. Alte und neue. „Wir sind auf jeden Fall nicht die ersten, die hier entlang gehen", sagte sie zu Max.

„Sind wir nicht?"

„Nein, hier sind Spuren auf der Absperrung, Kratzer. Jemand ist erst vor Kurzem hier rüber geklettert."

Ihr Blick schweifte in das Dunkel hinter der Absperrung. Der Tunnel sah hier anders aus, weniger ordentlich. An den Seitenwänden lagen Steine, Erde und Staub, auf der rechten Seite stapelten sich rostige Schienenteile, als wären sie hier einfach achtlos entsorgt worden.

„Lass uns gehen." Sie hatten keine Zeit zu verlieren. Durch seinen Trick mit dem Zug hatte Thomas sich einen guten Vorsprung erarbeitet und mittlerweile keimte in Mary der Verdacht, dass er sich hier unten in den Bahnschächten auskannte. Sie stützte sich mit einer Hand auf den obersten Balken und sprang behände über die Absperrung. Auf der anderen Seite angekommen, griff sie nach Max Händen und legte sie auf die Absperrung. Ungeduldig sah sie dabei zu, wie er das Hindernis langsam und mit einiger Mühe überwand. Als er auf der anderen Seite stand, sah sie sich wieder um. An der Decke des Tunnels breiteten sich Flecken aus. Mary vermutete dahinter Feuchtigkeit, vielleicht war das auch der Grund, weswegen diese Tunnel zwar gebaut, aber nie befahren worden waren.

„Halt dich an mir fest und lass nicht los“, befahl sie Max, bevor sie ihren Weg fortsetzten. Sie zückte ihre Pistole und hielt sie auf Brusthöhe vor sich. Thomas konnte überall lauern, sie musste auf der Hut sein. Schritt für Schritt tasteten sie sich weiter in den Abschnitt des Bahnsystems hinein. Sie stießen auf ein verlassenes Lager, womöglich das eines Obdachlosen, der in den Tunneln Zuflucht gesucht hatte. Mehrere Decken lagen dort zu einem Knäuel verschlungen, in einer bescheidenen Feuerstelle sah Mary Asche. Sie mochte sich gar nicht ausmalen, warum das Hab und Gut dieser Person noch hier war, sie selbst aber nicht.

„So langsam habe ich das Gefühl, wir haben uns für die falsche Richtung entschieden“, murmelte Max nach wenigen Minuten missmutig, doch Mary ging nicht darauf ein. Sie war sich noch immer sicher, dass Thomas hier entlanggegangen sein musste. Doch wenn er sich hier wirklich auskannte, konnte er überall sein. Vermutlich kam er deutlich schneller voran als sie und womöglich kannte er auch ein Versteck, in dem sie ihn nicht finden würden. Doch das durfte nicht sein. Wenn sie ihn nicht fingen, dann würde er sich vermutlich aus Wilhelmsstadt absetzen - und dann? Das Territorium war groß, es bestand die Möglichkeit, dass er niemals gefunden werden würde.

Als sie einen weiteren Schritt machte, rutschte Marys rechter Fuß plötzlich unter ihr weg. Sie sah hinunter auf den Boden. Nur dass vor ihr kein Boden mehr war. Stattdessen gähnte dort ein schwarzer Abgrund. Sie ruderte mit beiden Armen, um ihr Gleichgewicht wiederzufinden, doch der Belag aus Sand, Erde und Geröll unter ihrem linken Fuß war einfach zu rutschig.

„Was ist los?“ Max’ Stimme war panisch.

„Hilfe.“ Mary griff nach Max, der nur eine Armlänge von ihr entfernt war. Instinktiv packte er zu und riss sie ruckartig an sich. Stolpernd fand Mary wieder Halt. Doch sie hatte keine Zeit, um durchzuatmen und sich von dem Schock zu erholen. „Zurück“, befahl sie Max zischend.

„Was? Was ist überhaupt los?“

„Zurück in den Gang.“ Das hier, dieser Abgrund, das war eine optimale Falle. Hätte sie im Krieg eine solche Gegebenheit vorgefunden und Verfolger abhängen müssen, wäre diese Stelle ideal gewesen. Ein unerwartetes, womöglich tödliches Hindernis und abgelenkte Verfolger.

„Rein da.“ Sie versetzte Max einen Stoß gegen den Arm, doch es war zu spät. Sie hörte das Klicken. „Zur Seite.“ Jetzt brüllte sie. Hastig warf sich Mary zur Seite an den Rand des Tunnels. Ihr blieb keine Zeit, nachzusehen, ob Max es ihr gleichgetan hatte, denn in dem Moment peitschte ein Schuss durch den Tunnel. Für einen Moment war Mary wie betäubt. Das Dröhnen des Schusses hallte im Tunnel nach, alle anderen Geräusche drangen nur noch gedämpft zu ihr durch.

Max ... Ging es ihm gut? In der rechten Hand die Pistole tastete sie auf dem Boden umher. Sie sah sich um. Dort war eine hölzerne Absperrung, die an der Wand lehnte. Und direkt daneben lag Max auf dem Boden, den Kopf dicht an den Fels gepresst, die Augen geschlossen.

„Max?“ Mary kroch zu ihm hinüber, den Blick immer zum Abgrund gerichtet, denn von dort war der Schuss gekommen. Sie griff nach seinem Arm und fühlte seinen Puls.

„Ist er weg?“ Max’ Augen waren noch immer geschlossen, doch es war ganz sicher er gewesen, der da gesprochen hatte. Mary ließ sich dicht neben ihm auf den Boden sinken.

„Ich glaube nicht“, murmelte sie dicht vor ihm.

Max schlug die Augen auf. Seine Pupillen huschten hin und her. „Was ist dein Plan?“ Er blickte erwartungsvoll, so als glaubte er, sie hätte diese Situation erwartet und wüsste genau, was zu tun war.

Mary dachte fieberhaft nach. „Du bleibst hier liegen“, ordnete sie schließlich an. „Es ist besser, wenn er denkt, er hätte dich getroffen.“

„Und du?“ Max‘ Pupillen bewegten sich hektischer.

„Ich werde ihm zeigen, dass man sich besser nicht mit mir anlegt“, sagte Mary und klang dabei zuversichtlicher, als sie es eigentlich war. Ja, sie war gut ausgebildet worden in der Armee, aber der Feind, den sie jetzt bekämpfen musste, kannte das Terrain. Er hatte einen entscheidenden Vorteil.

Sie kam auf die Knie und kroch dicht an die Wand des Tunnels. Ihre Gedanken rasten. Sie musste etwas tun, und das schnell, denn Thomas war entweder schon wieder fort oder er lauerte irgendwo auf sie und würde schon bald wieder schießen. Ihr Blick wanderte über den Boden des Tunnels, die Wände und den Abgrund, der direkt vor ihnen klaffte. Sie trat an das Loch und versuchte, seine Tiefe abzuschätzen. Ihr Auge summte, doch das Licht reichte nicht aus, um den Grund des Risses erkennen zu können. Allerdings war der Abgrund nur etwa anderthalb Meter breit. Dahinter ging der Tunnel weiter, war allerdings nicht so sorgfältig ausgegraben worden wie auf dem Stück, das sie bisher gesehen hatten. Sie konnte einige Felsbrocken erkennen, groß genug, als dass sich ein ausgewachsener Mann dahinter verbergen könnte. Mehr sah sie nicht. Alles weiter hinten versank in grauem Nebel. Und Mary hatte auch genug gesehen. Sie bewegte sich geräuschlos rückwärts zu Max zurück. „Warte hier“, murmelte sie.

„Was tust du denn?“, flüsterte Max panisch, doch Mary antwortete nicht. Stattdessen glitt sie auf die andere Seite des Tunnels, fort von Max.

„Thomas?“, rief sie nach einigen Sekunden laut, in denen sie sich selbst Mut gemacht hatte. „Thomas? Sind Sie noch da oder sind Sie schon wie ein Feigling weggerannt?“ Sie lauschte angestrengt, während sie wieder die Position änderte und nun in der Mitte des Tunnels auf dem Boden hockte, jederzeit bereit, zur Seite zu springen. „Habe ich es mir doch gedacht, dass ich es mit einem Jungen zu tun habe, nicht mit einem Mann.“ Wieder lauschte sie, während sie sich flach hinlegte. Falls er doch noch da war, wollte sie ihm kein leichtes Ziel bieten. Heißes Blut sickerte noch immer aus der Wunde in ihrem Oberarm.

„Was wollen Sie?“, knurrte plötzlich eine Stimme vor ihr in der Dunkelheit. Marys Herz machte einen Satz. Er war noch da. „Sie haben nur noch Sekunden, bevor ich Ihnen eine Kugel in die Brust jage, irgendwelche letzten Worte, *General*?“ Das letzte Wort triefte förmlich vor Verachtung.

Mary konzentrierte sich nur darauf, herauszufinden, wo Thomas sich befand. Es hatte geklungen, als stünde er hinter dem Abgrund auf der rechten Seite, aber durch den Hall des Tunnels war sie sich nicht ganz sicher. Sie musste ihn weiter zum Reden bringen. Vielleicht konnte sie ihn auch aus seinem Versteck hervorlocken.

„Ach ja?“, gab sie zurück und glitt ein paar Zentimeter nach rechts. „Was soll das hier alles eigentlich?“, fragte sie laut. „Was hat Karl Ihnen getan? Warum haben Sie ihn umgebracht?“

Thomas’ Lachen hallte durch den Tunnel und bescherte Mary eine Gänsehaut. „Sie sind ja so naiv“, antwortete er schließlich. „Ihre kleinen Beweise ... niemand würde Ihnen glauben, dass ich es gewesen bin."

„Es sind mehr als Beweise", hielt Mary dagegen und kroch so nah an den Abgrund heran, wie es ging. „Wir haben die Aussage von Jardeaux."

„Der ist nicht ganz dicht", sagte Thomas verächtlich. „Er ist krank."

„Das mag sein", räumte Mary ein. „Aber trotzdem haben Sie es getan. Sie haben Karl erwürgt und ihn dann im Ossarium versteckt. Und Sie wussten, man würde uns glauben, sonst hätten Sie uns nicht angegriffen."

„Wenn Sie all das auf sich genommen hätten, was ich getan habe, wenn Sie wüssten ..."

„Nennen Sie mir einen Grund", bat Mary ihn. „Sie haben gesagt, ich werde sowieso gleich sterben, warum verraten Sie mir nicht einfach, warum Sie Karl ermordet haben? Wem soll ich es denn noch erzählen?" Langsam und ohne ein Geräusch zu verursachen, schlich sie wieder zu Max zurück und beugte sich über ihn, tastete nach seinem Kopf und flüsterte in sein Ohr: „Wenn ich *Jetzt!* sage, dann singst du, so laut du kannst."

„Was? Singen?"

„Oder schrei, wie auch immer du willst. Aber mach so viel Krach wie möglich, klar?" Sie flüsterte leise und hoffte eindringlich, dass Thomas sie nicht hören und dadurch orten konnte.

„Ermordet ..." Thomas klang, als ließe er sich das Wort auf der Zunge zergehen. „Das klingt so barbarisch. So war es nicht."

„Wie war es dann?“, fragte Mary und schlich auf die linke Seite zum Abgrund.

„Er hätte alles zerstört, was ich aufgebaut habe“, erwiderte Thomas langsam. „Er und Amalie ... Ich musste es verhindern.“

„Amalie?“

„Er war ihr Bruder“, entgegnete Thomas und es klang, als presste er die Zähne dabei heftig aufeinander. „Ihr *älterer* Bruder!“ Ein kurzer Moment der Stille folgte. „Er war der Thronfolger. Auch wenn Amalie kein Bastard ist, ist sie eine Frau. Und wir alle wissen, dass das Volk lieber einen männlichen Nachfolger auf dem Thron sehen will.“

„Sie haben ihn also getötet, damit Amalie die Thronfolgerin bleibt?“ Mary hielt den Atem an. Sie machte sich bereit.

„Wenn sie nicht die Kaiserin wird, funktioniert der Plan meines Vaters nicht. Wir könnten das Deutsche Autonome Territorium nicht befreien. Und wir sind schon zu weit gegangen, als dass der Plan jetzt an jemandem wie Karl scheitert. Einem Niemand.“

Befreien? Gehörte er zu den Rebellen? Aber was meinte er mit ... „Zu weit gegangen?“ Mary erspürte ein Kribbeln, als streifte sie ein Gedanke, eine Ahnung, die sie nicht so recht zu fassen bekam.

„Der Kaiser muss aufgehalten werden, abgesetzt am besten. Unser erster Versuch war vielleicht zu überhastet und er hat uns weit zurückgeworfen. Aber wir sind nicht am Ende. Als er meiner Heirat mit Amalie zustimmte, hat sich eine neue Möglichkeit eröffnet. Eine, die mit weniger radikalen Methoden umzusetzen war."

Weniger radikal ... „Der Anschlag", flüsterte Mary, als sie Thomas' Worte begriff. „Der Anschlag auf den Kaiser ..."

„Wie ich sehe, sind Sie in der Lage, eins und eins zusammenzuzählen." Thomas lachte. „Aber das wird Ihnen auch nichts nützen."

„Die Bombe stammte von Ihnen und Ihrem Vater?"

„Sie stammte von unserer Gruppierung, ja", erwiderte Thomas und Stolz schwang in seiner Stimme mit. „Und mein Vater hat mich mit der Platzierung der Bombe betraut."

„Da hat er dann wohl einen Fehler gemacht."

„Der Plan hätte funktioniert", zischte Thomas wütend. „Es lag nur an Ihnen. Welcher normale Mensch wirft sich denn in eine Bombe?" Ein Schatten tauchte auf der anderen Seite des Abgrunds auf.

Seine Worte verhallten im dunklen Tunnel. Mary hatte keine Antwort auf seine Frage. Sie hatte es getan, weil es das Richtige gewesen war. Es war ihre Aufgabe gewesen, den Kaiser zu schützen. Denn ohne den Kaiser würde das Territorium in Chaos versinken. „Vielleicht bin ich nicht normal", erwiderte sie mit einem Flüstern und mit heftig hämmerndem Herzen. „Aber Sie sind es ganz sicher auch nicht. Und Sie werden Ihre Strafe bekommen." So gerne sie auch mehr über seine Verwicklung in das Attentat gehört hätte, jetzt war nicht die richtige Zeit dafür. Es war Zeit zum Singen.

„Jetzt!“, schrie sie in Max’ Richtung, schob ihren Körper gleichzeitig in die Mitte des Tunnels und richtete im selben Moment ihre Pistole auf Thomas.

Hinter ihr sang Max aus voller Kehle ein Lied über irgendwelche Seeleute – woher hatte er das denn? – und stolperte hin und wieder über irgendwelche Noten, sang aber tapfer weiter.

Thomas war offenbar so überrascht vom schiefen Gesang, dass er zu langsam reagierte. Mary zielte routiniert und schoss. Erneut dröhnte ihr ein Schuss in den Ohren, doch dieses Mal warf sie sich nicht zu Boden. Stattdessen sah sie der Kugel hinterher, sah ihren Einschlag in Thomas’ Körper. Blut spritzte auf und sprenkelte den Steinboden. Der Gesang verstummte.

Thomas stürzte mit einem Schrei zu Boden, die Waffe fiel ihm aus der jetzt nutzlos gewordenen rechten Hand. Marys Schuss hatte ihm einen Teil des Schlüsselbeins und der Schulter zerschmettert, ganz so, wie sie es geplant hatte. Die Pistole noch immer ausgestreckt in der Hand, nahm Mary Anlauf und sprang über den Abgrund hinweg. Sie landete dicht neben Thomas und nutzte den Schwung des Sprungs, um sich auf ihn zu stürzen und ihn am Boden zu halten. Sie rollte ihn auf den Bauch und presste ihm ihre Knie schmerzhaft in den Rücken. Als sie sich vergewissert hatte, dass er sich nicht mehr rühren konnte, steckte sie die Pistole zurück ins Holster und zog stattdessen die eisernen Handschellen hervor, die hinter dem Holster hingen. Mit geübten Griffen ließ sie sie um Thomas’ Handgelenke zuschnappen. Dann rollte sie den Mann wieder herum. „Du hast also versucht, den Kaiser zu ermorden. Und du hast Karl getötet, weil du selbst Kaiser werden wolltest, als dein Anschlag nicht lief, wie geplant“, fasste sie zusammen und zog Thomas auf die Füße.

„Nicht Kaiser“, presste Thomas hervor. Ihr Angriff hatte ihm eine Schramme auf der Wange beigebracht, aus der Blut über sein Gesicht lief. „Als Ehemann der Kaiserin wird man nicht Kaiser. Nur Majestätsgemahl.“

„Das war der Plan? Dafür haben Sie Karl ermordet?“ Ungläubig sah Mary ihn an.

„Ich hätte faktisch regieren können“, spuckte Thomas wütend aus. „Amalie ist schwach, Sie haben sie doch kennengelernt. Sie wäre zwar die Kaiserin gewesen, aber ich hätte die Entscheidungen getroffen. Die richtigen Entscheidungen. Ich hätte endlich alles ändern können.“

Mary schüttelte den Kopf. „Das Einzige, das Sie geändert haben, ist Ihre eigene Zukunft. Ich vermute, die wird schon in ein paar Tagen ihr Ende finden.“ Der Kaiser würde nicht zulassen, dass Thomas frei umherlief. Und wenn sie ihm erzählte, was Thomas alles gestanden hatte, würde es vermutlich eine größere Untersuchung geben, in dessen Mittelpunkt der Graf von Berlin und das Attentat auf den Kaiser standen. Mit schnellen Griffen tastete Mary Thomas ab und fand rasch, was sie suchte: seine Taschenuhr. Als sie sie aufklappte, strahlte sie ein unangenehm grelles, blaues Leuchten aus, welches die Umgebung erhellte. „Und jetzt springen Sie.“

Mary deutete auf den Abgrund. „Springen Sie oder ich werfe Sie. Und Sie sehen nicht gerade wie ein Leichtgewicht aus. Gut möglich, dass ich Sie fallen lasse."

Für einen Moment schien er zu erwägen, sich einfach hineinzustürzen, doch dann straffte er die Schultern, lief an und sprang. Da er seine Hände nicht zur Verfügung hatte, geriet er ins Taumeln, konnte sich nicht abfangen und fiel geradewegs auf sein Gesicht. Mit einem Stöhnen blieb er liegen. Mary setzte ihm nach. Sie packte ihn an den Haaren und zog ihn auf die Knie. „Und los." Sie deutete in die Richtung des Tunnels, aus dem sie gekommen waren. „Abmarsch."

Thomas kam auf die Beine und Mary zog ihre Pistole. Als er sich nicht in Bewegung setzte, stieß sie ihm mit dem Lauf in den Rücken. „Los."

„Wollen Sie mich vielleicht verbluten lassen?", fragte er mit einem weiteren Stöhnen und blickte hinab auf seine Schulter.

„Sie verbluten nicht", gab Mary gleichgültig zurück. Zumindest war sie sich recht sicher, dass er nicht verbluten würde. Sie hatte sorgfältig gezielt. Es würde vielleicht bleibende Schäden geben, aber er würde nicht daran sterben.

Thomas schnaubte nur und setzte sich in Bewegung. Sein Gang war langsam und unsicher, Mary konnte nicht beurteilen, ob es an Verletzungen lag, die er sich bei seiner Gefangennahme womöglich zugezogen hatte, oder ob er nur so tat, um sie zu behindern. Zusammen mit Max ließ sie sich ein paar Meter hinter ihm zurückfallen, gerade so weit, dass sie ihn im Schein der Taschenuhr im Auge behalten konnten.

„Er hat ihn umgebracht, weil er die Macht haben wollte?", flüsterte Max ihr zu. „Aber nach allem, was wir gehört haben, wollte Karl doch gar nichts. Er wollte den Thron nicht."

„Noch nicht", erwiderte Mary genau so leise. „Aber wer weiß ... Vielleicht wenn das Volk davon erfahren hätte. Wenn es sich hinter ihn gestellt hätte."

Max schüttelte den Kopf. „Dafür bringt man doch niemanden um."

„Du würdest dich wundern, wofür die Menschen andere töten. Für die lächerlichsten Dinge. Da finde ich Macht noch ein sehr gutes Motiv."

„Was meinst du, wird der Kaiser dazu sagen?" Max deutete auf Thomas. „Der Verlobte seiner Tochter und der Graf von Berlin. Das gibt einen Skandal, wenn das herauskommt."

Würde es herauskommen? Mary wusste nicht, wie der Kaiser die Sache handhaben würde. Sie wusste nur, dass ihr Auftrag damit abgeschlossen war.

„Liefern wir ihn einfach im Palast ab", erwiderte Mary. „Dann bekommen wir unser Geld und das alles hier ist vorbei."

„Für dich ist es vorbei?", fragte Max ungläubig. „Einfach so? Willst du denn nicht wissen, was mit ihm passiert? Oder mit Amalie? Willst du denn nicht die weiteren Ermittlungen verfolgen? Schließlich geht es auch um ..." Er bremste seinen Redefluss, doch Mary wusste, was er hatte sagen wollen. Es ging auch um ihr Leben. Der Anschlag damals hatte alles verändert.

„Eigentlich nicht“, gab Mary äußerlich ungerührt zurück. „Das ist etwas, das du lernen musst, Max. In diesem Beruf zählt nur, den Auftrag auszuführen. Welche Probleme deine Entdeckungen verursachen, geht dich nichts an.“ Das war nicht die volle Wahrheit. Im Grunde wollte sie alles über diesen Anschlag wissen, aber sie befürchtete, die Ermittlungen und die Hintergründe des Attentats könnten sie wieder in einen Strudel der Dunkelheit hineinziehen. Sie hatte ihr Leben jetzt wieder im Griff. Vermutlich war es besser, wenn sie sich von den weiteren Ermittlungen fernhielt. So fern wie möglich.

Max kniff die Lippen so fest zusammen, dass sie wie zwei weiße Striche aussahen. „Ich werde es mir merken“, gab er schließlich steif zurück. Den Rest des Weges zum Palast legten sie schweigend zurück.

Kapitel 13

Auf dem Weg zum Eingangstor starrten die Leute sie an und wunderten sich ganz offensichtlich über den blutenden Gefangenen, den sie vor sich hertrieben. Einige erkannten den Verlobten von Amalie wohl auch, doch niemand sprach sie an oder schritt ein. Sie tuschelten nur hinter vorgehaltener Hand über die seltsame kleine Prozession.

Erst am Eingangstor hielten die Wachen sie auf. „Was wird denn das?“, fragte die erste Wache und hielt Mary mit ausgestrecktem Arm auf.

„Wir erfüllen nur den Auftrag des Kaisers“, sagte Mary ruhig und zückte ihren Ausweis, auch wenn die beiden Männer am Tor sie und Max eigentlich inzwischen kennen müssten.

„Mit dem Verlobten seiner Tochter?“, gab die andere Wache skeptisch zurück.

„Wie ich meinem Auftrag nachgehe, müssen Sie schon mir überlassen“, gab Mary spitz zurück.

„Hören Sie nicht auf Sie, die beiden haben mich angegriffen“, rief Thomas plötzlich und sah die Wachen flehend an.

„Ich bitte Sie, Sie wissen, dass wir hier im Auftrag des Kaisers ermitteln“, sagte Mary bestimmt.

Die beiden Wachen wechselten einen Blick. Letztendlich stellten sie wohl fest, dass Mary einen offiziellen Ausweis und sie damit keinen Grund hatten, sie aufzuhalten und öffneten das Tor.

„Nein, Sie machen einen schweren Fehler. Der Kaiser wird sie dafür bestrafen“, rief Thomas schrill, doch Mary schob ihn rasch weiter.

„Vielen Dank“, rief Max den Wachen ironisch zu, als sie das Tor passiert hatten.

Nach wenigen Minuten standen sie endlich in der Eingangshalle des Palastes und warteten dort, den teuren Fußboden vollblutend, auf einen Diener, der sie dem Kaiser melden könnte.

Mary bemerkte, dass Thomas unruhig wurde, und sie konnte es ihm nicht verdenken, denn gleich würde er dem Kaiser gegenübertreten. Doch seine Unruhe hatte andere Gründe, die Mary jedoch einen Augenblick zu spät begriff. Sie standen dicht beisammen und so stieß Thomas Max in die Seite, der sich sofort zusammenkrümmte, und rannte dann den Gang entlang, der ihn zum Garten führen würde.

„Scheiße.“ Ohne nach Max zu sehen, hastete Mary ihrem Gefangenen hinterher, lief in dem geraden Flur direkt hinter ihm und holte rasch auf. Die Fesseln hinderten Thomas daran, seine Arme beim Laufen einzusetzen und so schwankte er viel zu sehr, um ein hohes Tempo zu erreichen.

Er steuerte auf die Tür zu, die auf die Rückseite des Palastes und hinaus in den Garten führte. Vielleicht war der Wald sein Ziel, vielleicht auch die Mauer, die er von dort aus überklettern könnte. Doch so weit würde er nicht kommen. Als Mary nur noch etwa einen Meter von ihm entfernt war, machte sie einen Hechtsprung und erwischte Thomas an den Beinen, umklammerte sie fest und brachte ihn so zu Fall. Mit einem dumpfen Aufschlag landete er auf seiner verletzten Schulter und schrie auf. Obwohl seine Schmerzen ihn zu lähmen schienen, versuchte er dennoch, mit den Beinen nach Mary zu treten, als sie sich über seine Beine zu seinem Oberkörper schob, um ihn dann wieder aufzurichten. „Lass den Blödsinn!", zischte Mary ihn an, als sie zum dritten Mal seinen rechten Fuß abwehrte. „Oder willst du noch eine Kugel?"

Doch auch die Androhung einer weiteren Schusswunde brachte Thomas nicht dazu, zu gehorchen. „Na schön." Mary griff an ihr Holster und zog die Pistole erneut hervor. „Ich dachte, wir können das alles zivilisiert zu Ende bringen ... Aber wenn du es so willst." Sie presste ihm die Pistole an die Schläfe und der Körper unter ihr versteifte sich. „Steh auf." Sie trat zur Seite, um Thomas die Gelegenheit zu geben, sich aufzurichten. Langsam und mit unsicherem Blick auf ihre Waffe, kam er schließlich auf die Beine. „Zurück", ordnete Mary an und deutete den Flur entlang zurück in die Eingangshalle. „Und die hier behalte ich lieber draußen." Sie ruckte mit der Pistole in ihrer rechten Hand.

In der Eingangshalle wartete Max bereits mit besorgter Miene auf sie. „Du hast ihn, gut." Er hielt sich die Rippen auf der linken Seite. „Der Kaiser kommt gleich." Misstrauisch musterte er Thomas, bevor er sich gut einen Meter von ihm entfernt hinstellte und die Arme vor der Brust verschränkte.

Mary hielt sich gerade, den Lauf der Waffe auf Thomas gerichtet. Sie durfte jetzt keine Schwäche zulassen. Die Wunde in ihrem Arm, der Blutverlust und die Anstrengung der Verfolgung forderten allmählich ihren Tribut, aber sie durfte jetzt nicht nachgeben. Sie konnte sich ausruhen, wenn sie wieder zu Hause war. Erst dann. Ihr Auftrag war noch nicht beendet.

Sie mussten nicht lange warten, bis der Kaiser am Ende der langen Treppe erschien. Er blieb stehen, eine Hand am Geländer, und sah mit versteinertem Gesicht zu ihnen herab. Er stand dort so lange, dass Mary begann, sich unwohl zu fühlen. Worauf wartete er? Dann schließlich ging ein Ruck durch den Kaiser und er stieg eine Stufe nach der anderen zu ihnen herab.

„Was hat das zu bedeuten?" Sein Blick glitt von Marys blutverschmiertem Arm zu Thomas' blutender Wunde auf seiner Brust. Dann sah er Max fragend an.

„Können wir das vielleicht in Ihrem Arbeitszimmer besprechen?", bat Mary mit einem Blick in den Flur der Angestellten. Ein so sensibles Thema mitten in der Eingangshalle auszubreiten, erschien ihr äußerst unklug.

Der Kaiser deutete mit der Hand nach links und nach einem schweigsamen Marsch standen sie schließlich in dem großen Raum. Der Kaiser setzte sich nicht, sondern machte ein paar Schritte in die Mitte des Raums, drehte sich um und blieb mit verschränkten Händen stehen.

„Nun?“ Sein Blick war auf Thomas gerichtet, als erwartete er von ihm eine Antwort.

„Wir haben den Mörder von Karl Bach gefunden“, sagte Mary mit pochendem Herzen. Die Freude über ihre Entdeckung war mittlerweile verflogen. Inzwischen machte sie sich Sorgen darum, welche Konsequenzen sie haben mochte. Thomas war der Sohn des Grafen von Berlin. Er war kein blasser Niemand, kein einfacher Angestellter, der ersetzt werden konnte. Was würde der Kaiser mit den Informationen anfangen, die sie zusammengetragen hatten? „Thomas hat Karl ermordet“, fügte sie hinzu, als ließe der in Handschellen vor ihm stehende Mann irgendeinen anderen Schluss zu.

Der Kaiser reagierte nicht, mit nichts verriet er, dass er ihre Worte überhaupt gehört hatte.

„Und die Beweise?“ Seine Worte waren leise, kaum zu hören, während er Thomas nicht aus den Augen ließ.

„Wir haben eines seiner Haare in dem Sarg gefunden, in dem auch Karl gelegen hat“, begann Mary. „Und das Alibi, das er uns gegeben hatte, hat sich als falsch erwiesen. Und er hat die Tat selbst zugegeben.“ Es klang schwach. Jetzt, da sie es selbst hörte, wirkten ihre Argumente kraftlos.

„Und weiter?“, hakte der Kaiser nach, doch Mary hatte nichts weiter. Nur ihr Wissen, dass Thomas es getan hatte.

„Da gibt es noch etwas", meldete sich nun Max zu Wort. Mary versuchte, ihn mit einem strengen Blick zum Schweigen zu bringen. Sie wollte nicht, dass er den Kaiser noch weiter verunsicherte. Doch natürlich ignorierte er sie. „Wir haben etwas an Karls Knochen gefunden, einen Abdruck."

Mary war verwirrt, warum erwähnte Max diesen Abdruck jetzt? Sie hatten doch nichts gefunden, das dazu passte.

„Damit ein solcher Abdruck entstehen konnte, musste das, was diesen Abdruck verursacht hatte, während der Verwesung des Fleisches darauf gelegen haben", führte Max mit seiner besten wissenschaftlichen Erklärstimme aus. „Danach hat sich das sehr ungewöhnliche Muster in den Knochen verewigt." Er machte eine Pause.

Sowohl der Kaiser als auch Mary sahen ihn fragend an.

„Und?", fragte der Kaiser irgendwann ungehalten.

„Und wir wussten die ganz Zeit nicht, was dieses Muster verursacht hat, da wir nichts finden konnten, was dazu passt", fuhr Max fort. „Es muss entfernt worden sein, nachdem die Leiche verwest war, von jemandem, der ganz offenbar wusste, wo es zu finden ist. Weil er es dort verloren hatte in der Nacht, als Karl getötet worden war." Er holte noch einmal tief Luft. „Und als wir Thomas hier vorhin festgenommen haben, habe ich es gesehen. Er trägt es um den Hals." Mit einem Schritt war Max bei Thomas, griff in den Ausschnitt seines Hemdes und zog eine silberne Kette heraus, an der ein runder Anhänger hing. Es war ein flacher Kreis, oben und unten befanden sich zwei Löcher. Auf der Vorderseite war es verziert mit Zahnrädern aus Gold, auf der Rückseite war es flach.

„Er muss gemerkt haben, dass er den Anhänger verloren hat und hat ihn sich später geholt. Was vermutlich auch der Grund dafür war, weshalb der Deckel des Sargs nicht vollständig geschlossen war."

„Und es gibt da noch etwas …" Mary musste es dem Kaiser sagen. Sie musste ihm erzählen, was Thomas ihnen verraten hatte. „Er hat zugegeben, dass er und sein Vater an dem Attentat auf Sie beteiligt waren." Bei dem Gedanken an die Bombenexplosion schmerzte Marys ganze linke Körperhälfte, als wäre sie wieder dort, als brannte sie wieder in den Flammen der verdammten Bombe. Mit angehaltenem Atem wartete Mary darauf, dass der Kaiser das Wort ergriff.

„Das Attentat?" Der Blick des Kaisers glitt hinüber zu Thomas, der mit gesenktem Kopf stocksteif dastand. „Warum hast du das alles getan? Warum?"

Der Tonfall, in dem der Kaiser die Frage stellte, schickte einen Schauer durch Marys Körper.

„Und was zum Teufel hatte Karl dir getan?" Er trat näher und blieb nur wenige Zentimeter von Thomas entfernt stehen. „Er war ein guter Mensch. Warum hast du ihn umgebracht?"

Eine Zeit lang war es vollkommen still im Arbeitszimmer des Kaisers. Dann hob Thomas langsam den Kopf und fixierte den Vater seiner Verlobten. „Irgendjemand muss die Fehler wieder gutmachen, die du und deine Vorfahren begangen haben, alter Mann", flüsterte Thomas. In seinen Augen erkannte Mary die Leidenschaft für seine Worte.

„Was meinst du damit?", fragte der Kaiser irritiert.

„Ihr richtet dieses Land zugrunde. Stück für Stück. Und das seit Jahrzehnten." Er schwieg und musterte das Gesicht des Kaisers. „Das Deutsche Autonome Territorium ist kein Land, auf das man stolz sein kann. Es ist ein Gefängnis mit einer unüberwindbaren Mauer. Das kann so nicht weitergehen. Wenn ich es nicht ändern kann, wird es ein anderer tun."

Für einen Moment blieb der Kaiser stumm und Mary wartete angespannt auf seine Erwiderung.

Der Kaiser stützte eine Hand auf den Schreibtisch. „Die Mauer schützt unsere Geheimnisse und sie schützt die Menschen."

Thomas schnaubte verächtlich.

„Nur die Mauer verhindert, dass der Rest der Welt die Patente für Dampfmaschinen stiehlt!" Die Stimme des Kaisers wurde immer lauter. „Wenn sie sie haben, werden sie uns vernichten."

„Wir haben sie auch", wandte Thomas entschieden ein. „Und wir haben niemanden vernichtet."

„Du bist zu jung, um das volle Ausmaß dieses Themas begreifen zu können", sagte der Kaiser langsam. „Es steckt so viel mehr dahinter. Wir haben gegen die Menschen da draußen in vielen Kriegen gekämpft und wir haben sie geschlagen. Wenn du wirklich glaubst, sie würden die Gelegenheit, uns zu schaden, nicht ergreifen, dann bist du ein noch größerer Narr, als ich mir jemals hätte vorstellen können."

„Ihr könnt die Menschen nicht einsperren, nur weil ihr euch um eine Zukunft sorgt, die vielleicht nie eintreffen wird", flüsterte Thomas. „Sie müssen frei sein. Viele leben im Elend."

„Nur dank mir und meiner Vorfahren sind sie überhaupt frei", brüllte der Kaiser plötzlich. Seine Wangen waren dunkelrot angelaufen. „Wir waren damals im Krieg. Und wir waren drauf und dran, zu verlieren. Die Erfindung der Dampfmaschine und alles, was man daraus erschaffen konnte, hat diesen Krieg zu unseren Gunsten gedreht. Die Mauer schützt unsere Geheimnisse. Geheimnisse, die wiederum uns schützen. Sobald die anderen Länder sie auch kennen, werden sie da weitermachen, wo sie im Krieg aufgehört haben. Sie werden nicht eher ruhen, bis das ganze Territorium in Trümmern liegt!" Der Kaiser atmete heftig.

Mary hatte interessiert seinen Ausführungen gelauscht. In der Schule hatte sie vom Krieg gelesen, der zur Abschottung des Territoriums geführt hatte. Aber so wie der Kaiser es jetzt darlegte ... Das machte ihr noch einmal deutlich, was auf dem Spiel stand, sollten die Pläne für die Dampfmaschine und für ihre Kriegsmaschinen nach außen gelangen.

„Seit Jahren versuchen Frankreich und Polen uns anzugreifen", fuhr der Kaiser fort, leiser diesmal. „Sie versuchen, unsere Mauern zu überwinden, sich durchzugraben oder Post einzuschmuggeln. Unsere Regeln und unsere hohe Mauer schützen uns.“ Er trat auf Thomas zu, so nah, dass ihre Nasen sich beinahe berührten. „Und so ein erbärmlicher Narr wie du wird daran nichts ändern.“ Er schüttelte den Kopf. „Ich bin froh, dass meine Tochter dich nun nicht heiraten muss.“

„Amalie ist mir egal“, entgegnete Thomas hochnäsig. „Ich erfülle meine Mission. Nicht auf dem Thron, dort, wo ich eigentlich hinwollte, aber eine öffentliche Exekution wird auch ihren Zweck erfüllen.“ Er blickte dem Kaiser direkt in die Augen und lächelte entrückt. „Ich werde ihnen allen sagen, dass ich sie befreien wollte. Und dann werden sie sich selbst befreien, du wirst sehen.“

„Öffentliche Exekution?“ Der Kaiser lachte grausam und freudlos. „Ich glaube, da irrst du dich. Es wird keine Exekution geben.“

Thomas sah so verwirrt aus, wie Mary sich fühlte und auch Max blickte fragend drein. Der Mörder von Karl war gestellt, er war entlarvt und er hatte es selbst zugegeben. Und dazu noch die aufrührerischen Worte ... Und dann würde er nicht hingerichtet werden?

„Oh nein“, fuhr der Kaiser fort und verschränkte erneut die Hände. „Wir brauchen die Hintergründe. Wir brauchen jeden, der an diesem Attentat damals beteiligt war. Ich werde jeden einzelnen, der an euren Plänen beteiligt war, finden und einsperren. Diese Ideen, dieser Wahn, den werde ich beenden. Und ich fange bei dir an. Danach kommt dein Vater an die Reihe.“

Thomas wirkte sprachlos. Doch Mary war es nicht. „Majestät? Was genau habt Ihr mit ihm vor?“

„Er wird in eines der Ossarien gesperrt. Nur für ein paar Wochen. Bis wir die Namen derjenigen haben, die ihm und seinem Vater helfen. Niemand soll wissen, wo er ist. Und nur ich werde ihm Wasser und Essen bringen, wann immer es mir gefällt. Ich werde diese Namen bekommen. Und meine Rache für Karls Tod." Er sah Thomas mit einem erschreckend zufriedenen Ausdruck auf seinem Gesicht an. „Danach wird er der Polizei übergeben und den Rest seines elenden Lebens im Gefängnis verbringen."

„Ins Ossarium?" Mary runzelte die Stirn. Das war nicht gerade das übliche Vorgehen.

„Ganz genau", erwiderte der Kaiser. „Ich bringe ihn gleich dorthin. Aber zuerst ..." Er schob ein Bild mit einer großen Schale voller Früchte beiseite und offenbarte damit einen Safe, der in die Wand eingelassen war. Er drehte den Knopf auf der Vorderseite, es knirschte und die Tür öffnete sich. „Ihre Belohnung." Er griff nach einem Leinensäckchen und überreichte ihn Mary mit einem Lächeln. „Das war wirklich gute Arbeit." Plötzlich schloss sich seine Hand um ihre und drückte zu. Nicht so fest, dass es wehtat, aber doch fester, als es nötig gewesen wäre. „Und wir sind uns einig darüber, dass Sie niemals – niemals! – ein Wort über diese Sache verlieren werden, richtig?"

Mary nickte steif und der Kaiser ließ ihre Hand los, nur um dann Max' zu ergreifen und ebenso lang zu schütteln. „Sie werden sehen, dass die Belohnung ein wenig größer ausgefallen ist, als ausgemacht war. Das ist für den

Mehraufwand und ihren ...“, er musterte Marys blutverschmierten Arm, „... unerwarteten persönlichen Einsatz. Und tun Sie mir einen Gefallen.“ Er beugte sich näher zu Mary. „Gehen Sie zum Krankenzimmer und lassen Sie sich verarzten. Ich kann Sie nicht guten Gewissens ziehen lassen, ohne dass Ihre Wunden versorgt wurden. Er kommt natürlich auch noch an die Reihe.“ Er deutete nachlässig auf Thomas, aus dessen Wunde noch immer hellrotes Blut rann, das mit leisem Tropfen auf den Boden fiel.

„Das ist wirklich nicht nötig. Ich werde einfach das Krankenhaus aufsuchen.“ Ihre Wunde blutete kaum noch, tatsächlich war der Blutfluss beinahe versiegt.

„Ich bestehe darauf.“ Der Tonfall des Kaisers ließ keinen Widerspruch zu und so nickte Mary schließlich. Das Gewicht der Belohnung zog ihren gesunden Arm in Richtung Boden. Sie hatte gedacht, sie würde sich über das Gehalt und das Ende des Falls freuen, doch in Wirklichkeit verspürte sie ein ungutes Gefühl im Magen. Diese Ermittlung und die Lösung des Falls würden viel mehr nach sich ziehen, als sie gedacht hatte. Aber was nun geschah, lag nicht mehr in ihrer Hand. Also sagte sie: „Vielen Dank, Majestät. Es war uns eine Ehre, Ihnen bei diesem Fall behilflich gewesen zu sein.“ Der Kaiser nickte ihr huldvoll zu.

„Ja, es war eine einzigartige Erfahrung und wir sind sehr froh, dass wir helfen konnten“, meldete sich nun auch Max zu Wort.

„Sie dürfen dann gehen“, sagte der Kaiser und deutete auf die Tür. „Den Ausweis können Sie gleich hierlassen.“

Mary nickte und zog das Dokument, das ihr Zugang zum Palastgelände gewährt hatte, aus der Tasche und legte es vorsichtig auf dem Schreibtisch ab, ebenso wie den Schlüssel für ihre Handschellen, die Thomas noch immer trug. Danach warf sie einen letzten Blick in Richtung des Kaisers. Als sie zur Tür ging, streifte sie Thomas versehentlich am Arm. Er hatte in den letzten Minuten kein einziges Wort mehr gesagt. Sein Gesicht war kreideweiß, ob aufgrund des Blutverlusts oder aufgrund der Strafe, die der Kaiser ihm in Aussicht gestellt hatte – Mary vermochte es nicht zu sagen.

Sie öffnete gerade die Tür, um dem Palast endgültig den Rücken zu kehren, da meldete Thomas sich doch noch einmal zu Wort. „Es wird andere geben wie mich." Er klang jetzt erschreckend kalt und abgeklärt. „Vielleicht werde ich es nicht mehr erleben, aber das Territorium wird frei sein." Er nickte und schloss dabei die Augen. „Ihr werdet es sehen. Es gibt kein Zurück. Die Idee ist bereits in den Köpfen der Menschen." Er nickte. „Es gibt nichts Mächtigeres als eine Idee."

Mary wusste nicht, was sie ihm antworten sollte – oder ob sie es überhaupt wollte. Seine Worte bereiteten ihr Gänsehaut. Die Vorstellung, die Menschen würden gegen die bisherige Situation rebellieren, erschien ihr einfach zu schrecklich.

„Du hast den Kaiser gehört", antwortete Max ihm ganz ruhig. „Die Mauer dient der Sicherheit des gesamten Landes. Und es gibt nichts, wofür wir diese Sicherheit aufs Spiel setzen sollten."

„Gesprochen wie ein wahrer Privilegierter. Bravo." Ironisch neigte Thomas den Kopf in Max' Richtung. „Aber alle anderen werden es erkennen. Sie werden sehen, dass Freiheit nicht nur eine ferne Erinnerung ist. Sie ist etwas, das jeder von uns haben kann."

„Das reicht jetzt", fuhr der Kaiser in barschem Tonfall dazwischen. „Ich wünsche Ihnen noch einen schönen Tag, General."

Mary nickte ihm zu und trat über die Türschwelle.

Als sie zusammen mit Max den Flur entlangging, spürte sie eine bleierne Müdigkeit. Sie taumelte. Offenbar hatte sie doch mehr Blut verloren, als sie dachte. Mit einer Hand tastete sie nach der Wand, doch konnte sie nicht erreichen. Sie stolperte. Plötzlich war Max da, er schob einen Arm unter ihre Achseln und hielt sie fest.

„Ich bringe dich ins Krankenzimmer." Seine Worte schienen von weit weg zu kommen und Mary konnte ihm nicht antworten. Sie keuchte, jeder Schritt war auf einmal zu anstrengend.

„Es ist nicht mehr weit." Sie waren während ihrer Ermittlungen schon mehrmals am Krankenzimmer vorbeigekommen, das direkt neben der Bibliothek lag. Als sie endlich dort eintrafen, half der Arzt, Mary auf die Liege zu bugsieren und beugte sich dann über sie, um ihre Wunde zu versorgen. Mary schloss die Augen und ließ es geschehen, während ihr Arm brannte, pulsierte und noch mehr verstümmelt zu werden schien, als es Thomas' Kugel ohnehin bereits getan hatte.

Kapitel 14

„Hast du es schon gesehen?“

Als Mary die Haustür öffnete, stürzte Max herein und schwenkte die Tageszeitung.

„Da ich gerade aus dem Bett komme, nein.“ Mary gähnte. Sie trug ein langärmeliges Schlafgewand mit Hose. Seine Euphorie war eindeutig zu viel für diese Uhrzeit. Blinzend warf sie einen Blick auf ihre Standuhr. Oder vielleicht war sie auch nur zu müde für den bereits fortgeschrittenen Tag. Das Ende ihres Falls war erst drei Tage her und ihr Arm hielt sie davon ab, richtig zu schlafen.

„Hier.“ Max knallte die Zeitung auf den Tisch und deutete auf den Artikel auf der Titelseite.

„Hintergründe um das Attentat auf den Kaiser aufgedeckt. Graf von Berlin verhaftet.“

Der Artikel selbst berichtete von der Verhaftung des Grafen und seines Sohns, davon, dass das Attentat von langer Hand geplant gewesen war und davon, dass noch viele weitere Verhaftungen ausstanden. Worum es allerdings bei dem Attentat gegangen war, von Thomas’ aufrührerischen Worten, ließ die Zeitung nichts verlauten.

„Das wird noch eine Weile so weitergehen", mutmaßte Mary. „Die Leute nehmen nicht einfach hin, dass der Graf verhaftet wird, ohne Fragen nach dem Warum zu stellen. Der Kaiser wird alles erklären müssen."

„Das macht er sicher auch noch. Aber erst muss er doch dafür sorgen, dass diejenigen festgenommen werden, die an dem Attentat beteiligt waren."

„Und was ist das hier?" Mary fuhr mit der Hand an den Rand der Titelseite. „Noch schockierendere Neuigkeiten: Lesen Sie morgen über das wilde Treiben der Kaiserin."

„Ich vermute, jemand hat etwas über ihre Affäre ausgeplaudert." Max zuckte mit den Schultern. „In Zuge dieser Untersuchungen kommt vermutlich so einiges heraus, dass die kaiserliche Familie lieber verborgen gehalten hätte. Aber ein Mörder ist gefasst und ein Attentat wird aufgeklärt. Der Frieden im Territorium ist vorerst gewahrt." Max wippte aufgeregt von den Fußspitzen auf die Hacken und zurück. „Und wir haben das möglich gemacht. Das waren unsere Ermittlungen. Oh, entschuldige, ich meine: deine Ermittlungen. Und ich habe dir sehr gerne geholfen."

„Unsere Ermittlungen, Max", bestätigte Mary mit einem winzigen Lächeln und setzte hinzu: „Und wir haben unsere Belohnung dafür erhalten."

Max nickte eifrig. „Fühlst du dich jetzt besser, wo du weißt, was hinter dem Attentat steckte?"

„Habe ich mich denn vorher schlecht gefühlt?", gab Mary leicht genervt zurück. Max mischte sich hier wieder in Dinge ein, die ihn nichts angingen, das war ganz allein ihre Sache. „Davon, dass ich nun all das weiß, bekomme ich meine Stellung auch nicht zurück. Mein Auge ist nach wie vor zerstört und meine Haut verbrannt. Die Leute sehen in mir jetzt nicht weniger ein Monster als zuvor."

Max schwieg und blickte unbehaglich drein, als sie endete. „Tut mir leid. Aber immerhin werden die, die dafür verantwortlich sind, jetzt zur Rechenschaft gezogen. Das ist doch befriedigend zu wissen."

„Natürlich." Mary schloss kurz die Augen. Im Grunde war es ihr gleich. Was geschehen war, war geschehen. Die Aufklärung des Falls hatte keine Auswirkung auf ihr Leben. Allerdings hatte sie das Deutsche Autonome Territorium beeinflusst.

„Wir sollten das feiern. Den Abschluss unseres ersten Falls." Max grinste begeistert und deutete auf die Haustür. „Lass mich dich zum Essen einladen."

„Und dann was? Auf viele weitere Fälle anstoßen?" Mary schüttelte den Kopf. „Das muss wirklich nicht sein."

„Ach, komm schon. Das haben wir uns verdient."

„Gut, von mir aus. Aber kein einziges Wort über zukünftige Fälle. Wenn es nach mir geht, war das unsere erste und einzige Zusammenarbeit. Bevor ich dich in meine Ermittlungen geholt habe, lief immer alles problemlos. Und angeschossen wurde ich auch nie." Mary schüttelte den Kopf. „Ich komme nur mit, weil du bezahlst", stellte sie klar.

„Natürlich. Dann kann ich dir auch endlich gebührend für die Rettung meines Lebens auf der Treppe im Palast danken."

Mary, die gerade auf dem Weg ins Schlafzimmer war, um sich umzuziehen, blieb stehen und wandte sich um. „Gebührend? Aber du meinst nicht mit minutenlangen Reden, oder?"

„Natürlich nicht, was denkst du denn?" Max tat empört. „Das wird alles ganz schnell und schmerzlos, ich verspreche es." Doch das Grinsen, das seine Mundwinkel umspielte, ließ Mary Böses ahnen. Sie seufzte und ging schicksalsergeben weiter. Ein schweigsames Essen würde es nicht werden, das stand fest. Aber Max hatte recht: Das hatten sie sich verdient.

Aber eins war merkwürdig, dachte sie, während sie ihre Kleidung wechselte. Seit dem Ende des Falls, seitdem sie wusste, wer hinter dem Attentat gesteckt hatte, war es stiller geworden. Das Surren ihres mechanischen Auges war verstummt.

Ende

Danksagung

Vielen Dank an Benedikt und Stefan, meine beiden Testleser, die kein Blatt vor den Mund nehmen, wenn ich Unfug schreibe oder Mary ein wenig zu gemein wird.

Und vielen Dank an dich, lieber Leser. Du bist der Grund dafür, dass es meine Geschichten gibt.

Hat dir die Geschichte rund um Mary und Max gefallen? Dann möchte ich dich gerne bitten, es auf Amazon zu bewerten. Rezensionen sind extrem wichtig für uns Autoren, um damit auch andere Leser zu erreichen und zu begeistern. Vielen Dank für deine Zeit und deine Mühe!

Liebe Grüße
Jasmin